INTRODUÇÃO À **ESTEREOQUÍMICA** E À ANÁLISE CONFORMACIONAL

J91i   Juaristi, Eusebio.
         Introdução à estereoquímica e à análise conformacional / Eusebio Juaristi, Hélio Stefani. – Porto Alegre : Bookman, 2012.
         xii, 200 p. ; 25 cm.

         ISBN 978-85-7780-966-0

         1. Química orgânica. 2. Estereoquímica. 3. Análise conformacional. I. Stefani, Hélio. II. Título.

         CDU 547

Catalogação na publicação: Fernanda B. Handke dos Santos – CRB 10/2107

EUSEBIO JUARISTI E HÉLIO STEFANI

INTRODUÇÃO À ESTEREOQUÍMICA E À ANÁLISE CONFORMACIONAL

bookman

2012

Copyright © 2012, Bookman Companhia Editora Ltda.

Capa: *Maurício Pamplona*

Preparação de original: *Mônica Stefani*

Gerente editorial – CESA: *Arysinha Jacques Affonso*

Projeto e editoração: *Techbooks*

Reservados todos os direitos de publicação à
BOOKMAN COMPANHIA EDITORA LTDA., uma empresa do GRUPO A EDUCAÇÃO S.A.
Av. Jerônimo de Ornelas, 670 – Santana
90040-340 – Porto Alegre – RS
Fone: (51) 3027-7000   Fax: (51) 3027-7070

É proibida a duplicação ou reprodução deste volume, no todo ou em parte, sob quaisquer formas ou por quaisquer meios (eletrônico, mecânico, gravação, fotocópia, distribuição na Web e outros), sem permissão expressa da Editora.

Unidade São Paulo
Av. Embaixador Macedo Soares, 10.735 – Pavilhão 5 – Cond. Espace Center
Vila Anastácio – 05095-035 – São Paulo – SP
Fone: (11) 3665-1100   Fax: (11) 3667-1333

SAC 0800 703-3444 – www.grupoa.com.br

IMPRESSO NO BRASIL
PRINTED IN BRAZIL

SOBRE OS AUTORES

Eusebio Juaristi nasceu na cidade de Querétaro (México) em 1950. Fez a licenciatura em Ciências Químicas no Instituto Tecnológico de Monterrey (com o Dr. Xorge Domínguez) e o doutorado em Química na Universidade da Carolina do Norte em Chapel Hill (com o Dr. Ernest Eliel). Depois do pós-doutorado na Universidade da Califórnia em Berkeley (com o Dr. Andrew Streitwieser) regressou ao México em 1979 como professor-investigador no Centro de Investigação e de Estudos Avançados do Instituto Politécnico Nacional. Em dezembro de 2009 foi nomeado Professor Emérito. Desde então é professor visitante do Swiss Federal Institute of Technology Zurich, de Zurique (Suíça), e da Universidade da Califórnia em Berkeley (EUA). Em 1998 recebeu o Prêmio Nacional de Ciências e Artes, e em 2006 ingressou no Colégio Nacional, o reconhecimento acadêmico mais importante do México.

Hélio A. Stefani nasceu una cidade de Capão Bonito, São Paulo (Brasil) em 1958. Fez a graduação em química na Faculdade Oswaldo Cruz, o mestrado e o doutorado no Instituto de Química da Universidade de São Paulo (com o Prof. João V. Comasseto). Em 1993 foi contratado como professor na Faculdade de Ciências Farmacêuticas da Universidade de São Paulo. Em 2001 fez pós-doutorado na University of Pennsylvania (com o Prof. Gary A. Molander), Filadelfia – EUA. As áreas de pesquisa de seu interesse estão concentradas na química de compostos organometálicos (Se, Te e B), síntese de compostos heterocíclicos e síntese de produtos naturais.

PREFÁCIO

A química é a ciência que estuda a matéria e suas transformações. Assim, iniciando com os estudos desenvolvidos desde os tempos dos alquimistas, os químicos criaram diversas técnicas analíticas para determinar o tipo e número de cada átomo que constitui a matéria.
Posteriormente, ficou óbvio que além de conhecer a *composição* molecular, era necessário determinar a forma como os átomos estão unidos entre si em uma molécula; ou seja, é necessário determinar a *conectividade*.

Dos trabalhos de Pasteur e outros investigadores dos meados do século XIX se origina um terceiro nível de conhecimento da estrutura molecular que se refere ao entendimento da *distribuição tridimensional* dos átomos que formam parte de uma molécula. Efetivamente, o entendimento da orientação que assumem os átomos nas moléculas é essencial para compreender o comportamento físico e a reatividade química dos compostos químicos. Surgem assim os conceitos básicos da *estereoquímica*, disciplina que estuda a *figuração* e *conformação* molecular.

Cabe destacar que a estereoquímica é uma área da ciência muito ativa e atual. Por exemplo, nos últimos 10 ou 12 anos se desenvolveu de forma extraordinariamente rápida o tema da organocatálise assimétrica, que se baseia nos conceitos da estereoquímica.

O livro *Introdução a Estereoquímica e a Análise Conformacional* foi escrito com o propósito de facilitar aos leitores o entendimento dos fundamentos da estereoquímica. Buscou-se introduzir de forma fácil e amena cada tópico, porém proporcionando bases sólidas e definições rigorosas. Este texto cobre os temas mais importantes da estereoquímica moderna, como a quiralidade e a pró-quiralidade, as propriedades quirópticas, a estereoquímica das reações orgânicas e a determinação da configuração absoluta. Outros tópicos centrais que se discutem detalhadamente são a síntese assimétrica e a resolução de racematos. Finalmente, são abordados outros tópicos relevantes como:

— análise conformacional dos alcanos e heterocíclos

— efeito anomérico e os efeitos *gauche*

Cada capítulo discute os conceitos centrais utilizando exemplos ilustrativos, tanto de valor histórico como atuais na bibliografia recente. Neste contexto, mais de 250 esquemas, figuras, tabelas e equações facilitam a compreensão do material tratado.

Finalizando, cada capítulo apresenta uma bibliografia adequada, que permitirá ao leitor consultar os artigos originais.

SUMÁRIO

1 QUIRALIDADE   **1**
    1.1   Estrutura Molecular   1
    1.2   Origem da Quiralidade em Compostos Orgânicos   5
    1.3   Átomos Estereogênicos   7
          Referências   10

2 CONFIGURAÇÃO ABSOLUTA   **11**
    2.1   Determinação da Configuração Absoluta em Compostos Quirais   11
    2.2   Projeções de Fischer   13
    2.3   Sistema de Nomenclatura D,L 14
    2.4   Sistema de Nomenclatura R,S 15
    2.5   Correlação na Configuração Absoluta   19
          Referências   22

3 PROPRIEDADES FISICOQUÍMICAS NAS MOLÉCULAS QUIRAIS   **23**
    3.1   Introdução   23
    3.2   Atividade Óptica   23
    3.3   Dispersão Óptica Rotatória   27
    3.4   Regra do Octante   29
    3.5   O Método do Quase-racematos   31
          Referências   33

4 DESCRITORES ESTEREOQUÍMICOS   **35**
    4.1   Introdução   35
          Referências   48

5 ESTEREOQUÍMICA DAS REAÇÕES ORGÂNICAS — 49

- 5.1 Introdução — 49
- 5.2 Substituição Nucleofílica Bimolecular (S_N2) — 50
- 5.3 Substituição Nucleofílica Interna (S_Ni) — 52
- 5.4 Substituição Eletrofílica Bimolecular (S_E2) — 53
- 5.5 Eliminação Bimolecular (E_2) — 54
- 5.6 Eliminação *sin* — 57
- 5.7 Adições *sin* — 58
- 5.8 Adições *anti* — 59
- 5.9 Rearranjos — 60
- Referências — 61

6 PROQUIRALIDADE — 63

- 6.1 Heterotopicidade — 63
- 6.2 Critérios Empregados para Identificar Ligantes Heterotópicos — 63
- 6.3 Analogia entre Heterotopicidade e Isomerismo — 65
- 6.4 Faces Heterotópicas — 66
- 6.5 Resumo — 68
- 6.6 Consequências da Heterotopicidade — 69
- 6.7 Analogia dos Ligantes e Faces Enantiotópicas com as Portas de um Roupeiro — 71
- Referências — 73

7 SÍNTESES ORGÂNICAS ASSIMÉTRICAS: PRINCÍPIOS — 75

- 7.1 Importância das Sínteses Assimétricas — 75
- 7.2 Aspectos Históricos — 78
- 7.3 Condições para uma Síntese Assimétrica Eficiente — 80
- 7.4 Considerações Energéticas — 81
- Referências — 85

8 PUREZA ENANTIOMÉRICA — 87

- 8.1 Introdução — 87
- 8.2 Medição da Rotação Óptica — 87
- 8.3 Métodos Cromatográficos — 89
- 8.4 Determinação da Pureza Enantiomérica Mediante a Ressonância Magnética Nuclear — 92
- Referências — 97

9 RESOLUÇÃO DE RACEMATOS — 99

- 9.1 Introdução — 99
- 9.2 Resolução Mediante a Separação Manual de Cristais Enantioméricos — 99
- 9.3 Resolução Mediante a Conversão a Diastereômeros — 100
- 9.4 Resolução enzimática — 104
- 9.5 Resolução cromatográfica — 108
- Referências — 109

10 SÍNTESES ASSIMÉTRICAS VIA UM CATALISADOR QUIRAL — 111

- 10.1 Introdução — 111
- 10.2 Hidrogenação catalítica assimétrica — 111
- 10.3 Produção industrial da *L*-Dopa — 113
- 10.4 Mecanismo da reação de Knowles — 114
- 10.5 Síntese do fármaco trimoprostil via catálise homogênea — 116
- 10.6 Síntese assimétrica catalítica do ácido (*S*)-málico — 117
- 10.7 Hidrogenação catalítica heterogênea — 119
- 10.8 Condensação aldólica assimétrica — 120
- 10.9 Reações de Michael assimétricas — 120
- 10.10 Reações de Reformatsky assimétricas — 122
- Referências — 122

11 SÍNTESES ASSIMÉTRICAS A PARTIR DE SUBSTRATOS QUIRAIS — 125

- 11.1 Introdução — 125
- 11.2 Reações de Cram e Prelog — 125
- 11.3 Os oxatianos quirais de Eliel: síntese assimétrica de alcoóis terciários quirais — 129
- 11.4 Adição de enolatos quirais derivados da glicina a aldeídos e cetonas na preparação de aminoácidos enantiomericamente puros — 132
- Referências — 136

12 REAÇÕES ASSIMÉTRICAS ENTRE SUBSTRATO AQUIRAL E REAGENTE QUIRAL — 139

- 12.1 Introdução — 139
- 12.2 Síntese de compostos enantiomericamente puros via organoboranas quirais — 139
- 12.3 Redução assimétrica com derivados quirais do hidreto de lítio e alumínio — 144
- 12.4 Adições assimétricas a compostos carbonílicos α,β-insaturados — 148
- Referências — 152

13 MÉTODOS MISCELÂNEOS PARA O CONTROLE DA ESTEREOQUÍMICA — 153

- **13.1** Introdução — 153
- **13.2** Estereocontrole mediante a condensação aldólica — 154
- **13.3** Estereoquímica da adição de ditianil lítios a ciclohexanonas — 162
- Referências — 164

14 ANÁLISE CONFORMACIONAL — 165

- **14.1** Introdução — 165
- **14.2** Desenvolvimento da análise conformacional — 166
- **14.3** Conformação de moléculas acíclicas — 167
- **14.4** Conformações do ciclohexano — 170
- **14.5** Conformação de outros cicloalcanos — 174
- Referências — 176

15 ANÁLISE CONFORMACIONAL DE 1,3-DIOXANOS MONOSSUBSTITUÍDOS — 177

- **15.1** Introdução — 177
- **15.2** 1,3-dioxano — 178
- **15.3** 1,3-dioxanos 2-substituídos — 178
- **15.4** Equilíbrios conformacionais em 1,3-dioxanos com substituintes polares em C(5) — 181
- **15.5** Comportamento conformacional dos grupos *t*-butil-tio, *t*-butil-sulfinilo e *t*-butil-sulfonilo em C(5) — 184
- Referências — 187

16 ANÁLISE CONFORMACIONAL DE 1,3-DITIANAS MONOSSUBSTITUÍDAS — 189

- **16.1** Introdução — 189
- **16.2** Preferência conformacional dos grupos alquila nas posições 2,4 e 5 de 1,3-ditianas — 189
- **16.3** 1,3-ditianas com substituintes polares em C(5) — 191
- **16.4** Estudo do efeito anomérico em 1,3-ditianas com substituintes polares em C(2) — 193
- **16.5** Interações anoméricas S-C-P — 197
- Referências — 199

CAPÍTULO 1

QUIRALIDADE

1.1 ESTRUTURA MOLECULAR

A química é a disciplina científica que estuda a matéria e suas transformações; como tal, um de seus objetivos fundamentais é conhecer de forma precisa a estrutura das moléculas que fazem parte da matéria.

Há quatro aspectos gerais que definem a estrutura molecular:

1. A *constituição*, que se refere à classe de átomos que fazem parte da molécula; por exemplo, 2 carbonos, 6 hidrogênios e 1 oxigênio na molécula do etanol.
2. A *conectividade*, que descreve como os átomos estão unidos entre si. Assim, ainda que a molécula do éter metílico contenha os mesmos tipos de átomos que constituem o etanol, a ordem em que os átomos estão unidos é distinta:

$$
\begin{array}{cc}
\text{H}_3\text{C-CH}_2\text{-O-H} & \text{H}_3\text{C-O-CH}_3 \\
\text{Etanol} & \text{Éter metílico}
\end{array}
$$

O etanol e o éter metílico são isômeros, pois mostram a mesma constituição, porém, diferem na forma em que seus átomos constituintes estão ligados entre si.

3. A *configuração*. Em meados do século XIX eram conhecidos vários exemplos de substâncias com a mesma constituição e conectividade, porém, distintas. Por exemplo, o ácido α-hidroxipropiônico (ácido láctico), isolado por Scheele do leite azedo em 1780, não é idêntico ao ácido α-hidroxipropiônico encontrado por Berzelius proveniente de tecidos musculares em 1807. Assim, Engelhard estabeleceu em 1848 que o ácido proveniente do músculo é destrógiro (+), enquanto o obtido pela fermentação do leite é levógiro (−).

Os trabalhos de Pasteur (em torno de 1848) com os ácidos tartáricos, que têm o mesmo efeito (mesma constituição e conectividade, porém, estruturas químicas distintas), conduziram em 1874 à proposição de van't Hoff[1,2] e Le Bel[2,3] de que as moléculas que apresentam assimetria possuem átomos de carbono substituídos com quatro *ligantes diferentes* e

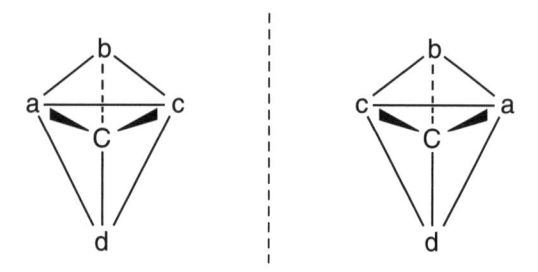

Figura 1.1

orientados para as extremidades de um tetraedro, em cujo centro está situado o átomo de carbono. Efetivamente, observa-se que a molécula C_{abcd} é assimétrica e pode existir em duas formas não sobreponíveis e, portanto, isoméricas (Figura 1.1).

Também é possível observar na Figura 1.1 que as estruturas apresentam uma relação de imagens em um espelho, que é a mesma situação representada por uma mão direita e uma mão esquerda. Com base nesta analogia, diz-se que as moléculas da Figura 1.1 são *quirais* (de *quiros*, que significa "mão", em grego), e que os carbonos responsáveis pela assimetria são *centros de quiralidade* (C*).

Desta forma, a existência de duas formas isoméricas para os ácidos de Berzelius e Scheele é explicada facilmente com base na *distinta distribuição tridimensional* (*distinta estereoquímica*) dos átomos que as constituem (Figura 1.2).

As moléculas de ácido (*d*- e *l*-) láctico na Figura 1.2 diferem em configuração, ou seja, na orientação no espaço dos substituintes ao redor do centro de quiralidade, e apresentam uma relação de imagens em um espelho; os pares de moléculas com estas características são denominados enantiômeros. As moléculas enantioméricas mostram idênticas

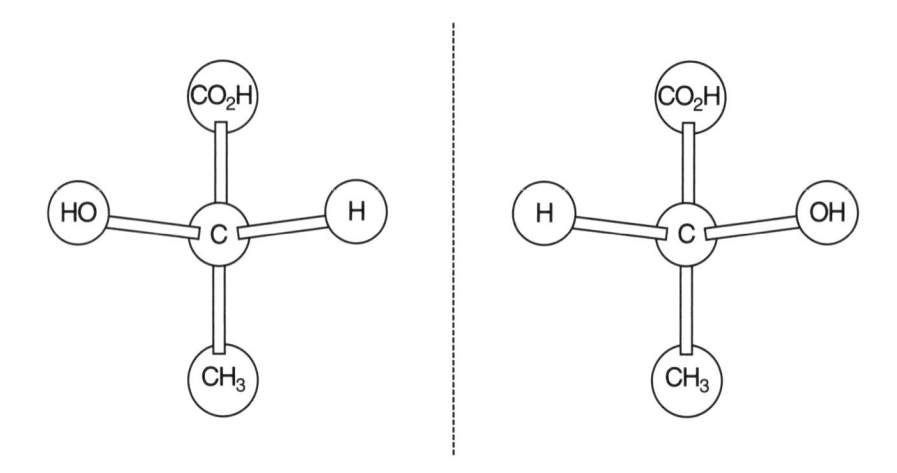

Figura 1.2

Br　　Br　　　　　　　　Br　　H
　＼＝／　　　　　　　　　＼＝／
　H　　H　　　　　　　　　H　　Br

cis-1,2-dibromoeteno　　　trans-1,2-dibromoeteno

Figura 1.3

propriedades físicas (ponto de fusão, índice de refração, acidez, etc.) e termodinâmicas (energia livre, entalpia, entropia, etc.), exceto em ambientes assimétricos (ver o Capítulo 3).

Em sua conceitualização mais geral, a *configuração* de uma molécula de constituição definida se refere ao arranjo de seus átomos no espaço, excluindo aqueles arranjos que resultem de rotação ao redor de ligações simples. Um exemplo importante diferente do enantiomerismo é constituído pelas olefinas di- ou polissubstituídas. Por exemplo, o *cis* e o *trans*-dibromoeteno são isômeros configuracionais, embora não possuam um centro de quiralidade. Neste caso, a configuração se refere à distribuição dos substituintes no mesmo lado (*cis*) ou em lados opostos (*trans*) da dupla ligação*. (Figura 1.3).

Os isômeros configuracionais que não são enantiômeros entre si são denominados *diastereômeros*. Desta maneira, o *cis* e o *trans*-1,2-dibromoeteno são moléculas diasteroméricas. Outro exemplo são as estruturas diastereoméricas I e III do ácido tartárico, ao passo que I e II são formas enantioméricas (Figura 1.4).

4. A *conformação* se refere à orientação no espaço de uma molécula devido a giros em torno das ligações simples. Assim, o 1,2-dicloroetano existe como uma mistura de moléculas *gauche* e *anti*, que se interconvertem rapidamente à temperatura ambiente, pois a barreira energética para a interconversão é de somente 3-5 kcal/mol. Em contrapartida, a energia de ativação para a interconversão das olefinas é de aproximadamente 40 kcal/mol, fato este que não permite a interconversão à temperatura ambiente (Figura 1.5).

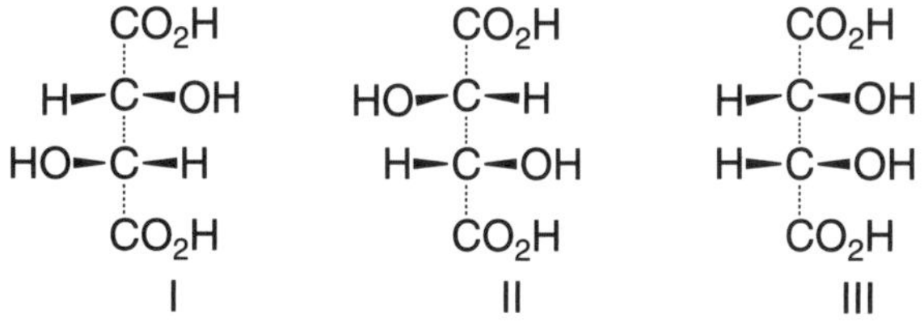

```
      CO₂H              CO₂H              CO₂H
   H—C—OH           HO—C—H            H—C—OH
  HO—C—H             H—C—OH            H—C—OH
      CO₂H              CO₂H              CO₂H
       I                 II                III
```

I e II são enantiômeros
I e III são diastereômeros
II e III são diastereômeros

Figura 1.4

---

* Uma discussão mais completa dos sistemas de nomenclatura estereoquímica é apresentada na Seção 3 do Capítulo 4 (Descritores Estereoquímicos).

Figura 1.5

Existem certamente moléculas nas quais o giro em torno das ligações simples está mais restrito, devido à barreira de interconversão ser muito alta de modo que os confôrmeros podem ser separados à temperatura ambiente. Por conveniência, estes estereoisômeros são classificados como diastereômeros, e se caracterizam por uma energia de ativação de interconversão de ≥ 20 kcal/mol. Os processos com E_{act} < 20 kcal/mol ocorrem espontaneamente a 25 °C e se classifi-

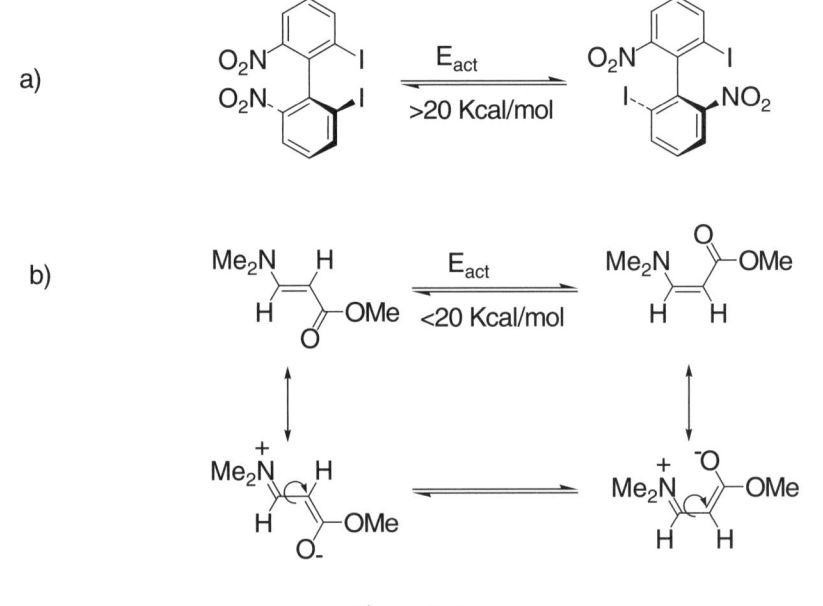

Figura 1.6

cam como equilíbrios conformacionais. Desta forma, existem vários bifenilos *orto*-substituídos nos quais o giro em torno da ligação simples C–C está impedido pela tensão estérica gerada entre os grupos nas posições *orto* (Figura 1.6a). Também existem ligações duplas que por mecanismos de conjugação com seus substituintes apresentam barreiras de interconversão muito baixas (Figura 1.6b).

1.2 ORIGEM DA QUIRALIDADE EM COMPOSTOS ORGÂNICOS[4]

A quiralidade é uma propriedade geométrica: um objeto é *quiral* quando não é sobreponível com sua imagem em um espelho, e é *aquiral* quando é sobreponível. Como já foi mencionado na primeira seção, o exemplo mais comum são as mãos direita e esquerda de uma pessoa; outro exemplo seria um parafuso de rosca direita e um de rosca esquerda.

Ao estender este conceito às moléculas orgânicas, é preciso lembrar que estas, ao contrário dos objetos rígidos, são espécies conformacionalmente móveis e, portanto, a fim de determinar sua sobreponibilidade (congruência) com sua imagem no espelho, todos os possíveis confôrmeros devem ser analisados.

Um método alternativo, mas satisfatório, para estabelecer se uma molécula é quiral ou aquiral consiste na determinação dos elementos de simetria presentes na molécula. Há quatro elementos de simetria de interesse na estereoquímica:[5]

1. *Eixos simples* de simetria, quando a operação sobre um eixo C_n, em que $n = 360°/giro°$, conduz a uma estrutura indistinguível da inicial. Por exemplo:

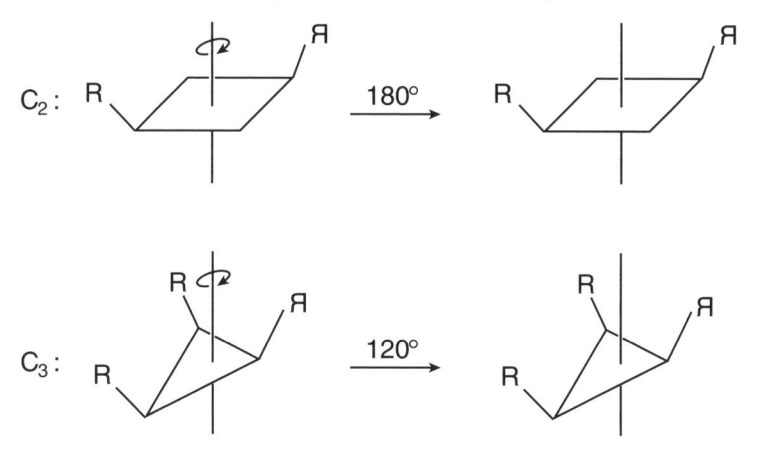

2. *Plano de reflexão* (σ) corresponde a um plano de simetria que divide a molécula em duas metades idênticas. Pode ser visualizado também como um espelho plano no qual metade da molécula reflete sua imagem enantiomérica:

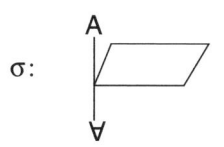

3. *Ponto de simetria* (i) é um ponto formal no centro da molécula com referência ao qual cada átomo presente encontra seu equivalente ao estender uma linha imaginária com a mesma longitude da que o une a i:

4. Os *eixos de rotação-reflexão* (S_n) estão presentes em moléculas que, ao serem giradas em tal eixo um ângulo de 360°/n, e então refletidas através de um plano perpendicular ao eixo, produzem uma estrutura idêntica à original.* Por exemplo:

Uma molécula é aquiral quando possui algum dos elementos de simetria S_n, i e σ. Uma molécula quiral não possui tais elementos (simetria reflexional), e não mostrará congruência (sobreposição) com sua imagem no espelho em qualquer conformação que se examine.

Neste contexto, é necessário definir a relação entre os termos quiral ou assimétrico, que não são sinônimos. Todas as moléculas quirais são dissimétricas, já que carecem dos elementos de simetria S_n, i e σ; sem dúvida, uma molécula dissimétrica poderia possuir um ou mais eixos simples de simetria (eixos C_n). As moléculas assimétricas, por outro lado, são aquelas moléculas quirais sem elementos de simetria. Um exemplo de moléculas assimétricas são os enantiômeros do bromoclorofluorometano IV e V.

Uma molécula assimétrica é por necessidade dissimétrica, porém uma molécula dissimétrica não necessariamente é assimétrica. Um exemplo simples de uma molécula que não é assimétrica é cada um dos enantiômeros do 1,2-dimetilciclohexano, VI ou VII.

---

* Pode-se observar que os elementos de simetria S_1 e S_2 são equivalentes respectivamente a σ e i.

C_2

VI VII

Ainda que cada enantiômero seja sobreponível consigo mesmo depois de um giro de 180° em torno de um eixo que bissecta a molécula entre os grupos metila (ou seja, a molécula possui um eixo C_2 de simetria), ambas as moléculas carecem de simetria por reflexão (S_n, i ou σ) e, portanto, não são sobreponíveis: são estereoisômeros enantioméricos.[6]

1.3 ÁTOMOS ESTEREOGÊNICOS[7]

Embora a quiralidade de muitas moléculas seja o resultado da presença de um carbono tetraédrico com quatro substituintes diferentes (C*), a existência de tal átomo em um composto não é uma condição necessária nem suficiente para a quiralidade. Assim, os bifenilos da Figura 1.6 ou os espiranos VIII e IX são compostos quirais que não contam com carbonos tetraédricos com quatro substituintes distintos.* Assim, os dois diastereômeros X e XI do ácido 2,3,4-triidroxiglutárico são aquirais, apesar de terem três carbonos tetraédricos com quatro substituintes distintos.

VIII IX

X XI

Mislow e Siegel definiram como *átomo estereogênico* um átomo unido a vários grupos de tal natureza que o intercâmbio de dois grupos produzirá um estereoisômero.[7] O novo estereoisômero será um enantiômero ou um diastereoisômero da molécula original dependendo da existência ou não de átomos estereogênicos adicionais. Desta forma, os carbonos tetraédricos C-3 nos estereoisômeros quirais XII e XIII do ácido 2,3,4-triidroxiglutárico não são estereogê-

---

* O termo carbono quiral é empregado com frequência, embora seja logisticamente incorreto.[8]

nicos, já que possuem dois ligantes idênticos (-CHOHCO$_2$H) cuja transposição só regenera o estereoisômero original.

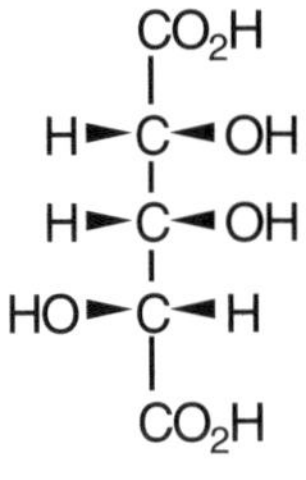

$$\begin{array}{cc}
\text{CO}_2\text{H} & \text{CO}_2\text{H} \\
\text{H—C—OH} & \text{HO—C—H} \\
\text{H—C—OH} & \text{HO—C—H} \\
\text{HO—C—H} & \text{H—C—OH} \\
\text{CO}_2\text{H} & \text{CO}_2\text{H} \\
\text{XII} & \text{XIII}
\end{array}$$

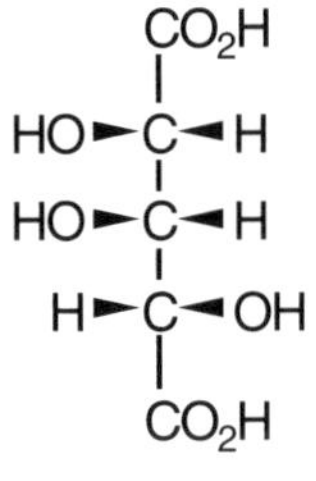

Em contrapartida, os carbonos C-3 no X e XI são estereogênicos (o intercâmbio dos ligantes -CHOHCO$_2$H produz um novo diastereoisômero), apesar de residirem no plano de simetria que elimina a quiralidade em tais moléculas.

Existem vários outros elementos químicos que compartilham com o carbono o potencial para serem átomos estereogênicos, os quais quase sempre (vide supra) conferem quiralidade a uma molécula. Assim, os elementos que compartilham o mesmo grupo IV da Tabela Periódica com o carbono podem se constituir em átomos estereogênicos ao contar com quatro ligantes diferentes. De fato, em 1959 foram descobertos os primeiros exemplos de moléculas quirais pela presença de Si*, como é o fenilmetilnaftilmetoxisilano XIV, que foi preparado por Sommer em ambas as formas enantioméricas.[9]

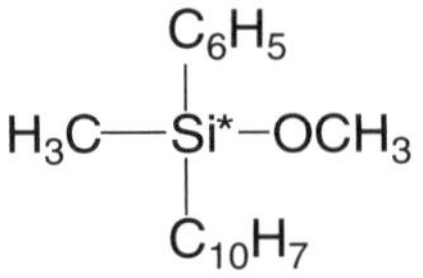

$$\begin{array}{c}
\text{C}_6\text{H}_5 \\
| \\
\text{H}_3\text{C—Si*—OCH}_3 \\
| \\
\text{C}_{10}\text{H}_7 \\
\text{XIV}
\end{array}$$

Compostos quirais contendo o germânio, Ge*,[10] e o estanho, Sn*,[11] como os átomos estereogênicos, também são conhecidos.

A estrutura piramidal na molécula do amoníaco sugere que as aminas terciárias do tipo RR'R''N devem existir em formas enantioméricas, pois carecem de um plano de simetria. Sem dúvida, todas as tentativas para preparar tais compostos quirais falharam, uma vez que a energia de ativação para sua interconversão é muito baixa (E_{act} - 5 kcal/mol; extremamente rápida à temperatura ambiente) (Figura 1.7).[12]

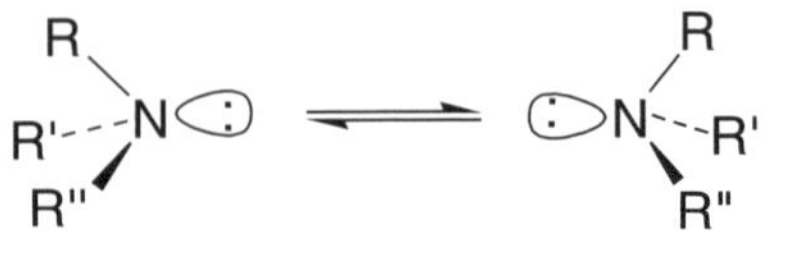

Figura 1.7

A estabilidade configuracional pode ser alcançada naqueles compostos nos quais o átomo de nitrogênio faz parte de um anel pequeno, como o das aziridinas diastereoméricas XV e XVI.[13]

Somando-se a isso, em compostos nos quais o nitrogênio está tetracoordenado, a hibridação deste heteroátomo é similar à do carbono sp^3, podendo atuar como um átomo estereogênico. De fato, os sais de amônio XVII foram preparados desde 1899, e os óxidos de amina XVIII foram obtidos em suas formas enantioméricas puras.[14]

A diferença da barreira de inversão do nitrogênio em aminas não cíclicas é de E_{act} - 5 kcal/mol; já as energias de inversão para as fosfinas e as arsinas são muito mais altas: 30 kcal/mol e > 40 kcal/mol, respectivamente. Este fato tem permitido a preparação de numerosas fosfinas terciárias enantiomericamente puras; por exemplo, XIX.[16,17] Assim, várias arsinas quirais têm sido descritas recentemente;[18,19] um exemplo são XX e seu enantiômero.

Os compostos com enxofre tricoordenado possuem uma configuração piramidal similar à encontrada nos derivados trivalentes de nitrogênio, fósforo e arsênico. Este enxofre piramidal é muito resistente à inversão, de modo que os sais de sulfônio (por exemplo, XXI) e os sulfóxidos, como XXII, têm sido estudados intensamente.

Finalmente, cabe ressaltar que alguns elementos inorgânicos também dão lugar à quiralidade nas moléculas ao possuir quatro ligantes distintos em uma configuração tetraédrica. Um exemplo interessante pode ser apreciado no composto quiral XXIII.[21]

$$\text{*Re}(\text{Cp})(\text{ON})(\text{PPh}_3)(\text{CO}_2\text{Me})$$

XXIII

REFERÊNCIAS

1. a) van't Hoff, J. H. *Ach. Neer.* **1874**, *9*, 445. b) van't Hoff, J. H. *Bull. Soc. Chim. France* **1875**, *23*, 295.
2. Ridell, F. G.; Robinson, M. J. T. *Tetrahedron* **1974**, *30*, 2001.
3. Le Bell, J. A. *Bull. Soc. Chim. France* **1874**, *22*, 337.
4. Brand, D. J.; Fischer, *J. Chem. Educ.* **1987**, *64*, 1035.
5. a) Eliel, E. L. em "Stereochemistry of Carbon Compounds", McGraw-Hill; New York, 1962. b) Eliel, E.; Wilen, S. H. *Stereochemisty of Organic Compounds*; John Wiley & Sons: New York, 1994. b) Juaristi, E. "*Introduction to Stereochemistry and Conformational Analysis*", Wiley: New York, 1991 & 2000.
6. Exemplos adicionais podem ser encontrados em: Nakazaki, M. *Top. Stereochem.* **1984**, *15*, 199.
7. Mislow, K.; Siegel, J. *J. Am. Chem. Soc.* **1984**, *106*, 3319.
8. a) Seebach, D.; Imwinkelried, R.; Weber, T. in Modern Synthetic Methods 1986, Vol. 4, Scheffold, R., Ed., Springer-Verlag: Berlin, 1986, pp.125-259. b) Mislow, K. *Chirality* **2002**, *14*, 126.
9. a) Sommer, L. H. *Angew. Chem.* **1982**, *74*, 176. b) Exemplos recentes: Oestreich, M. *Synlett* **2007**, 1629.
10. Brook, A. G.; Peddle, G. D. J. *J. Am. Chem. Soc.* **1963**, *85*, 2338.
11. a) Gielen, M. *Top. Curr. Chem.* **1982**, *104*, 57. b) Kano, T.; Konishi, T.; Konishi, S.; Maruoka, K. *Tetrahedron Lett.* **2006**, *47*, 873.
12. Mannschreck, A.; Munsch, H.; Matheus, A. *Angew. Chem.* **1966**, *78*, 751.
13. Kostyanovsky, R. G.; Markov, V. I.; Gella, I. M. *Tetrahedron Lett.* **1972**, 1301.
14. a) Potapov, V. M. "*Stereochemistry*", MIR: Moscou, 1979, pp. 562-567. b) Malkov, A.; Kocovsky, P. *Eur. J. Org. Chem.* **2007**, 29.
15. a) Mislow, K. *Trans. N. Y. Acad. Sci.* **1973**, *35*, 227. b) Imamoto, T. *Organometallic News* **2008**, 102.
16. Horner, L. *Pure Appl. Chem.* **1964**, *9*, 225.
17. Moriyama, M.; Bentrude, W. G. *J. Am. Chem. Soc.* **1983**, *105*, 4727.
18. Baechler, R. D.; Casey, J. P.; Cook, R. J.; Senkler, G. H.; Mislow, K. *J. Am. Chem. Soc.* **1972**, *94*, 2859.
19. Kerr, P. G.; Leung, P.-H.; Wild, S. B. *J. Am. Chem. Soc.* **1987**, *109*, 4321.
20. a) Mislow, K.; Green, M. M.; Raban, M. *J. Am. Chem. Soc.* **1965**, *87*, 2761.
    b) García-Flores, F.; Flores-Michel, L. S.; Juaristi, E. *Tetrahedron Lett.*, **2006**, *47*, 8235.
21. a) O'Connor, E. J.; Kobayashi, M.; Floss, H. G.; Gladysz, J. A. *J. Am. Chem. Soc.* **1987**, *109*, 4837. b) von Zelewsky, A. *Stereochemistry of Coordination Compounds*; John Wiley & Sons: Chichester, 1996.

CAPÍTULO 2

CONFIGURAÇÃO ABSOLUTA

2.1 DETERMINAÇÃO DA CONFIGURAÇÃO ABSOLUTA EM COMPOSTOS QUIRAIS

Quando Le Bel e van't Hoff postularam em 1874 a orientação tetraédrica dos quatro substituintes distintos no átomo de carbono, esta teoria explicou adequadamente a existência de, por exemplo, duas formas distintas para o ácido láctico (ver a Seção 1.1). Sem dúvida, Le Bel e van't Hoff reconheceram a dificuldade existente para a assinalação inequívoca de cada configuração aos enantiômeros individuais.

Nesse sentido, os métodos ordinários de análise estrutural (raios X, difração eletrônica) permitem a localização direta dos átomos em uma molécula, mas não uma distinção entre as estruturas enantioméricas, da mesma maneira que uma chapa médica de raios X não distingue entre uma mão direita e uma esquerda.

De fato, a determinação da configuração absoluta de qualquer molécula quiral não foi possível antes de 1951, quando Bijvoet e col.[1] desenvolveram modificações para as técnicas normais da difração de raios X com o objetivo de "dar profundidade" aos padrões fotográficos empregados neste método. Especificamente, as chapas de interferência obtidas depois da difração dos raios X sobre uma molécula refletem a *diferença* entre os caminhos percorridos antes de incidir na chapa fotográfica. A Figura 2.1 mostra a difração através de uma molécula A-B e sua imagem no espelho B-A (seu enantiômero). Os raios que são desviados em seu caminho ao chocar com os átomos A e B produzem ondas de difração que, ao chegar à chapa fotográfica, dão lugar ao padrão de interferência. Ao trocar B e A, a onda de difração em B tem agora que percorrer um caminho mais longo, porém, isto não se observa nas chapas I, já que as diferenças [A-I – B-I] são as mesmas. Com o objetivo de diferenciar os dois padrões, é necessário distinguir o raio desviado para A do raio desviado para B. Isso é feito ao provocar uma diminuição na energia de um dos raios, por exemplo, o que se choca com A. Assim, no caso da esquerda (Figura 2.1), o raio mais lento A-I (porque a distância A-I > B-I) é ainda mais retardado pelo impedimento e, portanto, a diferença [A-I – B-I] seria *incrementada*. Pelo contrário, na situação da direita (Figura 2.1), o raio retardado pelo impedimento introduzido em A é o que inicialmente era mais rápido (visto que agora A-I < B-I) e, portanto, [A-I – B-I] *diminui*. E como os dois padrões de interferência já não são iguais, pode-se decidir que padrão corresponde a A-B e a B-A.

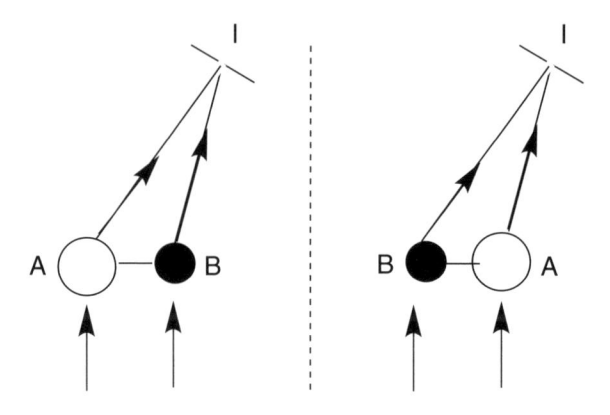

Figura 2.1

O método empregado por Bijvoet[1] para gerar o impedimento que retarda o raio que se choca com A (porém não com B) consiste em usar raios X cuja longitude de onda coincida parcialmente com o espectro de absorção do átomo A. Assim, quando se analisa tartarato de rubídio com os raios X (K_α) emitidos pelo zircônio, é produzida uma diminuição na energia da radiação que se choca com o rubídio. Particularmente, o sal do ácido tartárico destrógiro XXIV mostrou as configurações absolutas indicadas para os átomos estereogênicos (Figura 2.2).

O mesmo método foi empregado com o hidrobrometo da isoleucina *levógira* XXV, usando a radiação L_α do urânio, que coincide com parte do espectro de absorção do átomo de bromo.[2]

Estes resultados são fundamentais na área da estereoquímica, pois a literatura impressa entre 1874 e 1951 baseou-se na assinalação arbitrária da configuração absoluta do (+)-gliceraldeído, para o qual Emil Fischer escolheu a orientação dos substituintes mostrada em XXVI.[3] Os demais compostos orgânicos quirais foram correlacionados quimicamente (ver a Seção 2.2) com o (+)-gliceraldeído. Felizmente e por casualidade, a configuração que Fischer supôs é a correta (vide infra), de modo que as configurações assinaladas antes de 1951 também são certas.

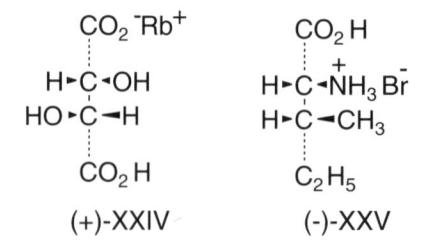

Figura 2.2

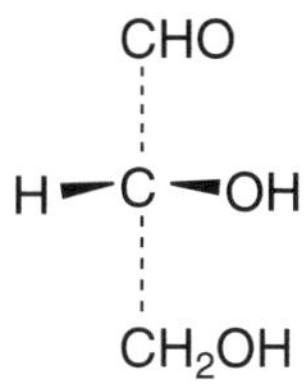

$$\begin{array}{c} \text{CHO} \\ \text{H}-\text{C}-\text{OH} \\ \text{CH}_2\text{OH} \end{array}$$

(+)-XXVI

2.2 PROJEÇÕES DE FISCHER

Visto que o papel e a lousa são meios de expressão bidimensionais, vários tipos de projeções têm sido desenvolvidos para representar de forma conveniente as estruturas tridimensionais.

Em 1891 Fischer[3] propôs que os centros de assimetria (átomos estereogênicos na nomenclatura de Mislow, vide supra) do tipo C^*_{abcd}, em que a, b, c e d são quatro substituintes diferentes entre si, fossem traçados de maneira que C^* ficasse *no plano* do papel (ou lousa), os dois substituintes à esquerda ou direita de C^* indicassem *adiante do plano* do papel, e os grupos acima e abaixo apontassem *atrás do plano*.

Assim, o ácido tartárico destrógiro [(+)-XXIV], a isoleucina levógira [(−)-XXV] e o gliceraldeído destrógiro [(+)-XXVI] são representados conforme a Figura 2.3.

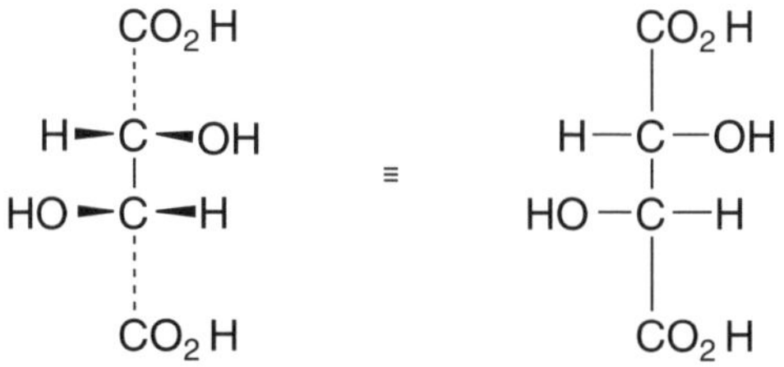

(+)-XXIV ≡ Projeção de Fischer

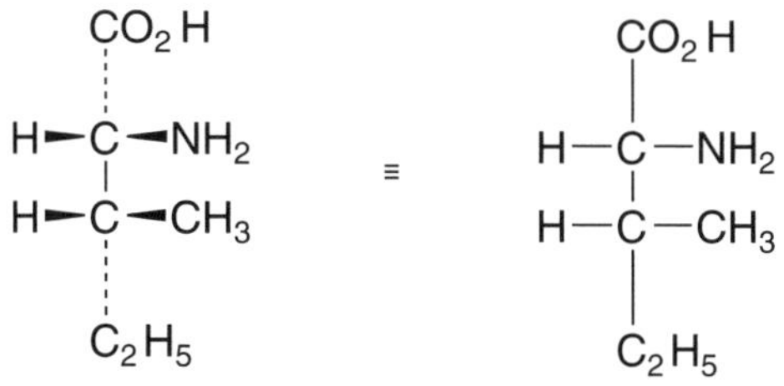

(−)-XXV ≡ Projeção de Fischer

Figura 2.3 (*continua*)

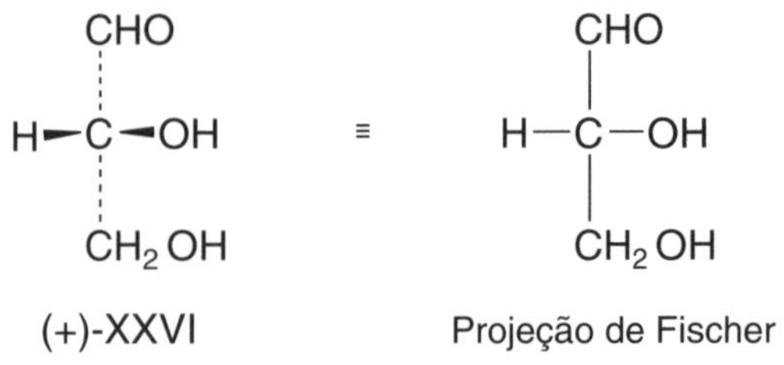

```
        CHO                    CHO
         |                      |
    H—C—OH         ≡        H—C—OH
         |                      |
        CH₂OH                  CH₂OH

      (+)-XXVI              Projeção de Fischer
```

Figura 2.3 (*continuação*)

Um sistema de nomenclatura muito empregado para descrever a estereoquímica (configuração) inerente às projeções de Fischer é o sistema *D,L,* que tem sido particularmente útil em compostos RC*HXR'.

2.3 SISTEMA DE NOMENCLATURA *D,L*

De acordo com esta convenção,[4] a cadeia principal de átomos de carbono se dispõe verticalmente e de maneira que o átomo de carbono no estado de oxidação mais alto fique situado no extremo superior.

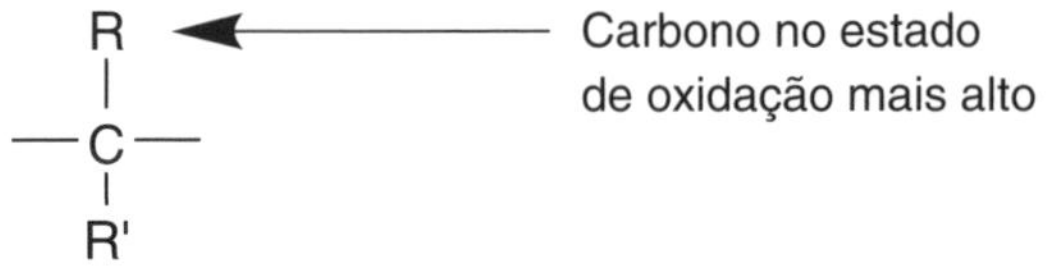

```
         R    ←————  Carbono no estado
         |            de oxidação mais alto
      —C—
         |
         R'
```

Se ao colocar agora os substituintes H e X em sua configuração correta, X fica à direita, então tal configuração se denomina *D*. Quando, ao contrário, X fica à esquerda, então tal configuração se denomina *L*. Vários exemplos se apresentam na Figura 2.4; note o emprego das projeções de Fischer.

Como evidenciado pelos exemplos da Figura 2.4, não existe uma relação entre o símbolo *D* ou *L* e a rotação ótica particular de cada composto. Este sistema de nomenclatura não se baseia em relações entre séries de compostos, e sim, na orientação específica dos substituintes de acordo com a convenção indicada. Assim, na transformação do ácido *L*-(+)-2-fenilpropiônico (XXVII) a *D*-(−)-α-feniletilamina (XXVIII), a reação ocorre sem troca de configuração, porém, com troca de descritor estereoquímico, de *L* para *D* (Figura 2.5).

O sistema de nomenclatura *D,L* não se aplica com facilidade a compostos com mais de um centro de quiralidade. Por exemplo, no ácido (+)-tartárico (XXIV), o grupo hidroxila no carbono estereogênico inferior está à esquerda, porém a hidroxila no carbono estereogênico superior está orientada à direita. Deve-se nomear este composto *D* ou *L*? Assim, em compostos do tipo RCXYR' não é fácil decidir se a orientação de X ou Y determina a assinalação do composto como *D* ou *L*. Finalmente, nem sempre é possível decidir sem ambiguidade qual dos carbonos em R ou R' apresenta um estado de oxidação mais alto.

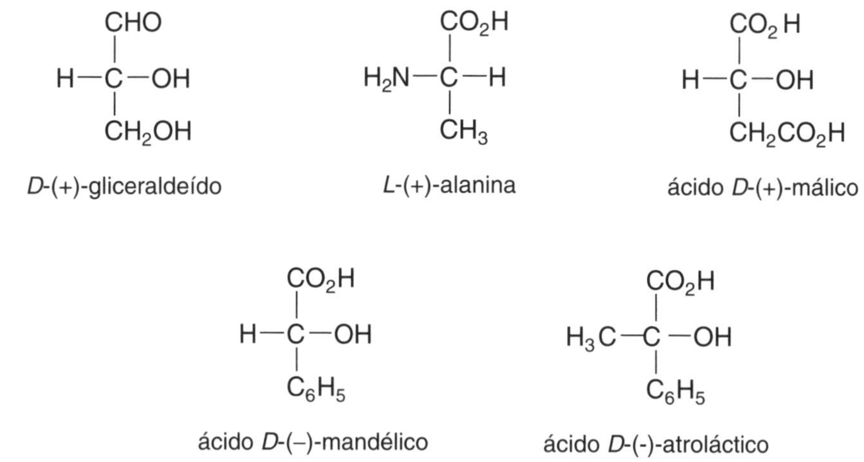

```
       CHO                    CO₂H                   CO₂H
        |                      |                      |
   H—C—OH                 H₂N—C—H                H—C—OH
        |                      |                      |
      CH₂OH                   CH₃                  CH₂CO₂H

 D-(+)-gliceraldeído         L-(+)-alanina        ácido D-(+)-málico


              CO₂H                         CO₂H
               |                            |
          H—C—OH                       H₃C—C—OH
               |                            |
              C₆H₅                         C₆H₅

       ácido D-(−)-mandélico        ácido D-(-)-atroláctico
```

Figura 2.4

Ainda que várias ampliações das regras básicas deste sistema de nomenclatura tenham sido descritas na literatura,[5,6] as deficiências intrínsecas do método propiciaram o desenvolvimento de uma forma mais geral de nomenclatura. De fato, Cahn, Ingold e Prelog propuseram em 1956 o sistema R/S de nomenclatura,[7] que tem sido adotado com êxito pela comunidade científica.

2.4 SISTEMA DE NOMENCLATURA R,S[7]

Neste método, é assinalada uma prioridade a cada um dos quatro substituintes em torno do átomo estereogênico C_{abcd}. Feito isso, a molécula é vista desde o lado oposto ao grupo de menor prioridade e então é possível observar em que direção se passa do grupo de maior prioridade ao segundo e ao terceiro. Se tal direção está no sentido horário, tal sequência (configuração) é R (do latim *rectus*, que significa "direita").

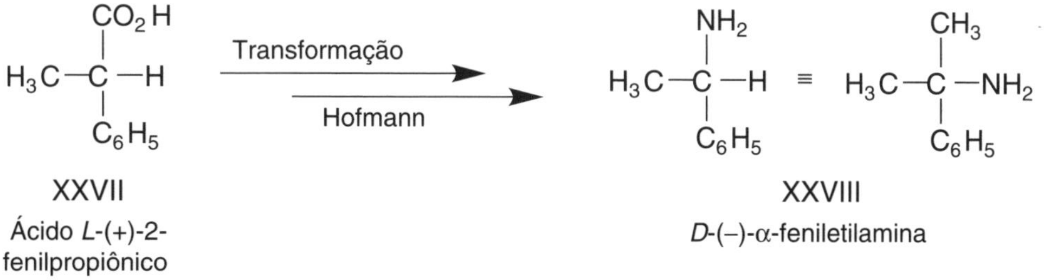

```
        CO₂H                               NH₂              CH₃
         |         Transformação            |                |
    H₃C—C—H       ————————————→       H₃C—C—H   ≡    H₃C—C—NH₂
         |            Hofmann               |                |
        C₆H₅                               C₆H₅             C₆H₅
        XXVII                              XXVIII
   Ácido L-(+)-2-                    D-(−)-α-feniletilamina
   fenilpropiônico
```

Figura 2.5

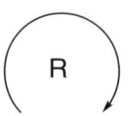

Quando o sentido da sequência 1 → 2 → 3 é anti-horário, tal configuração é *S* (do latim *sinister*, que significa "esquerda").

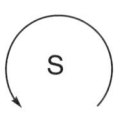

Desta maneira, temos a seguinte apresentação (Figura 2.6).

As regras para assinalar a prioridade dos substituintes podem ser condensadas nos quatro critérios a seguir:

1. Os átomos diretamente unidos ao C* de maior número atômico obtêm maior prioridade. Assim, por exemplo:

   I > Br > Cl > S > P > Si > F > O > N > C > H

2. No caso de haver mais de um substituinte com o mesmo número atômico diretamente ligado ao C*, são considerados os estados de substituição de tais átomos, com a mesma ordem de precedência que em (1).

   Assim, para vários grupos unidos mediante o átomo de carbono ao C*:

   $CH_2Br > CH_2Cl > CH_2OH > CH_2CH_3 > CH_3$

3. As ligações duplas ou triplas se duplicam ou triplicam segundo o caso. Desta forma, o grupo formila terá precedência ante o grupo alquil hidroxílico, ou o grupo fenila sobre um olefínico (Figura 2.7):

4. Na presença de isótopos, aquele com maior massa atômica têm prioridade; por exemplo:

   $^3H > {}^2H > {}^1H$

Figura 2.6

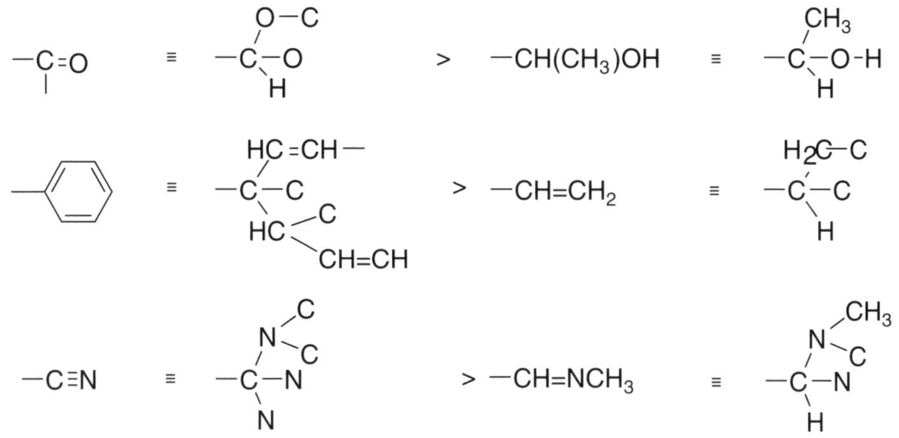

2. CONFIGURAÇÃO ABSOLUTA   17

Figura 2.7

A Tabela 2.1 mostra alguns dos grupos mais comuns, em ordem de precedência com base nas regras da sequência.

Tabela 2.1 Ordem ascendente de prioridade nas regras de sequência [7,8] de alguns grupos comuns

1.	Par eletrônico	20.	$-C_6H_4CH_3$-p	39.	$-NHCH_2CH_3$
2.	-H	21.	$-C_6H_4NO_2$-p	40.	$-NHCOCH_3$
3.	$-CH_3$	22.	$-C_6H_4CH_3$-m	41.	$-NHCOC_6H_5$
4.	$-CH_2CH_2CH_3$	23.	$-C_6H_4NO_2$-m	42.	$-N(CH_3)_2$
5.	$-CH_2CH_2CH_2CH_3$	24.	$-C\equiv C-CH_3$	43.	$-N^+(CH_3)_3$
6.	$-CH_2CH_2CH(CH_3)_2$	25.	$-C_6H_4CH_3$-o	44.	-N=O
7.	$-CH_2CH(CH_3)_2$	26.	$-C_6H_4NO_2$-o	45.	$-NO_2$
8.	$-CH_2CH=CH_2$	27.	$-C_6H_3(NO_2)_2$	46.	-OH
9.	$-CH_2C(CH_3)_3$	28.	-CHO	47.	-OMe
10.	$-CH_2C\equiv CH$	29.	$-COCH_3$	48.	$-OCOCH_3$
11.	$-CH_2C_6H_5$	30.	$-COC_6H_5$	49.	$-OSO_2CH_3$
12.	$-CH(CH_3)_2$	31.	$-CO_2H$	50.	-F
13.	$-CH=CH_2$	32.	$-CO_2CH_3$	51.	-SH

(continua)

Tabela 2.1 Ordem ascendente de prioridade nas regras de sequência [7,8] de alguns grupos comuns (*continuação*)

14.	$-CH(CH_3)CH_2CH_3$	33.	$-CO_2CH_2CH_3$	52.	$-SCH_3$
15.	$-C_6H_{11}-c$	34.	$-CO_2C_6H_5$	53.	$-S(O)CH_3$
16.	$-CH=CHCH_3$	35.	$-CO_2C(CH_3)_3$	54.	$-SO_2CH_3$
17.	$-C(CH_3)_3$	36.	$-NH_2$	55.	$-Cl$
18.	$-C\equiv CH$	37.	$-NH_3^+$	56.	$-Br$
19.	$-C_6H_5$	38.	$-NHCH_3$	57.	$-I$

A Figura 2.8 mostra vários exemplos da aplicação da nomenclatura *R,S* em compostos orgânicos quirais.

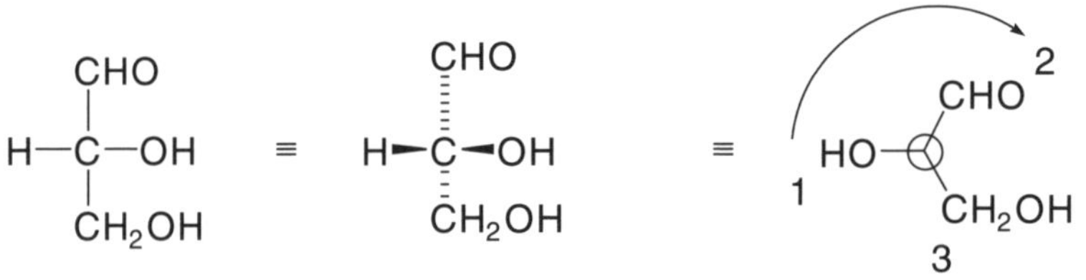

(*R*)-gliceraldeído

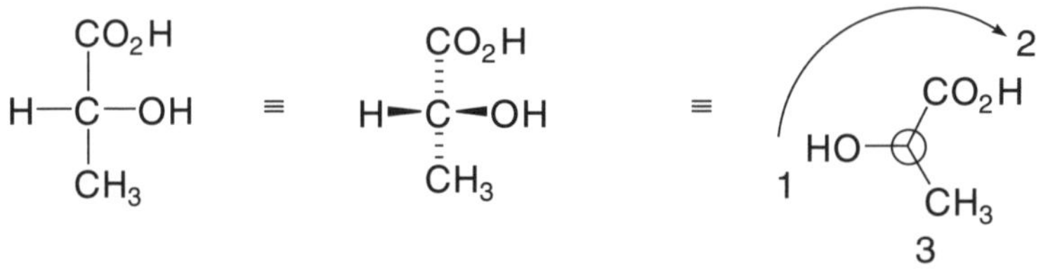

ácido (*R*)-láctico

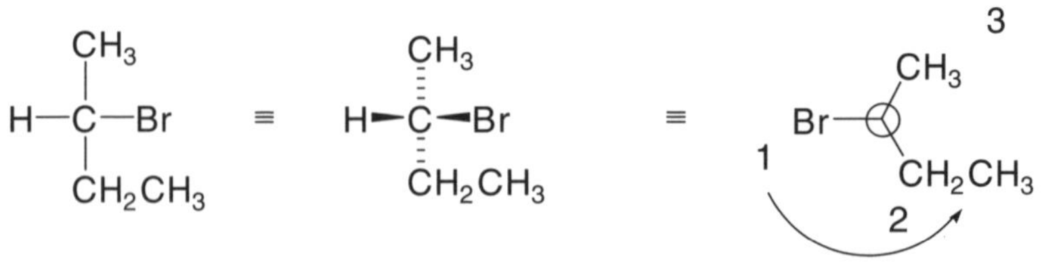

(2 *S*)-bromobutano

Figura 2.8

2.5 CORRELAÇÃO NA CONFIGURAÇÃO ABSOLUTA

Ainda que o método de Bijvoet para a determinação da configuração absoluta em um composto quiral seja extremamente trabalhosa, o conhecimento químico acumulado com o passar dos anos sobre o mecanismo das reações orgânicas permite a assinalação da estereoquímica nos compostos derivados de outro cuja configuração absoluta é conhecida. Especificamente, muitas reações químicas procedem seja com *inversão* ou *retenção* de configuração; esta informação tem possibilitado a correlação química de muitas moléculas quirais com base na configuração absoluta no ácido (+)-tartárico determinada por Bijvoet.

De fato, a correlação do (+)-gliceraldeído com o ácido (+)-tartárico (Figura 2.9) permitiu a assinalação inequívoca de sua configuração absoluta como *D* (projeção de Fischer) ou *R* (nomenclatura Cahn-Ingold-Prelog). Cabe assinalar que no primeiro passo da sequência de reações (Figura 2.9) se destrói a quiralidade presente em um dos átomos estereogênicos com a mesma configuração (*R*). Além disso, deve-se observar que em nenhuma das reações mostradas na Figura 2.9 há o rompimento de alguma ligação com o carbono assimétrico.

A correlação química da (+)-isoserina, cuja configuração absoluta foi também determinada conforme a Figura 2.9, com o ácido (−)-láctico (Figura 2.10) constitui também uma demonstração da configuração *S* para seu enantiômero, o ácido (+)-láctico, que foi então correlacionado com o ácido (−)-mandélico (Figura 2.11).

Na sequência de reações mostrada na Figura 2.10, pode-se observar que, embora nunca se rompam as ligações dos quatro substituintes com C*, a designação da configuração como *R* ou *S* pode variar como resultado das regras da sequência. Assim mesmo, deve-se notar que não existe uma relação entre a configuração absoluta (*D*, *L* ou *R*, *S*) e o sinal da rotação óptica (+, −).

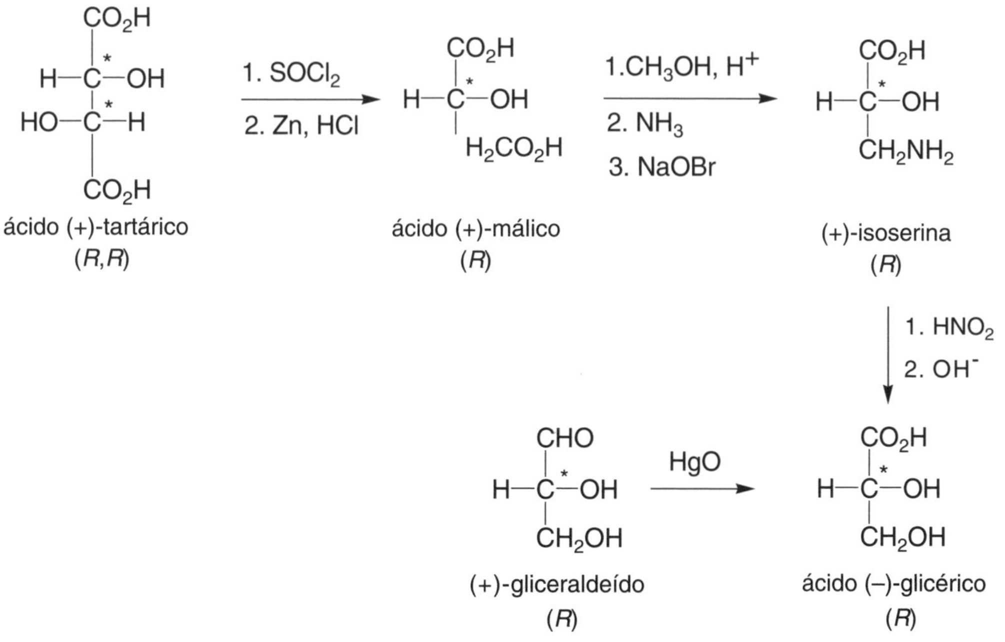

Figura 2.9

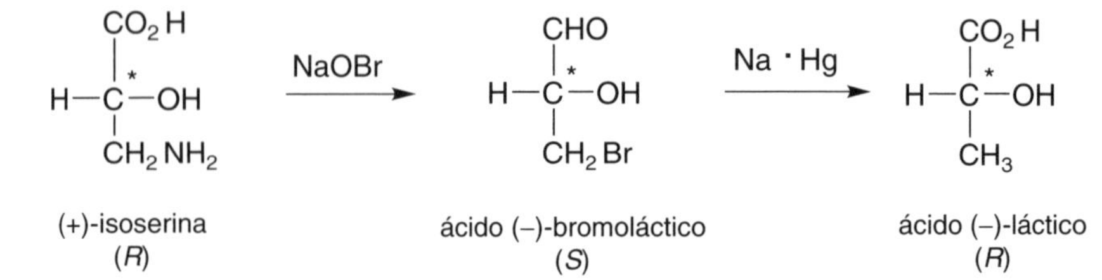

Figura 2.10

Cabe ressaltar que o intercâmbio dos dois substituintes CH_3, CO_2H no ácido (R)-láctico (Figura 2.10) dá lugar a seu enantiômero S (Figura 2.11), com troca de configuração.

Um exemplo interessante na área dos produtos naturais é a determinação da configuração absoluta na hesperidina,[9] uma flavonona que, por degradação, conduz ao ácido (−)-málico (Figura 2.12), cuja configuração absoluta é conhecida (Figura 2.9).

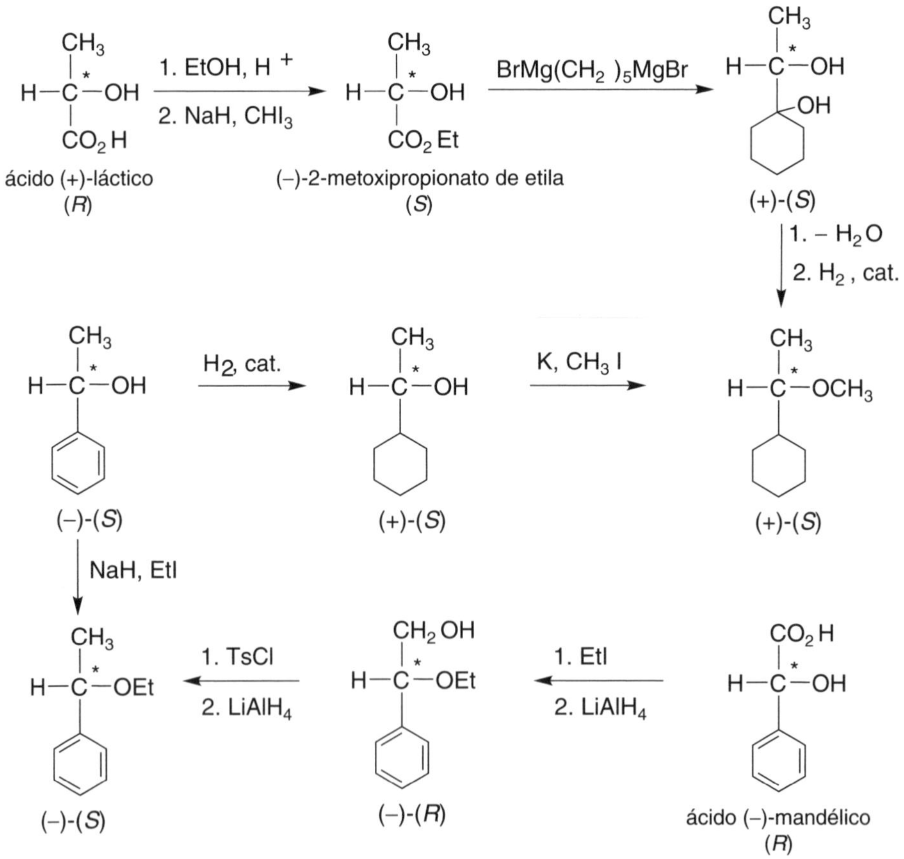

Figura 2.11

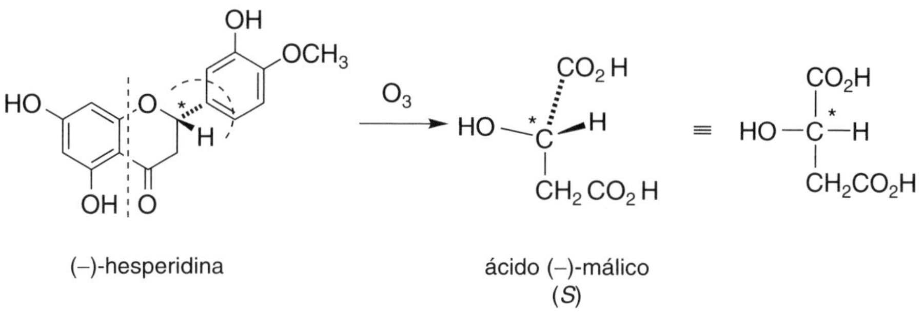

2. CONFIGURAÇÃO ABSOLUTA

(−)-hesperidina

ácido (−)-málico
(S)

Figura 2.12

Um exemplo mais recente vem da conversão do (R)-(+)-limoneno em (R)-(+)-4-isopropilpiperidin-2-ona (XXIX), um composto com ação farmacológica interessante[10] (Figura 2.13).

Ainda que só mediante a modificação de Bijvoet as técnicas normais de análises por raios X sejam possíveis na determinação da configuração absoluta em um composto (Seção 2.1),[1] é importante notar como as técnicas padrão de difração de raios X permitem estabelecer configurações absolutas quando mais de um centro de quiralidade está presente na molécula, e quando se conhece a configuração absoluta de um de tais centros assimétricos.[11]

É dessa forma que uma molécula de configuração desconhecida, A*, se une covalentemente a outra molécula de configuração absoluta conhecida, B*, e a estrutura de raios X de A*⁓B* proporciona a orientação relativa (*configuração relativa*) dos substituintes nos dois centros estereogênicos, a que permite assinalar a configuração absoluta em A*.

Por exemplo, o (+)-metil sulfóxido da cisteína (XXX) isolada dos nabos é um produto natural com configurações desconhecidas em C* e S*.

$$HO_2C - \overset{*}{C}H(NH_2) - CH_2 - \overset{*}{S}(O)CH_3$$
XXX

A conversão de (R)-L-cisteína, cuja configuração absoluta é conhecida, nos diastereômeros (+)-XXX e (−)-XXXI permitiu estabelecer que o primeiro destes produtos seja idêntico a XXX; este resultado possibilita a assinalação inequívoca de C* como R (Figura 2.14).

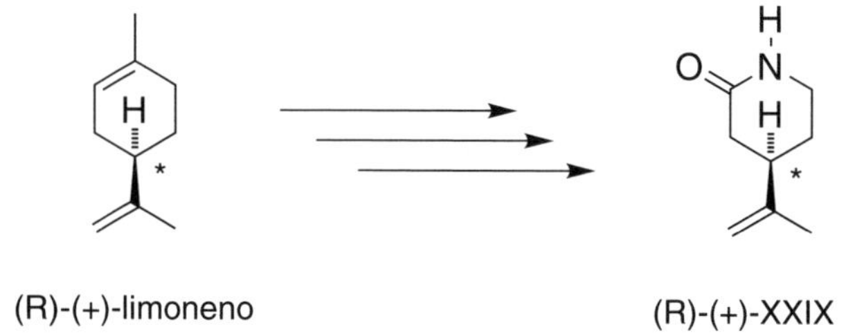

(R)-(+)-limoneno → (R)-(+)-XXIX

Figura 2.13

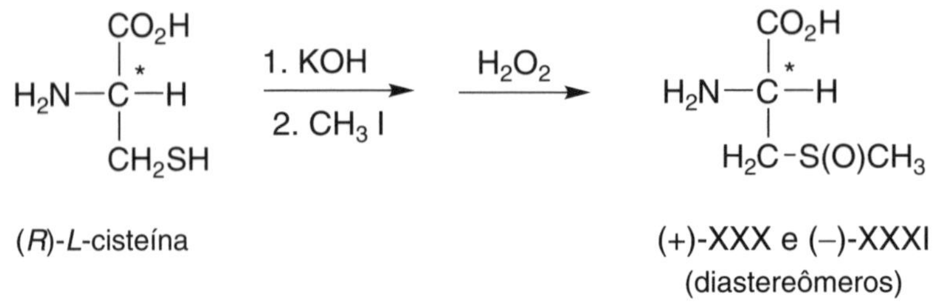

$$
\underset{(R)\text{-}L\text{-cisteína}}{\overset{\displaystyle CO_2H}{\underset{\displaystyle CH_2SH}{H_2N-\overset{*}{C}-H}}} \quad \xrightarrow[\text{2. }CH_3\,I]{\text{1. KOH}} \quad \xrightarrow{H_2O_2} \quad \underset{\substack{(+)\text{-XXX e }(-)\text{-XXXI}\\ \text{(diastereômeros)}}}{\overset{\displaystyle CO_2H}{\underset{\displaystyle H_2C\text{-}S(O)CH_3}{H_2N-\overset{*}{C}-H}}}
$$

Figura 2.14

Finalmente, a determinação da estrutura de (+)-XXX mediante difração de raios X mostrou a configuração relativa apresentada na Figura 2.15. Este resultado estabelece que a configuração absoluta no enxofre é S.

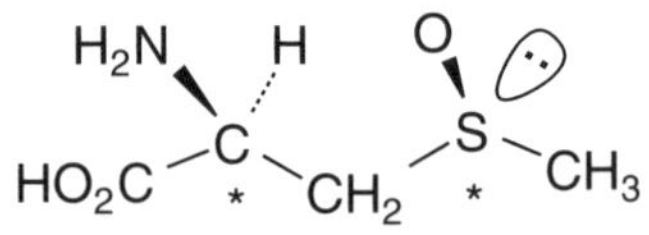

(+)-XXX

Figura 2.15

REFERÊNCIAS

1. a) Bijvoet, J. M.; Peerdeman, A. F.; Bommel, A. J. van *Nature* **1951**, *168*, 271. b) Veja também: Allenmark, S.; Gawronski, J. *Chirality* **2008**, *20*, 606.
2. Trommel, J.; Bijvoet, J. M. *Acta Cryst.* **1954**, *7*, 703.
3. a) Fischer, E. *Ber.* **1891**, *24*, 2683. b) Fischer, E. *Ber. Deutsch. Chem. Ges.* **1896**, *29*, 1377.
4. a) Eliel, E. L. *Stereochemistry of Carbon Compounds*, McGraw-Hill: New York, 1962, pp. 88-92. b) Eliel, E.; Wilen, S. H. *Stereochemisty of Organic Compounds*; John Wiley & Sons: New York, 1994. b) Juaristi, E. "*Introduction to Stereochemistry and Conformational Analysis*", Wiley: New York, 1991 & 2000.
5. Klyne, W. *Chem. and Ind.* (Londres) **1951**, 1022.
6. McCasland, G. E. *A New General System for the Naming of Stereoisomers*, Chemical Abstracts: Columbus, 1950.
7. a) Cahn, R. S.; Ingold, C. K; Prelog, V. *Experientia* **1956**, *12*, 81. b) Veja, também: Mata, P.; Lobo, A. M.; Marshall, C.; Johnson, A. P. *Tetrahedron: Asymmetry* **1993**, *4*, 657.
8. I.U.P.A.C. *Pure Appl. Chem.* **1976**, *45*, 11.
9. Arakawa, H.; Nakazaki, M. *Ann.* **1960**, *636*, 111.
10. Jackman, L. M.; Webb, R. L.; Yick, H. C. *J. Org. Chem.* **1982**, *47*, 1824.
11. Para uma revisão recente, veja Harada, N. *Top. Stereochem.* **2006**, *25*, 177.

CAPÍTULO 3

PROPRIEDADES FISICOQUÍMICAS NAS MOLÉCULAS QUIRAIS

3.1 INTRODUÇÃO

No capítulo anterior foram apresentados os procedimentos clássicos para a determinação da estereoquímica absoluta de uma molécula; a saber, as análises cristalográficas de raios X seletivamente defasados (Bijvoet) e a conversão da molécula quiral desconhecida em outra cuja estereoquímica absoluta é conhecida. Este segundo método utiliza uma sequência de reações químicas em que o centro de quiralidade permanece inalterado, ou em que a estereoquímica de cada etapa é conhecida de forma absoluta. Estas correlações normalmente envolvem muitas reações e são muito trabalhosas.

Como já foi indicado, o sinal da rotação que uma molécula quiral provoca no plano da luz polarizada (quase sempre da linha D de emissão do sódio) não reflete a estereoquímica absoluta de um composto quiral. Sem dúvida, uma assinalação confiável da configuração absoluta é muitas vezes possível mediante técnicas que analisam algumas propriedades quirópticas das substâncias quirais.

3.2 ATIVIDADE ÓPTICA

Embora a atividade óptica das moléculas dissimétricas tenha sido descoberta no início do século XIX, e se converteu em uma importante ferramenta de análise para os químicos deste século, passaram-se muitos anos para que este fenômeno fosse estudado e seus fundamentos, compreendidos.[1] Os estudos teóricos envolvidos são muito complexos, ainda que seu tratamento semiempírico seja relativamente simples, permitindo compreender a origem do fenômeno da rotação óptica.[2,3] De acordo com este modelo, a luz resulta do movimento ondulatório dos campos cambiantes, elétrico e magnético, que são perpendiculares em um ou outro.

Assim mesmo, as ondas luminosas são o resultado de dois tipos de "luz circularmente polarizada", uma onda polarizada circularmente à direita (Figura 3.1) e uma polarizada circularmente à esquerda.

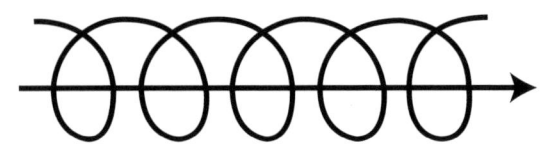

Direção de propagação da luz

Figura 3.1

Na luz normal os vetores elétricos se orientam em todos os planos (Figura 3.2a), enquanto a luz polarizada em um plano* é a luz em que os vetores elétricos de todas as ondas luminosas jazem no mesmo plano (Figura 3.2b).

A interação entre os elétrons de uma molécula com o componente elétrico da luz produz desvios no plano da luz polarizada que se cancelam em compostos aquirais, pois existe uma distribuição estatística dos arranjos moleculares que causam um desvio do plano até a direita e até a esquerda (Figura 3.3). Por outro lado, com substâncias quirais tal cancelamento não ocorre, pois não existem as moléculas enantioméricas que compensam pelo fato de a velocidade das ondas circulares à direita e à esquerda não ser igual durante a interação, o que causa uma rotação total (atividade óptica).

Em outras palavras, um raio de luz polarizada é formado por um componente polarizado circularmente à esquerda e outro polarizado circularmente à direita. Os vetores que representam estes componentes são mostrados na Figura 3.4a (círculo interior), e sua soma vetorial no círculo exterior da Figura 3.4a. Quando os vetores individuais giram ao propagar-se a luz, a soma vetorial traça uma linha reta (Figura 3.4b, 3.4c e 3.4d; ver também a Figura 3.3a). Se o plano da luz polarizada incide sobre um centro de assimetria como o representado em XXXII, no qual as polarizibilidades (que dependem das características eletrônicas) dos grupos ou átomos A, B, C e D são distintas, então a velocidade dos componentes vetoriais será diferente.** O resultado é um defasamento θ do plano original da luz polarizada (Figura 3.5).

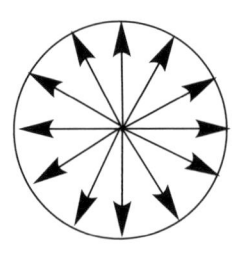

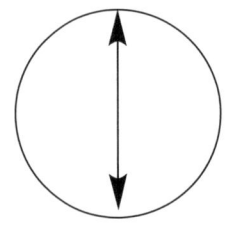

a) Luz normal   b) Luz polarizada

Figura 3.2

---

* A luz polarizada pode ser gerada ao passar luz normal através de uma lente polaroide ou um prisma de Nicol.
** Este efeito é denominado birrefringência circular.

3. PROPRIEDADES FISICOQUÍMICAS NAS MOLÉCULAS QUIRAIS 25

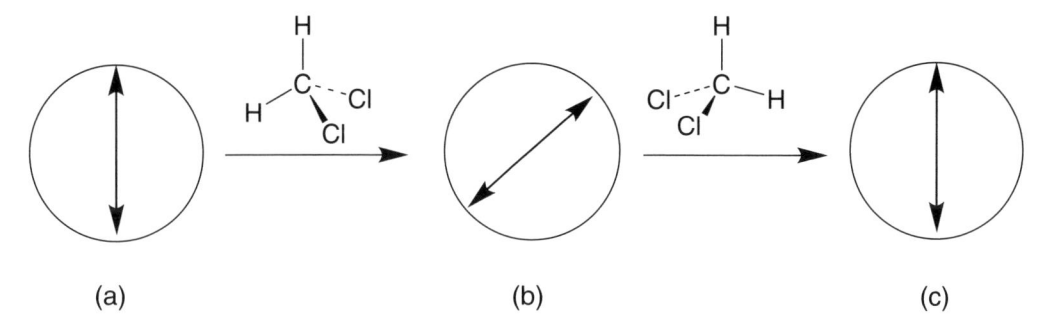

Figura 3.3

Fica claro agora o fenômeno da rotação ótica nas moléculas quirais. As estruturas enantioméricas mostraram atividade óptica da mesma magnitude, porém, em sentidos opostos [comparar (+)-XXXIII e (−)-XXXIII]. Fica também evidente que as misturas equimoleculares (misturas racêmicas e racematos) de dois enantiômeros não mostraram atividade óptica, pois o efeito pro-

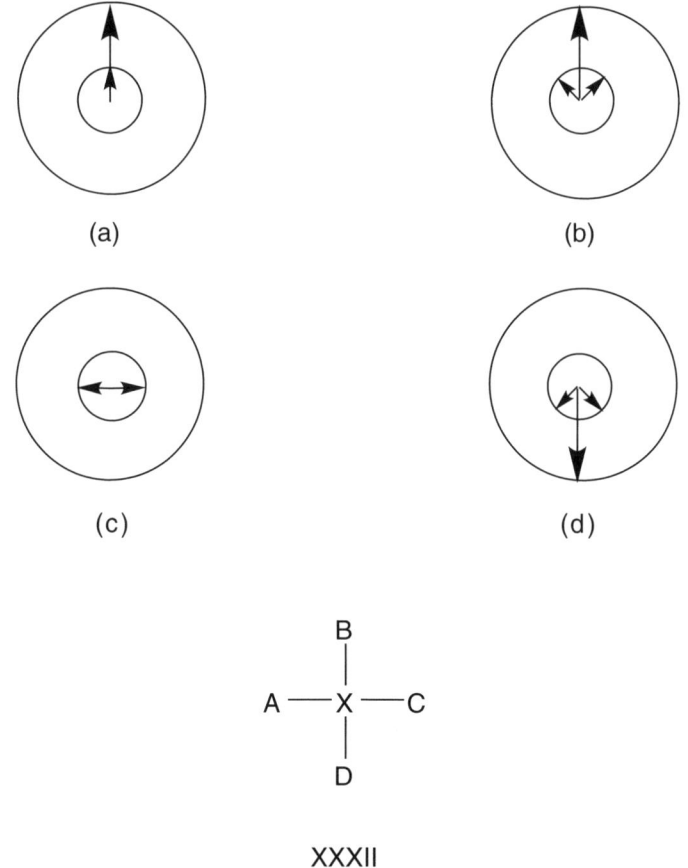

XXXII

Figura 3.4

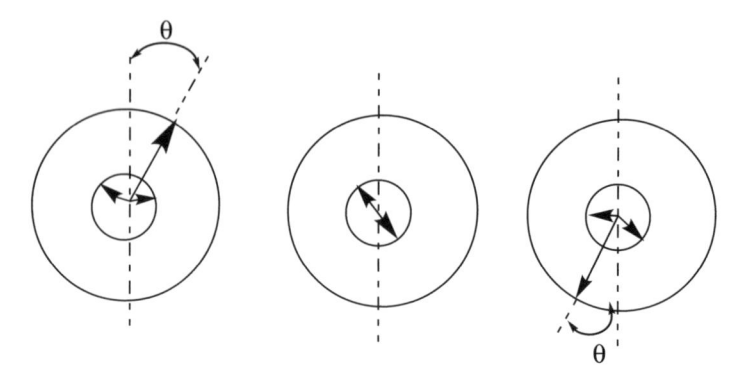

Figura 3.5

duzido pelas moléculas do enantiômero destrógiro será cancelado pelas moléculas do enantiômero levógiro.

C_5H_5 \ H   H / C_2H_5

H_3C / I   I \ CH_3

(+)-XXXIII   (−)-XXXIII

$[\alpha]_D^{24°C} = +15,9$ $[\alpha]_D^{24°C} = -15,9$

Pode-se observar também que na molécula com dois centros de quiralidade opostas, em que os quatro substituintes são os mesmos, não se observa rotação óptica, pois o desvio de $+\theta$ do plano de luz polarizada causado pela metade destrógira na molécula é compensado pelo desvio $-\theta$ na segunda metade. Um exemplo é o ácido *meso*-tartárico, XXXIV.

XXXIV:
CO_2H
|
$H-C^*-OH$
|
$H-C^*-OH$
|
CO_2H

$[\alpha]_D^{25°C} = 0$

Ácido (2*R*,3*S*) tartárico

Finalmente, deve-se assinalar que o ângulo de rotação observado, α, é proporcional ao número de moléculas opticamente ativas que se encontram na trajetória do feixe de luz; portanto, α é proporcional à longitude da cubeta de amostra e à concentração da solução observada no *polarímetro*. É conveniente então referir-se à rotação específica, $[\alpha]$, que é obtida dividindo-a entre a concentração (expressa em g/mL) e a longitude da cubeta (expressa em decímetros). A longitude de onda de luz empregada se dá em forma de subíndice, e a temperatura na qual foi realizada a medição é assinalada como expoente.

$$[\alpha]_D^T = \frac{\alpha}{l \cdot c}$$

3.3 DISPERSÃO ÓPTICA ROTATÓRIA[4,5]

Quando a substância opticamente ativa é também capaz de absorver luz, então ocorrerá uma absorção desigual dos vetores componentes. A medição da diferença em absorção entre a luz polarizada direita e esquerda é denominada *dicroísmo circular*.

Um experimento muito parecido consiste na medição da rotação óptica como função da longitude de onda da luz polarizada incidente, chamada *dispersão rotatória óptica*. Normalmente observa-se um aumento na rotação óptica quando a longitude de onda (λ) diminui (por exemplo, Figura 3.6a) para os compostos que absorvem unicamente no ultravioleta distante ($\leq$ 220 nm). Por outro lado, quando o composto possui sua absorção máxima na região de medição (λ = 250-650 nm), então se observará uma curva anormal (Efeito Cotton; Figura 3.6b). Esta curva anormal mostra um pico e um vale; se ao diminuir λ se passa primeiro o pico e depois o vale, então o efeito é denominado "positivo". Pelo contrário, se o vale está primeiro, então o efeito é "negativo" (Figura 3.6c).

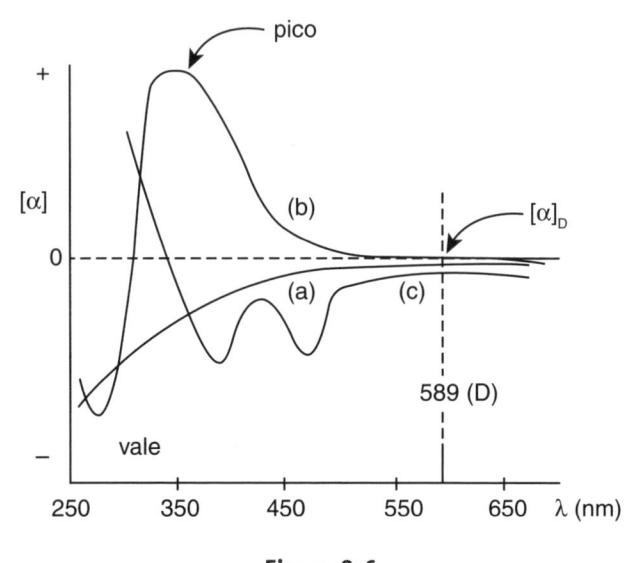

Figura 3.6

Embora as curvas anormais [por exemplo, (b) e (c) na Figura 3.6] sejam as que proporcionam as informações mais importantes do ponto de vista configuracional, as curvas normais também são úteis. Em geral, as rotações específicas com $\lambda = 250$ nm são muito maiores (~10 vezes) que as observadas com a linha D do sódio ($\lambda = 589$ nm). Portanto, a determinação de $[\alpha]$ a menores longitudes de onda requer uma menor quantidade do composto, e é mais precisa. Um exemplo são os isômeros *orto-*, *meta-* e *para-* dos éteres iodofenílicos do ácido láctico (XXXV), que mostram sinal distinto de $[\alpha]$ a $\lambda = 589$ nm, porém, o mesmo sinal como é de se esperar a $\lambda \leq 310$ nm (Figura 3.7).

As curvas anormais de dispersão rotatória óptica se descrevem de modo que os dados proporcionados permitam a reconstrução da curva original, ademais incluindo o solvente, a concentração e a temperatura empregada na determinação do espectro. A seguir é apresentado um exemplo típico:

Composto X; em metanol (c, 0,10 g/100 ml), 25°C:

$$[\alpha]_{700} - 10, [\alpha]_{640}, [\alpha]_{400} + 145, [\alpha]_{320} + 510,$$

$$[\alpha]_{270} \, 0, [\alpha]_{245}, - 420, [\alpha]_{220} - 180.$$

O cromóforo de maior utilidade até agora é o grupo carbonila de cetonas e aldeídos, que geram a banda n→ π*. Sem dúvida, outros grupos funcionais têm sido estudados, como C=S, -S-S-, NO_2, α-halo ácidos, ésteres, lactonas, etc.

A orientação (configuração) dos substituintes próximos ao grupo cromóforo afeta sua forma. Por exemplo, a androstan-17β-3-ona, na qual os anéis A e B possuem a configuração *trans*, mostra uma curva de sinal oposto à observada em seu isômero 5b, em que os anéis A e B têm uma configuração *cis* (Figura 3.8).

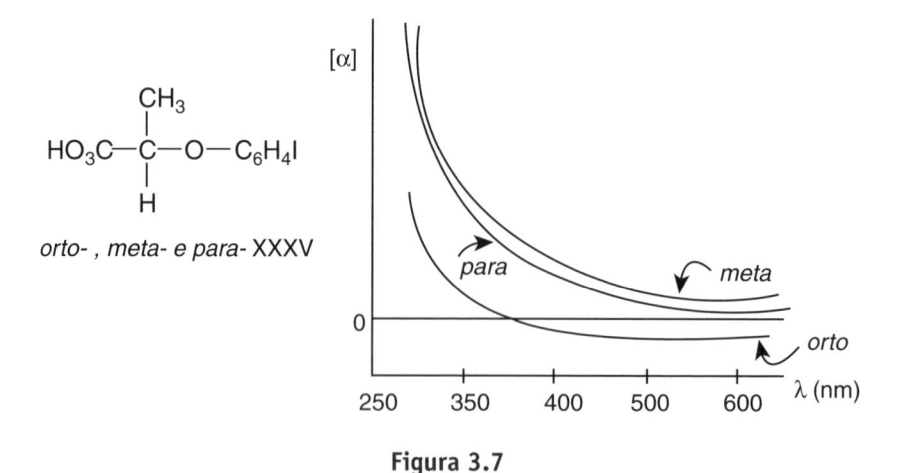

Figura 3.7

Figura 3.8

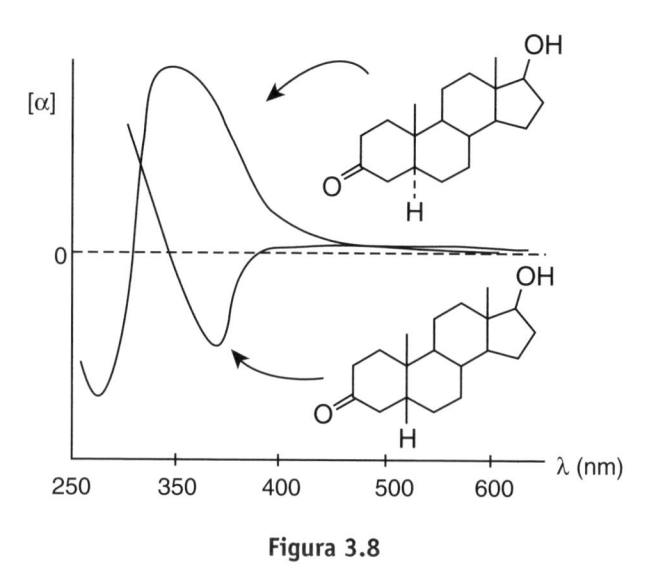

3.4 REGRA DO OCTANTE

A regra do octante é uma aplicação empírica do sinal das curvas de dispersão rotatória óptica, que permite determinar a configuração absoluta de cetonas cíclicas de 5, 6 e 7 membros. Ela consiste em dividir o espaço que rodeia o grupo carbonila em octantes, como mostra a Figura 3.9. O plano A bissecta a carbonila; o plano B é perpendicular à A e atravessa o oxigênio, enquanto o plano C é perpendicular a ambos os planos A e B, estando colocado em meio da dupla ligação C=O. Desta maneira, os três planos dividem o espaço em octantes.

Os quatro octantes situados à direita do plano C na Figura 3.9 são os octantes posteriores, enquanto os quatro octantes à esquerda de C são os octantes anteriores. A regra dos

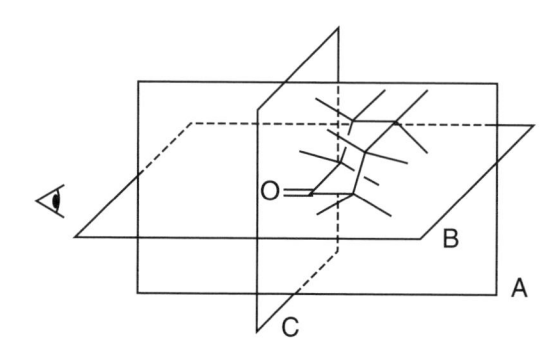

Figura 3.9

octantes estabelece que a dispersão rotatória de uma molécula depende do octante em que ele ou a maioria dos substituintes estão localizados. Assim, os octantes posteriores são os mais importantes, pois raras vezes os substituintes na cetona cíclica apontam até a frente da carbonila, rebaixando-a. Embora os substituintes que residem sobre os planos A, B, C não contribuam para a dispersão rotatória, aqueles substituintes nos octantes posterior inferior esquerdo e posterior superior direito têm um efeito negativo, enquanto aqueles substituintes nos octantes posterior superior esquerdo e posterior inferior direito têm uma contribuição positiva (Figura 3.10).

Pode-se observar que os substituintes equatoriais em C(2) e C(6) praticamente não contribuem para a dispersão rotatória, pois estão no plano B. Os substituintes axiais em C(2), assim como qualquer substituinte em C(5), têm uma contribuição positiva. Finalmente, os substituintes em C(6) e qualquer substituinte em C(3) têm uma contribuição negativa. A substituição em C(4) não afeta o sinal do efeito óptico, pois este carbono reside no plano A.

Um exemplo constitui a determinação da configuração absoluta em (+)-*trans*-10-metil-2-decalona (Figura 3.11).[6] Na configuração mostrada, os carbonos 8, 7 e 6 ficam no octante posterior superior esquerdo, enquanto o carbono 5 e a metila angular não contribuem, pois estão no plano A. Visto que os únicos substituintes que se sobressaem aos planos coordenados estão no octante superior esquerdo, o sinal positivo na dispersão rotatória óptica confirma a configuração absoluta indicada. Claro, a estrutura enantiomérica contém os carbonos 6, 7 e 8 no octante superior direito, e dá lugar à curva negativa.

Outro exemplo que mostra a aplicabilidade da regra do octante na determinação da conformação de uma acetona cíclica é o espectro de dispersão rotatória óptica da (+)-3-metilciclohexanona, cuja configuração absoluta é *R,* como mostra a Figura 3.12. O sinal positivo observado em DRO indica que o confôrmero equatorial, com a metila no octante posterior superior esquerdo, predomina sobre o confôrmero axial, com a metila no octante posterior superior direito.

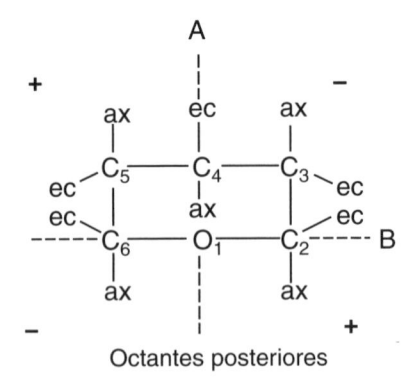

Figura 3.10

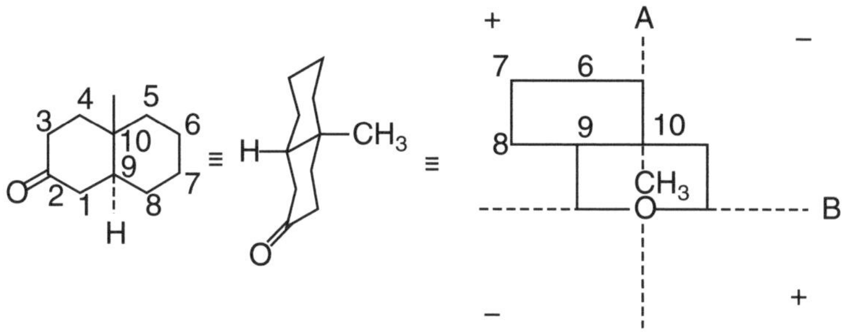

Figura 3.11

3.5 O MÉTODO DO QUASE-RACEMATOS

Este método não se baseia nas propriedades quirópticas dos compostos quirais, mas sem dúvida, é apropriado neste capítulo, pois também facilita a assinalação com a configuração absoluta.[7,8]

No estado cristalino as forças intermoleculares são muito sensíveis à geometria das moléculas. Assim, a interação entre duas moléculas quirais da mesma configuração difere da interação entre moléculas enantioméricas. Uma das propriedades físicas que mostra claramente este fenômeno é o ponto de fusão. Pode-se distinguir três situações diferentes:

1. *mistura racêmica*, quando quantidades similares de cristais dos enantiômeros (−) e (+) mostram um comportamento como o esquematizado na Figura 3.13a.
2. *compostos racêmicos*, quando quantidades similares das moléculas (+) e (−) cristalizam em um arranjo específico (Figura 3.13b).
3. soluções sólidas, que são cristais que contêm quantidades similares das moléculas (−) e (+), acomodadas sem um arranjo específico (Figura 3.13c).

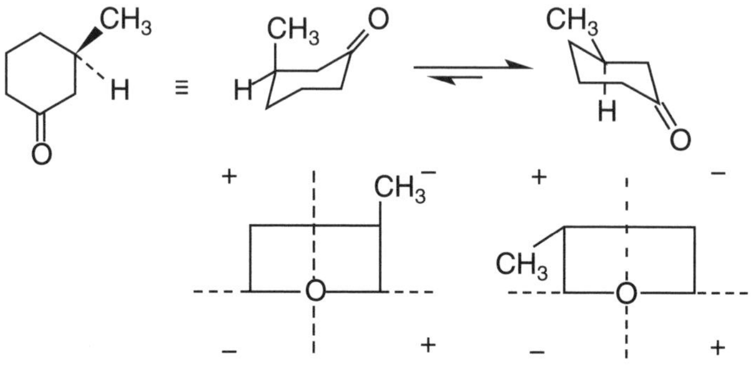

Figura 3.12

| (+)   (±)   (−) | (+)   (±)   (−) | (+)   (±)   (−) |
| (a) Mistura racêmica | (b) Composto racêmico | (c) Solução sólida |

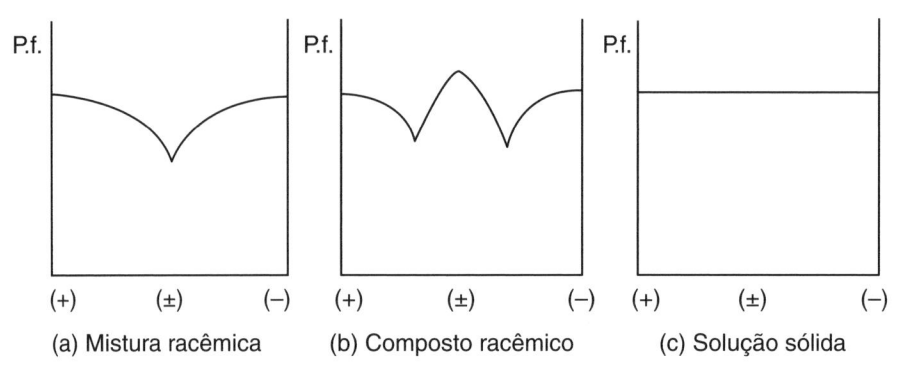

Figura 3.13

Pode-se observar na Figura 3.13 que a adição de um enantiômero puro (1) a uma mistura racêmica resultará na elevação de seu ponto de fusão; (2) a um composto racêmico resultará na depressão de seu ponto de fusão; e (3) a uma solução sólida não afeta o ponto de fusão.

Mais interessante é a conclusão de que, para dois compostos opticamente ativos cuja estrutura é muito similar (A*, B*), o comportamento de suas misturas é muito informativo (Tabela 3.1).

Especificamente,[9] duas substâncias (+)-A e (−)-B têm a mesma configuração quando formam uma solução sólida, ainda que (+)-A e (+)-B (ou (−)-A e (−)-B) deem lugar a um composto ou mistura racêmica.

Um exemplo da aplicação deste método é a determinação da configuração absoluta do ácido (+)-3-metil-1,8-octanodióico ((+)-XXXVI), que forma uma solução sólida com o tiol (−)-XXXVII, cuja configuração absoluta havia sido correlacionada com a do ácido (+)-α-lipoico, como mostra a Figura 3.14. Assim, (+)-XXXVI e (+)-XXXVII formaram uma mistura racêmica; a partir disso, é possível concluir que estes compostos dextrógiros são de configuração oposta.

Tabela 3.1

(+)-A/(+)-B	(+)-A/(−)-B	Conclusão
Composto ou mistura racêmica	Solução sólida	(+)-A e (+)-B são de configuração oposta
Mistura racêmica	Mistura racêmica	Nenhuma
Solução sólida	Mistura ou composto racêmico	(+)-A e (+)-B têm a mesma configuração
Solução sólida	Solução sólida	Nenhuma

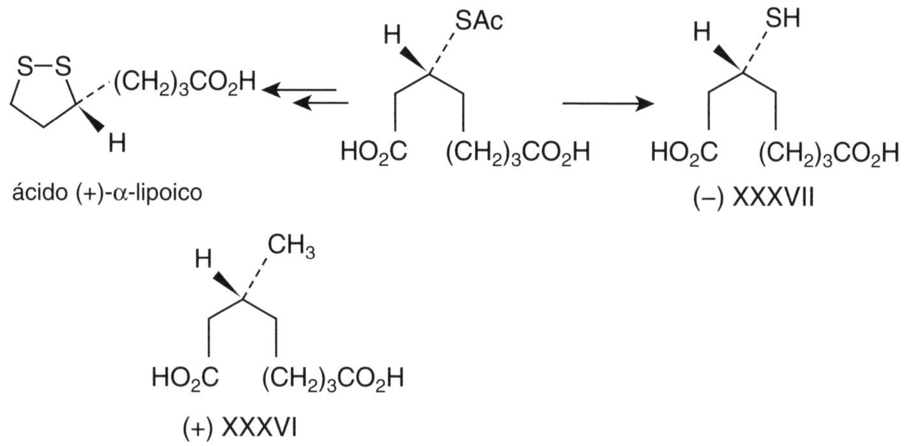

Figura 3.14

REFERÊNCIAS

1. a) Condon, E. U.; Altar, W.; Eyring, H. *J. Chem. Phys.* **1937**, *5*, 753. b) O'Loane, J. K. *Chem. Rev.* **1980**, *80*, 41.
2. Brewster, J. H. *Top. Stereochem.* **1967**, *2*, 1.
3. Ver também: Streitwieser, A.; Heathcock, C.; Kosower, E. M. *Introduction to Organic Chemistry*, 4ª Edição, Macmillan: New York, 1992; 126-129.
4. a) Pasto, D. J.; Johnson, C. R. *Organic Structure Determination*, Prentice-Hall: London, 1969; 228-232. b) Crabbé, P. *Optical Rotatory Dispersion and Circular Dichroism in Organic Chemistry*, Holden-Day Series in Physical Techniques in Chemistry: San Francisco, 1965. c) Gergely, A. *Polarimetry, ORD and CD spectroscopy*, en *Progress in Pharmaceutical and Biomedical Analysis* **2000**, *4*, 553.
5. a) Eliel, E. L. in "Stereochemistry of Carbon Compounds", McGraw-Hill: New York, 1962, pp. 412-427. b) Eliel, E.; Wilen, S. H. *Stereochemisty of Organic Compounds*; John Wiley & Sons: New York, 1994. c) Juaristi, E. *"Introduction to Stereochemistry and Conformational Analysis"*, Wiley: New York, 1991 & 2000.
6. Djerassi, C. *Optical Rotatory Dispersion*, McGraw-Hill: New York, 1960.
7. Wolfrom, M. L.; Lemieux, R. U.; Olin, S. M. *J. Am. Chem. Soc.* **1949**, *71*, 2870.
8. a) Fredga, A. *Tetrahedron* **1960**, *8*, 126. b) Ver também: Tambute, A.; Collet, A. *Bull. Soc. Chim. France* **1984**, 77.
9. Mislow, K.; Heffler, M. *J. Am. Chem. Soc.* **1952**, *74*, 3668.

CAPÍTULO 4

DESCRITORES ESTEREOQUÍMICOS

4.1 INTRODUÇÃO

As Seções 2.3 e 2.4 descrevem de forma detalhada os sistemas de nomenclatura *D,L* e *R,S*. Esses símbolos são conhecidos como *descritores estereoquímicos,* já que seu uso facilita o assinalamento da configuração molecular.

Existem outros descritores estereoquímicos que são necessários em certos compostos, ou que em determinado momento são mais fáceis de empregar por serem frequentes na literatura química. Neste capítulo são compilados os exemplos mais importantes,[1] apresentados em forma condensada na Tabela 4.1.

Tabela 4.1 Descritores estereoquímicos

Símbolo ou prefixo	Definição (seção)	Símbolo ou prefixo	Definição (seção)
(R)	4.2.a	Meso	4.5.b
(S)	4.2.a	Rac	4.5.b
(R_a)	4.2.b	D	4.6.a
(R_p)	4.2.b	L	4.6.a
(S_a)	4.2.b	Endo	4.6.b
(S_p)	4.2.b	Exo	4.6.b
(Re)	4.2.c	Sin	4.6.c
(Si)	4.2.c	Anti	4.6.c
(P)	4.2.d	α	4.6.d
(M)	4.2.d	β	4.6.d
Cis	4.3.a	Ent	4.6.e
Trans	4.3.a	Rac	4.6.e

(continua)

Tabela 4.1 Descritores estereoquímicos (*continuação*)

Símbolo ou prefixo	Definição (seção)	Símbolo ou prefixo	Definição (seção)
E	4.3.b	ξ	4.6.f
Z	4.3.b	Ξ	4.6.f
c	4.4	L	4.7.a
t	4.4	U	4.7.a
Eritro	4.5.a	Lk	4.7.b
Treo	4.5.a	Ul	4.7.b

4.2a Os símbolos (*R*) e (*S*) especificam a configuração de um centro de quiralidade, conforme o sistema das regras de sequência,[2] que se resumem na Seção 2.4 deste livro. Para especificar a configuração de racematos dos compostos com vários centros de quiralidade, os pares de letras (*RS*) e (*SR*) são utilizados; assim, o descritor (1*RS*, 2*SR*) se refere ao racemato composto do enantiômero (1*R*,2*S*) e do enantiômero (1*S*,2*R*).[3]

Exemplos

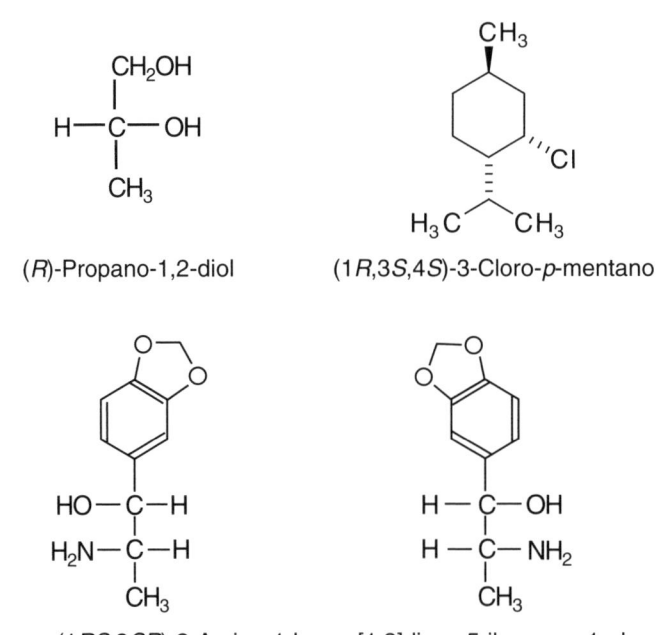

(*R*)-Propano-1,2-diol

(1*R*,3*S*,4*S*)-3-Cloro-*p*-mentano

(1*RS*,2*SR*)-2-Amino-1-benzo[1,3]dioxo-5-il-propan-1-ol

4.2b No Capítulo 1 foi mencionado que muitas moléculas quirais não possuem um centro de quiralidade, C*. Tais compostos normalmente têm um eixo ou um plano de quiralidade. Como exemplos, há certos alenos, biarilos, alquilidenociclohexanos e espiranos opticamente ativos. A configuração absoluta nestes compostos se especifica empregando as regras de Cahn, Ingold e Prelog, modificadas conforme indicado na sequência.[3,4]

4. DESCRITORES ESTEREOQUÍMICOS

Pode-se observar que as moléculas de interesse possuem um eixo de quiralidade, em torno do qual os substituintes se orientam como em um tetraedro alargado (Figura 4.1).

A assinalação da sequência de prioridade dos quatro substituintes neste tetraedro alargado permite então a determinação do sentido quiral R ou S, porém, empregando agora um subíndice "a" para indicar a presença do eixo de quiralidade: R_a, S_a.

Exemplos

(R_a)

(S_a)

Quando os extremos do eixo de quiralidade são iguais (ou seja, contam dois pares de substituintes a, b), então, o procedimento é modificado da seguinte maneira: analisa-se o sentido da quiralidade a partir dos dois extremos, assinalando as prioridades 1 e 2 a estes substituintes. O substituinte com maior prioridade no extremo posterior é o que define a quiralidade (R_a) ou (S_a). Assim,

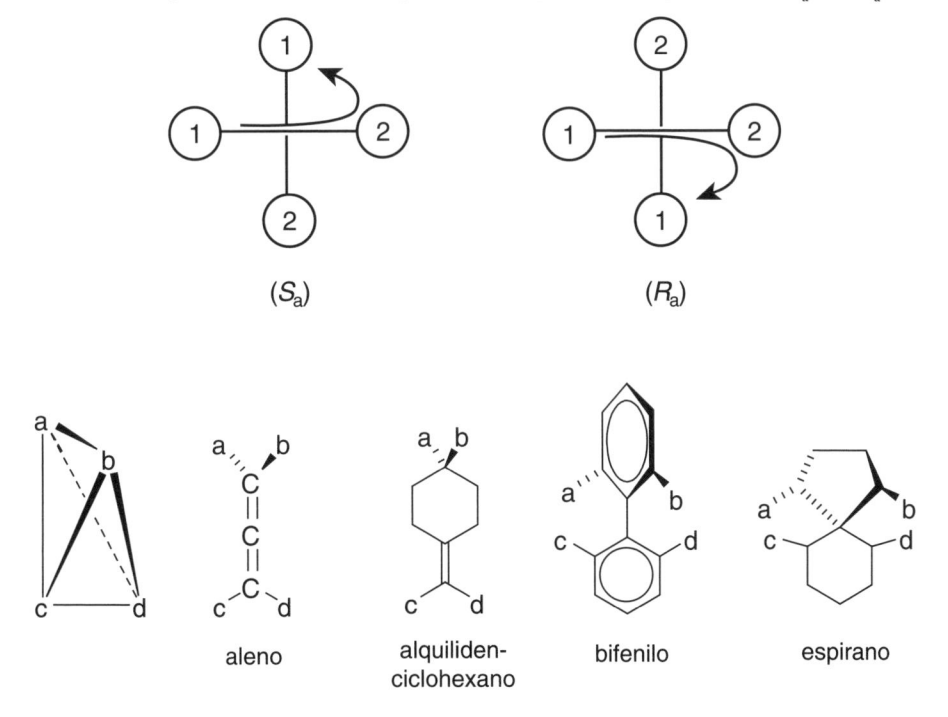

(S_a)   (R_a)

aleno   alquiliden-ciclohexano   bifenilo   espirano

Figura 4.1

Exemplos

Ácido (R_a)-(−)-glutínico

(R_a)-(−)-1,3-Dimetilaleno

(S_a) (+) 1,1' Binaftilo

(S_a)-(+)-1-Benziliden-4-
-metilciclohexano

(S_a)-(+)-Espiro[3,3]-hepta-1,5-dieno

Assim, um procedimento para determinar a configuração das moléculas contendo um plano de quiralidade (R_p ou S_p) foi desenvolvido por Cahn, Ingold e Prelog.[3,4] A primeira etapa consiste na seleção de um plano de quiralidade, que no paraciclofano XXXVIII consiste do plano formado pelo anel aromático e dos átomos diretamente unidos a ele. A segunda etapa requer a seleção de uma face neste plano, mais próxima ao observador e que contém um ponto P a partir do qual se aplica a regra de quiralidade.

A terceira etapa consiste em passar do P ao átomo situado no plano, com quem P está ligado; este átomo adquire a maior prioridade (1) ao assinalar a sequência. O segundo átomo na sequência (2) é aquele átomo no plano diretamente unido a (1), que é preferido pelas regras normais de sequência. O terceiro átomo (3) é escolhido da mesma maneira, e então determina-se o sentido da quiralidade. Desta forma, o sentido quiral descrito por XXXVIII é R, e sua configuração absoluta se assinala (R_p).

(Rp)-XXXVIII

O *trans*-ciclocteno XXXIX é outro exemplo de molécula com plano de quiralidade.

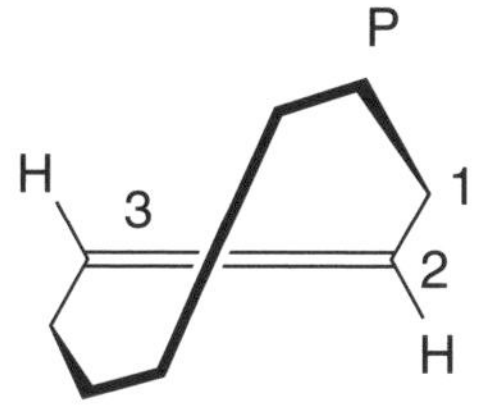

(Rp)-XXXIX

4.2c Os descritores (*Re*) e (*Si*) são utilizados para designar a configuração de faces heterotópicas (ver o Capítulo 6). O procedimento de assinalação se baseia também nas Regras de Sequência de Cahn, Ingold e Prelog,[2] conservando agora as duas primeiras letras das palavras *rectus* e *sinister*.

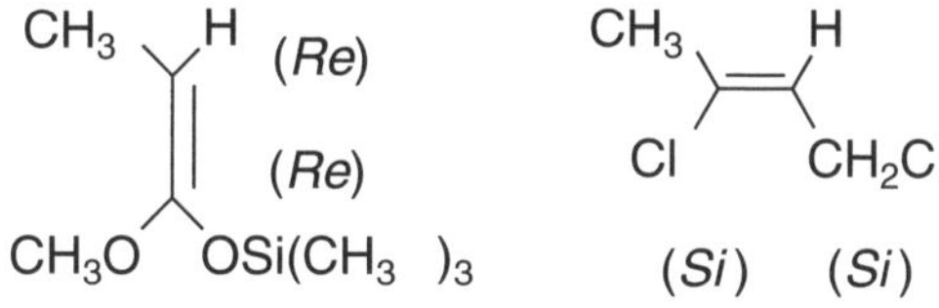

O leitor deve entender que as configurações das faces posteriores nestes exemplos (as que são observadas mais ao fundo no papel ou na lousa) são opostas às assinaladas na parte da frente.

4.2d Helicidade

A helicidade é um caso especial de quiralidade. Dependendo se a hélice se afasta do observador na direção direita ou esquerda, designa-se *P* ou *M*, respectivamente. (Figura 4.2).

4.3a Os descritores *cis* e *trans* como prefixos ao nome de um composto contendo uma dupla ligação estereogênica indicam que os dois ligantes de referência estão dispostos seja do mesmo lado (*cis*) ou de lados opostos (*trans*) ao plano de referência. Tais planos contêm os dois átomos

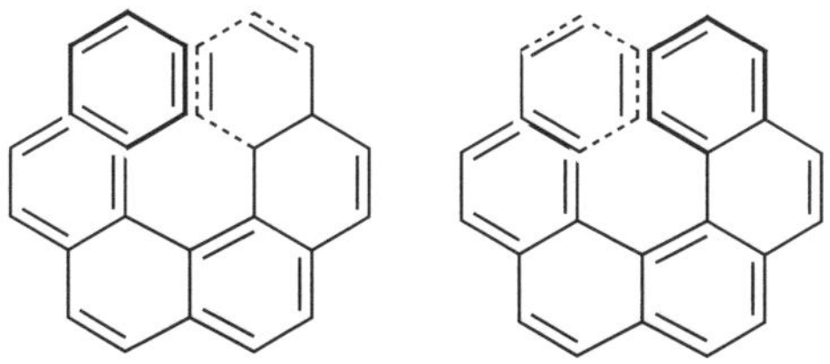

Figura 4.2

conectados pela dupla ligação, que é perpendicular ao plano formado pelos ligantes. Normalmente, os ligantes de referência são idênticos, como os átomos de hidrogênio unidos a cada carbono sp^2 nos exemplos seguintes:

cis-1,2-Dibromo-eteno   Ácido trans-pentenodioico   3-(trans-2-Nitro-vinil)-piridina

Os descritores *cis* e *trans* antes do nome de uma estrutura cíclica com só dois centros estereogênicos saturados indica que os ligantes de referência estão situados do mesmo lado (*cis*) ou de lados opostos (*trans*) ao plano de referência, que é definido pelos átomos no anel que dão lugar a uma projeção planar do esqueleto cíclico. Os ligantes de referência são os ligantes que não são hidrogênio nos átomos estereogênicos.

Exemplos

trans-2-Metil-ciclohexanol   + imagem no espelho (enantiômero)

cis-2-Isopropil biciclohexilo   + imagem no espelho (enantiômero)

trans-1,2-Dibromo-1,2,3,4-tetraidro naftaleno: + imagem no espelho (enantiômero)

4.3b Os símbolos (*E*) e (*Z*) especificam a configuração de uma dupla ligação. Seu emprego indica que os ligantes de referência nos extremos da dupla ligação foram selecionados mediante as Regras de Sequência,[2] e que os ligantes de maior prioridade em cada um dos átomos estão situados em lados opostos (*E*, do alemão *entgegen*, que significa "opostos") ou do mesmo lado (*Z*, do alemão *zusammen*, que significa "juntos") do plano de referência.

4. DESCRITORES ESTEREOQUÍMICOS

Exemplos

(Z)-1,3-Dicloro-2-buteno

Benzaldeído (E)-oxima

Os símbolos (E) e (Z) também são usados para especificar a configuração de uma quase-dupla ligação; ou seja, uma ligação simples que, como resultado de deslocalização eletrônica, assume as características configuracionais associadas com uma dupla ligação.

Exemplo

(E)-N-Metil-tioformamida

4.4 Os símbolos c e t seguidos da posição de uma dupla ligação indicam que os ligantes de referência nos átomos terminais da dupla ligação estão situados do mesmo lado (c) ou de lados opostos (t) do plano de referência.

Exemplos

2-Metil-oct-3c-en-2-ol

Cicloocta-1c,3t-dieno

(5β)-Ergost-22t-en-3α-ol

(5α)-Pregn-17(20)t-en-21-ol

Os símbolos c e t seguidos da posição de um substituinte ou ponte estrutural indicam que o grupo correspondente está situado seja no mesmo lado (c) ou em lado oposto (t) do plano de referência em relação ao ligante de referência, que é especificado mediante o símbolo r.

Exemplos

3c-Metoxi-ciclohexano-1r,2t-diol

+ enantiômero

(1,2c-Dibromo-ciclohex-r-il)-metanol

+ enantiômero

(3R)-14t-Etil-4t,6t,7c,10c,12t-pentahidroxi-3r,5c,7t,9t,11c,13t-hexametil-oxaciclotetradecan-2-ona

4. DESCRITORES ESTEREOQUÍMICOS

4.5a Os descritores *eritro* e *treo* indicam que os ligantes de referência em dois centros estereogênicos partem de uma cadeia, e estão situados seja no mesmo lado (*eritro*) ou em lados opostos (*treo*) da projeção de Fischer.

Os ligantes de referência são:

a. os ligantes que não são hidrogênio, quando ambos os centros possuem um hidrogênio, ou
b. os ligantes idênticos quando um ou nenhum dos centros estereogênicos possui um hidrogênio.

Exemplos

Ácido *treo*-3-hidroxi-2-metil--pentanoico

$$\begin{array}{c} CO_2H \\ | \\ H-C-CH_3 \\ | \\ HO-C-H \\ | \\ CH_2CH_3 \end{array}$$

+ enantiômero

eritro-7-acetoxi-3,5,7-trimetil--octanoato de metila

$$\begin{array}{c} CH_2CO_2Me \\ | \\ H-C-CH_3 \\ | \\ CH_2 \\ | \\ H-C-CH_3 \\ | \\ H_2C-C(CH_3)_2OCOCH_3 \end{array}$$

+ enantiômero

4.5b O descritor *meso* indica que a estrutura molecular nomeada contém um ou mais pares de centros de quiralidade enantioméricos, em torno de um plano ou centro de simetria.

Exemplos

meso-pentano-2,4-diol

$$CH_3 \overset{OH}{\underset{H}{-\!\!\!-\!\!\!-}} CH_2 \overset{OH}{\underset{H}{-\!\!\!-\!\!\!-}} CH_3$$

meso-1,4-dipiperidín-butano-2,3-diol

$$\begin{array}{c} \bigcirc N-CH_2 \\ | \\ H-C-OH \\ | \\ H-C-OH \\ | \\ \bigcirc N-CH_2 \end{array}$$

O descritor *rac* indica uma mistura equimolar de enantiômeros.

Exemplos

rac-3,5-Dicloro-2,6-ciclo-norbornano   [estrutura com Cl e Cl]   + enantiômero

4.6a Os símbolos *D* e *L* no nome de um composto com um centro de quiralidade indicam que o ligante de referência está do lado direito (*D*) ou no lado esquerdo (*L*) da linha vertical em sua projeção de Fischer (ver a Seção 2.2).

Exemplos

D-Tetradecano-1,2-diol

$$\begin{array}{c} CH_2OH \\ | \\ H\!-\!\!\!-\!\!\!-\!OH \\ | \\ (CH_2)_{11}\!-\!CH_3 \end{array}$$

Ácido *L*-4-metoxipentanoico

$$\begin{array}{c} CO_2H \\ | \\ CH_2 \\ | \\ CH_2 \\ | \\ CH_3O\!-\!C\!-\!H \\ | \\ CH_3 \end{array}$$

4.6b Os descritores *endo* e *exo*, unidos a um nome de biciclo [x.y.z], indicam que o substituinte de interesse se orienta distanciando-se (*endo*) ou aproximando-se (*exo*) da ponte estrutural (que é marcada com os números mais altos do nome).

Exemplos

2*endo*,3*exo* Dimetil norbornano   [estrutura]   + enantiômero

4,7,7-Trimetil-6-oxa-biciclo[3.2.1]octano
3*exo*,4*exo*-diol   + enantiômero

4.6c Os descritores *sin* e *anti* indicam que os ligantes ou reagentes (ver o Capítulo 5) se orientam ou do mesmo lado (*sin*) ou de lados opostos (*anti*) a um plano ou elemento de referência na molécula ou substrato.

Exemplos

5*exo*-7*anti*-Dibromo-norborn-2eno   + enantiômero

5,8-Diacetoxi-2*c*,9*sin*-dibromo-1,2,
3,4-tetrahidro-1*r*,4*c*-metano-naftaleno   + enantiômero

4.6d Os símbolos α e β indicam que o grupo correspondente se orienta distanciando-se (α) ou aproximando-se (β) do observador, ou seja, acima ou abaixo do plano de projeção do sistema anular.

Exemplo

3α,5α-Ciclo-colestan-6β-ol

4.6e O descritor *ent* precedendo a um nome semissistemático indica que o composto é o enantiômero daquele denominado pelo nome.

Exemplo

A   ent-A

O descritor *rac* designa a mistura com quantidades iguais do estereoisômero nomeado e seu enantiômero.

Exemplo

rac-2-Metil-β-alanina   + enantiômero

4.7 Visto que os termos *eritro* e *treo* não são suficientemente gerais para descrever a estereoquímica de muitos compostos orgânicos complexos, Seebach e Prelog propuseram em 1982 o uso dos descritores *like* (*l*) e *unlike* (*u*) para descrever a configuração relativa dos produtos ou substratos incorporando dois centros de quiralidade: (*R-R*) ou (*S-S*) para l e (*R-S*) ou (*S-R*) para *u*.[5]

Exemplos

Ácido *l*-2,3-dihidroxi-3-fenil-butanoico   e/ou enantiômero

u-3-Hidroxi-3-fenil-2-tiofenil-butanoato de metila   e/ou enantiômero

Inclusive compostos com mais de dois centros estereogênicos podem ser descritos com este sistema.

Exemplo
(*u,l,u,l,E*)-4,6,10-Trihidroxi-3,5,7-trimetil-8-decen-2-ona

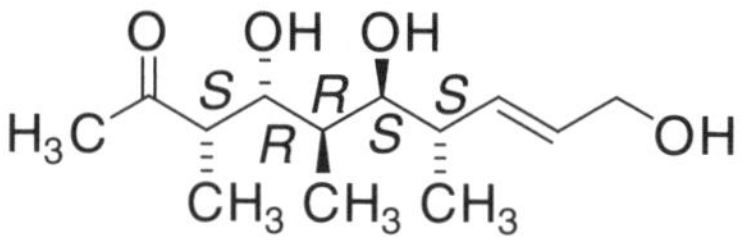

e/ou enantiômero

4.7a Uma das vantagens principais do método *like/unlike* de Seebach e Prelog[5] é que ele é muito prático para descrever as orientações relativas de duas faces heterotópicas (ver Capítulo 6) quando elas se aproximan para reagir. Por exemplo, a orientação (*Re, Re*), ou a adição de um enantiômero (*R*) a uma face (*Si*), são especificadas como *like* (*lk*) e *unlike* (*ul*), respectivamente (Figura 4.3).

Reagentes	Produtos
geram-se dois novos centros de quiralidade / gera-se 1 novo C*	
Topicidades relativas	**Configuração relativa**
(*Re,Re*) = lk (*R,Re*) = lk	(*R,R*) = *l*
(*Si,Si*) = lk (*S,Si*) = lk	(*S,S*) = *l*
(*Re,Si*) = ul (*R,Si*) = ul	(*R,S*) = *u*
(*Si,Re*) = ul (*S,Re*) = ul	(*S,R*) = *u*

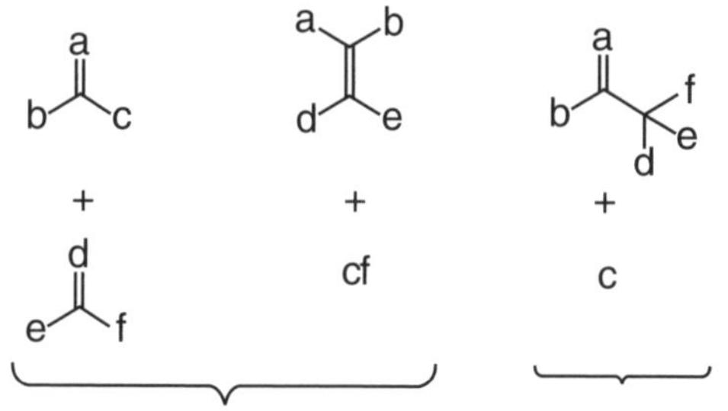

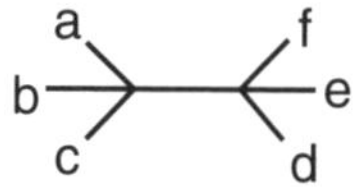

Figura 4.3

REFERÊNCIAS

1. Beilstein Institut für Literatur der Organischen Chemie, *Stereochemical Descriptors*, Springer-Verlag: Frankfurt, 1985.
2. Cahn, R. S.; Ingold, C. K.; Prelog, V. *Experientia* **1956**, *12*, 81.
3. Cahn, R. S.; Ingold, C. K.; Prelog, V. *Angew. Chem., Int. Ed. Engl.* **1966**, *5*, 385.
4. Krow, G. *Top. Stereochem.* **1969**, *5*, 31.
5. Seebach, D.; Prelog, V. *Angew. Chem., Int. Ed. Engl.* **1982**, *21*, 654.

CAPÍTULO 5

ESTEREOQUÍMICA DAS REAÇÕES ORGÂNICAS

5.1 INTRODUÇÃO

Inúmeras reações orgânicas ocorrem por meio de um *mecanismo concertado*, ou seja, são reações nas quais o reagente passa a produto sem a intervenção de um intermediário, de modo que a formação e o rompimento de ligações ocorrem simultaneamente.

As reações concertadas se caracterizam por serem *estereoespecíficas*, ou seja, são processos nos quais um estereoisômero particular reage dando um estereoisômero específico do produto. Por exemplo, a adição de Br_2 a uma ligação π olefínica é estereoespecífica para dar o produto resultante de uma adição *anti* (Figura 5.1).[1]

Cabe diferenciar entre as reações estereoespecíficas e as *reações estereosseletivas*: nestas, um de vários produtos estereoisoméricos se forma mais rapidamente e, portanto, em maior proporção, que os outros. Um exemplo é a redução da 4-*t*-butilciclohexanona com hidreto de lítio e alumínio, que proporciona o *trans*-4-*t*-butilciclohexanol preferencialmente ao isômero *cis*. Em contraste, a adição do 2-fenil-1,3-ditianil lítio à mesma cetona é altamente estereosseletiva para dar exclusivamente o produto *cis*[2] (Figura 5.2).

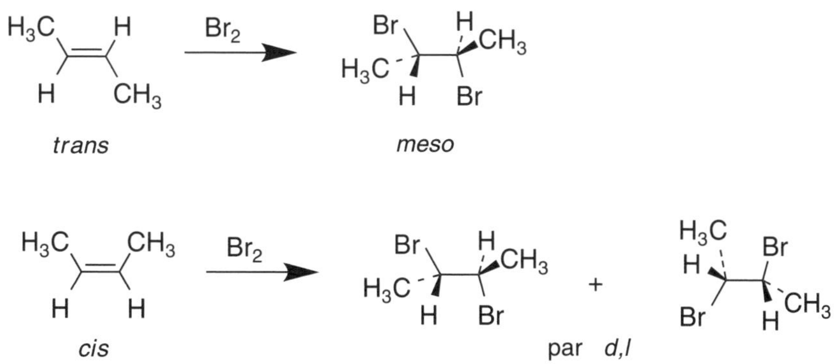

Figura 5.1

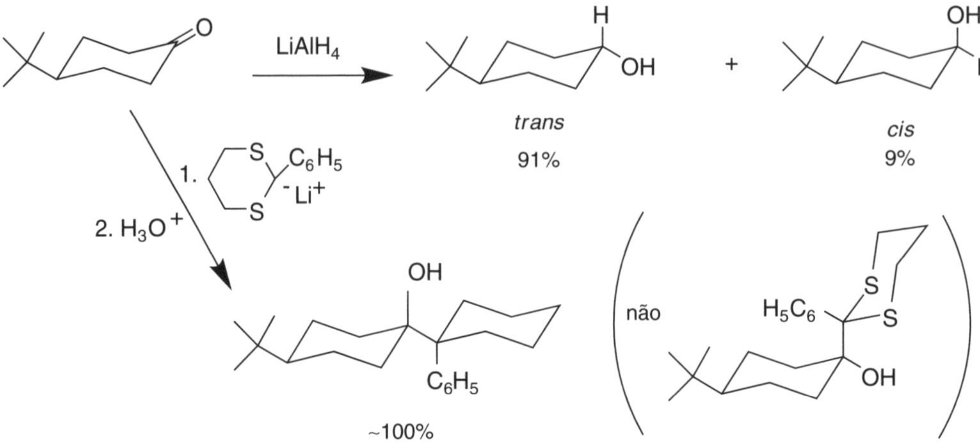

Figura 5.2

Este capítulo discute a estereoquímica observada em algumas das reações mais importantes na química orgânica e que muitas vezes resulta de fatores estereoeletrônicos.[3]

5.2 SUBSTITUIÇÃO NUCLEOFÍLICA BIMOLECULAR (S_N2)

Esta reação consiste no deslocamento concertado de um nucleófilo por outro. O sítio da substituição possui normalmente uma hibridação sp^3, e o mecanismo envolve o ataque do nucleófilo desde o lado posterior em relação ao nucleófugo (grupo de saída), o que provoca a *inversão de configuração* no sítio de reação.

A Figura 5.3 mostra um exemplo típico, junto com seu perfil energético (energia potencial).

Um exemplo interessante é a conversão do (−)-(2R)-butanol em ambos os enantiômeros do 2-deutério-*n*-butano (Figura 5.4). Note que o grupo hidroxila não é um bom nucleófugo, razão pela qual foi convertido no brometo (com PBr_3: inversão) ou no tosilato ($ArSO_2Cl$/pi: retenção de configuração) correspondente. As reações que ocorrem com inversão de configuração são indicadas com um pequeno círculo na flecha de reação (⟶○⟶).

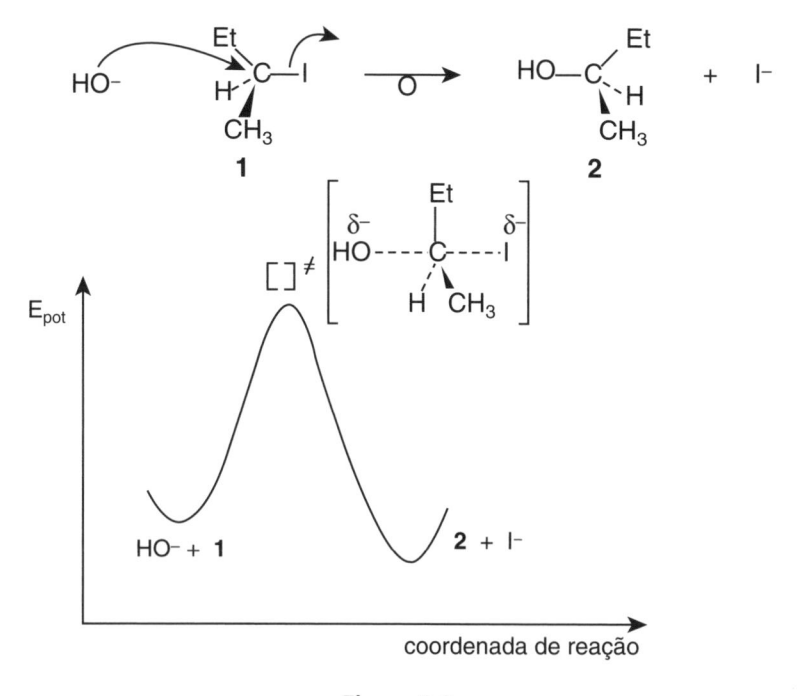

Figura 5.3

Com relação ao mecanismo das reações S_N2, é muito significativo que o *trans*-2-cloro-ciclohexanol reaja facilmente em meio básico para dar o óxido de ciclohexeno, enquanto o isômero *cis*, no qual o grupo hidroxila não fica disponível para a adição pela face oposta à ligação

Figura 5.4

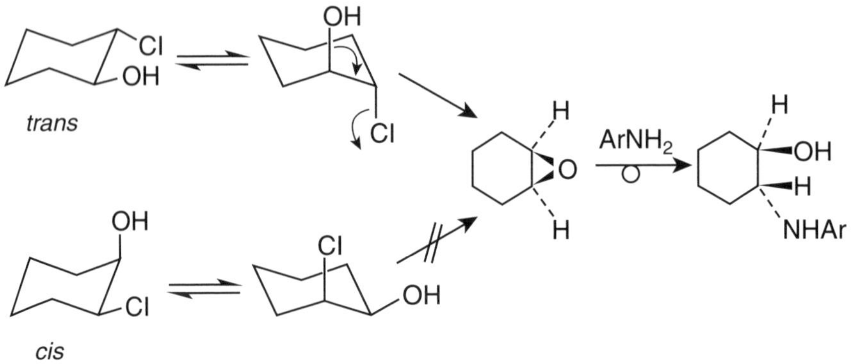

Figura 5.5

carbono-cloro, é estável nas mesmas condições de reação (Figura 5.5). Como corresponde à estereoquímica das reações de substituição nucleofílica bimolecular, a adição de aminas ao óxido de ciclohexeno ocorre com inversão de configuração no carbono de reação, porém, com retenção no C(2)[4] (Figura 5.5).

As reações de S_N2 não estão restritas a substratos nos quais o sítio de ataque pelo nucleófilo é um carbono, pois são conhecidos muitos exemplos com enxofre,[5] fósforo e silício,[6] etc. Conforme a Figura 5.6, estas reações ocorrem também com inversão de configuração.

5.3 SUBSTITUIÇÃO NUCLEOFÍLICA INTERNA (SNI)

Esta reação consiste no intercâmbio *intramolecular* de ligantes nucleofílicos, em que a migração do nucleófilo entrante ocorre com *retenção de configuração*.[7] O exemplo mais importante é o envolvido na reação de alcoóis com cloreto de tionila para dar os haletos de alquila (Figura 5.7).

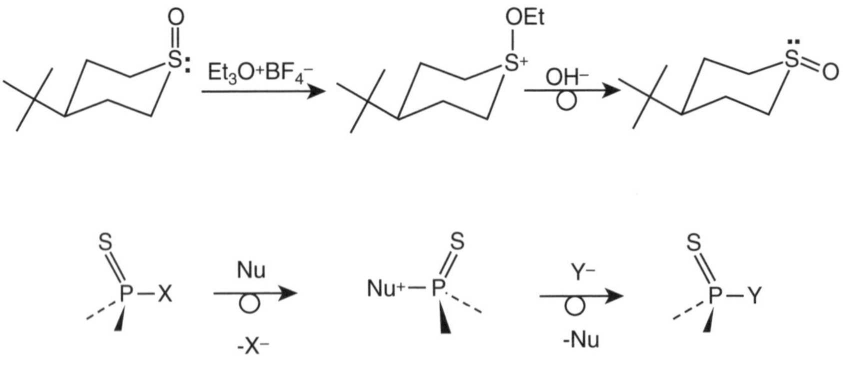

Figura 5.6

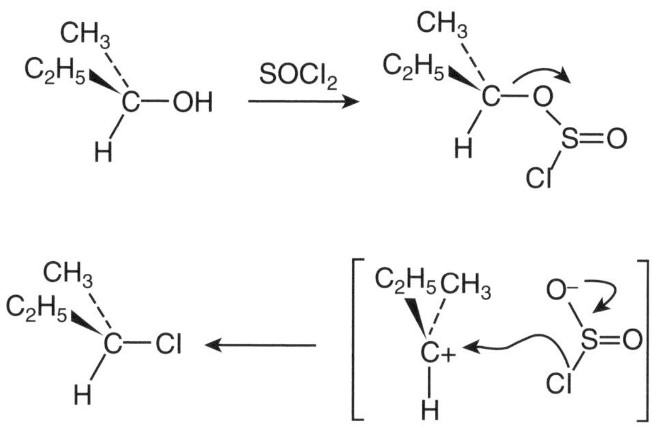

Figura 5.7

Outro exemplo é a configuração de aminas em alcoóis via os sais de diazônio correspondentes (Figura 5.8).

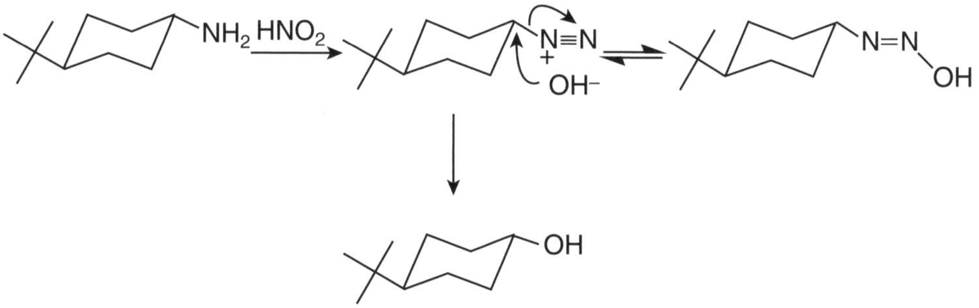

Figura 5.8

5.4 SUBSTITUIÇÃO ELETROFÍLICA BIMOLECULAR (S_E2)

Nesta reação, um eletrófilo se desloca, por meio de um mecanismo concertado, a outro eletrófilo. Este mecanismo envolve o ataque estereoespecífico do eletrófilo que se aproxima desde a face frontal ao eletrofugo, o que provoca a retenção de configuração.

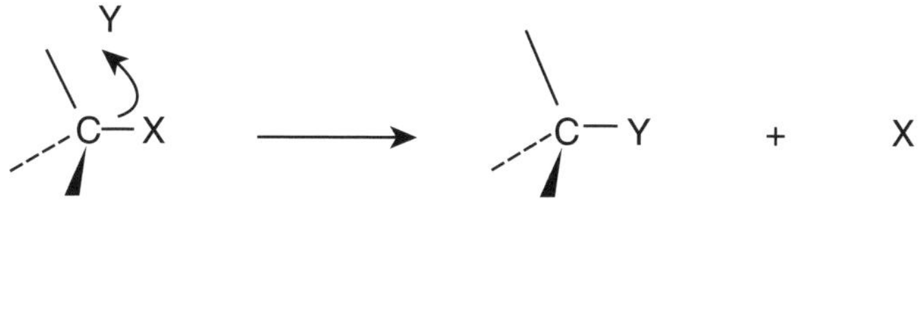

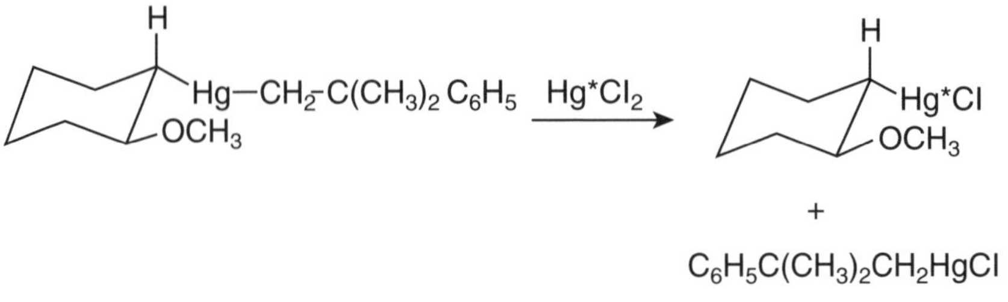

Figura 5.9

A estereoquímica das reações de S_E2 foi estudada pela primeira vez com compostos organomercuriados opticamente puros, que são preparados facilmente, já que a ligação carbono-mercúrio é essencialmente covalente.[8,9] Um exemplo é a reação da Figura 5.9, na qual o mercúrio isotópico é incorporado à molécula orgânica com retenção de configuração.

Outros exemplos de reação de S_E2 altamente estereosseletivas são as substituições de lítio por diversos eletrófilos na reação de 1,3-ditianil de lítio.[10,11]

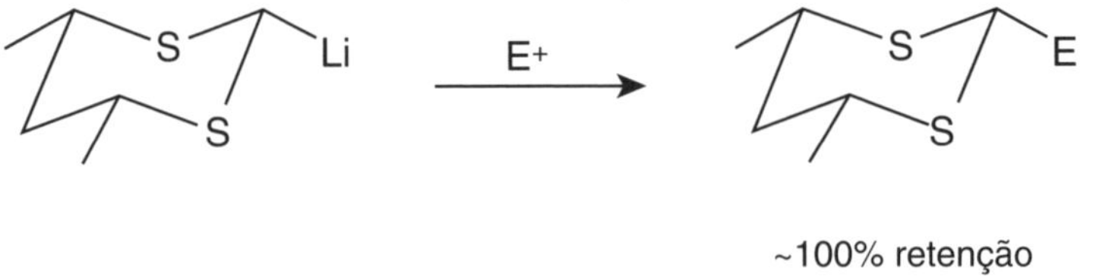

~100% retenção

5.5 ELIMINAÇÃO BIMOLECULAR (E$_2$)

Esta reação consiste na eliminação concertada dos ligantes H e X em um substrato, de modo que é gerada uma ligação π (C=C ou C ≡ C) por meio de uma orientação *antiperiplanar* de H e X.

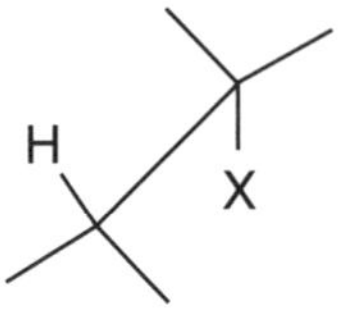

Além da orientação *anti* dos ligantes que estão saindo, esta reação requer uma base, conforme indicado na Figura 5.10, na qual se observa a *estereoespecificidade* do processo: substrato *meso* → produto *cis*; substrato *d,l* → produto *trans*.[12]

Cabe ressaltar que, ao estudar as reações mostradas na Figura 5.10, Cram[13] descobriu que a olefina *cis* se forma mais lentamente que o isômero *trans*. Isto se explica observando que o estado de transição para a desidrobromação do substrato *meso* é energeticamente mais alto devido ao impedimento estérico que gera a disposição *cis* dos grupos fenila. Portanto, a energia de

Figura 5.10

ativação para a formação do produto *cis* é mais alta que a correspondente à formação do produto *trans* (Figura 5.11).

Quando mais de um H se situa *anti* a X durante a eliminação, a regra de Saytzeff estabelece que se perca o átomo de hidrogênio do carbono mais substituído para dar à olefina mais estável. Um exemplo que destaca a importância do efeito estereoeletrônico que conduz à eliminação *anti*, e do comportamento da regra de Saytzeff, é a reação de eliminação de HCl no cloreto de neomentila e no cloreto de mentila (Figura 5.12). No primeiro caso, a eliminação ocorre via a conformação mais estável do halogênio para dar o produto de Saytzeff. Sem dúvida, o átomo de cloro do cloreto de mentila é equatorial e, portanto, o anel tem que passar da conformação de cadeira menos estável antes de reagir.

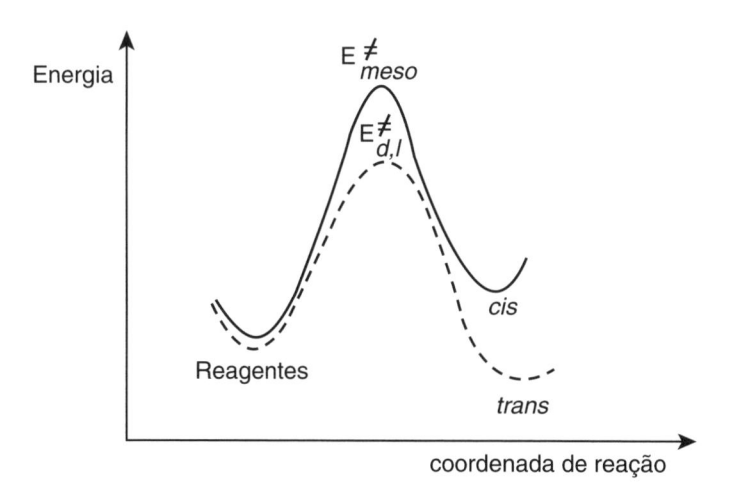

Figura 5.11

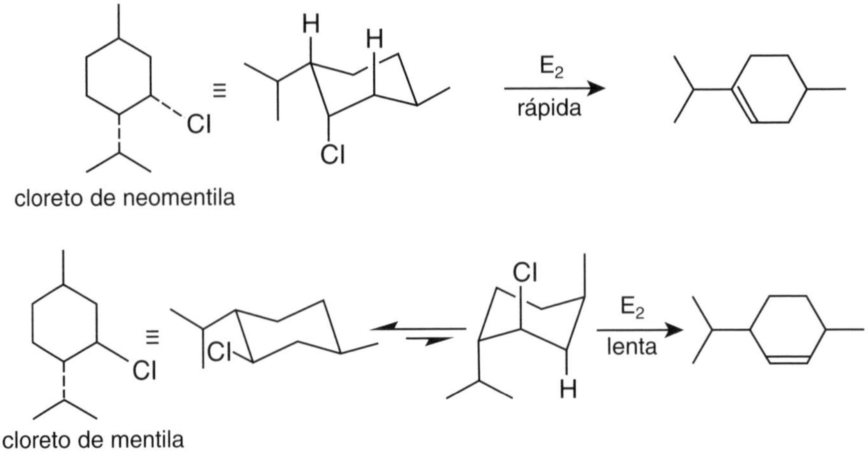

Figura 5.12

Outros dois exemplos que confirmam o requisito da orientação *anti* no mecanismo E_2 são (a) a reatividade relativa dos dibrometos estereoidais *trans*-diaxial vs *trans*-diequatorial (Figura 5.13a), e (b) a ausência de eliminação na reação de substituição S_N2 com o 3β-colestanil-trimetil amônio (Figura 5.13b).[14]

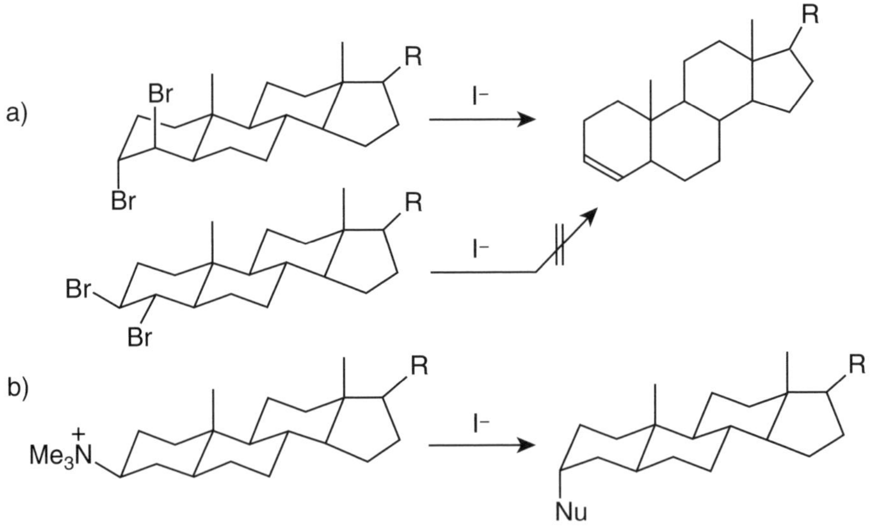

Figura 5.13

5.6 ELIMINAÇÃO *SIN*

Ainda que menos comum, a eliminação concertada de HX em uma orientação *sin*-periplanar também é possível.

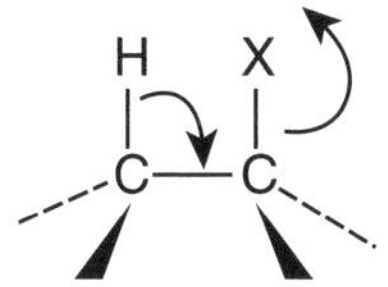

A evolução do conceito de eliminação *sin* ficou atrasada por falta de compreensão da estereoquímica dos sistemas cíclicos. Igual a outros mecanismos, E_{sin} foi estudado em derivados ciclohexil, com o objetivo de fixar as posições relativas de H e X; sem dúvida, esta escolha não foi boa, pois, embora seja possível obter com facilidade uma distribuição *anti*-periplanar de H e X (na orientação *trans*-diaxial), é muito difícil conseguir a distribuição eclipsada (*sin*-periplanar) necessária para a eliminação *sin*. Consequentemente, o sistema ciclohexil é útil para demonstrar a eliminação *anti* e excluir a eliminação *sin*. Recentemente, os estudos de reações de eliminação dos isômeros *cis* e *trans* nos derivados do ciclopentano demonstraram que ambos formam o mesmo produto de eliminação E_2 (Figura 5.14).

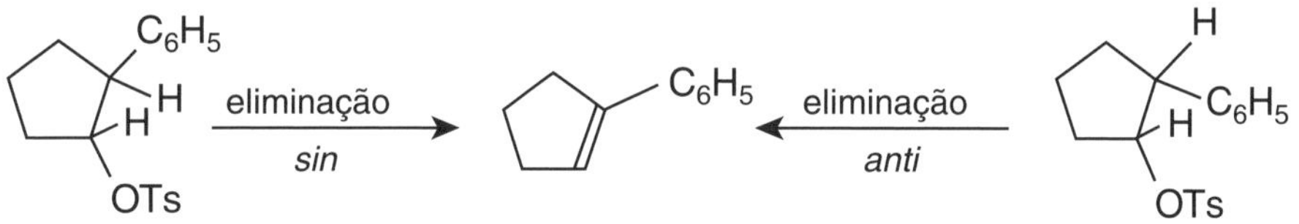

Figura 5.14

A eliminação de Chugaev é um exemplo representativo de eliminação *sin*. Nesta reação um álcool é convertido no xantato de metila, e logo se pirolisa por destilação, geralmente a 200 °C (Figura 5.15) para produzir estereoespecificamente a olefina.[15]

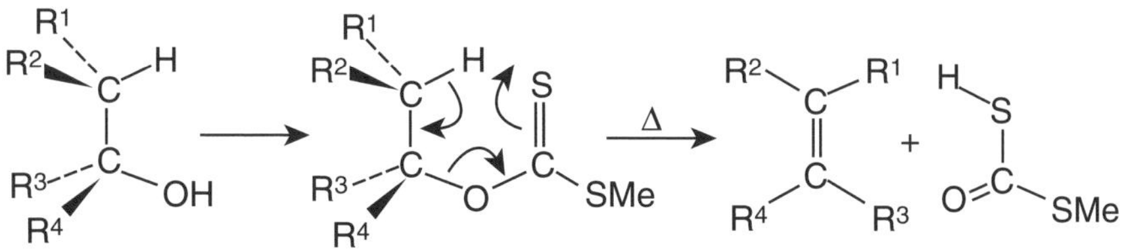

Figura 5.15

Outros exemplos importantes são (a) a preparação de cetonas α,β-insaturadas via a pirólise de α-sulfóxidos (Figura 5.16a), e (b) a conversão de olefinas *trans* ⇌ *cis* mediante derivados de selênio[16] (Figura 5.16b).

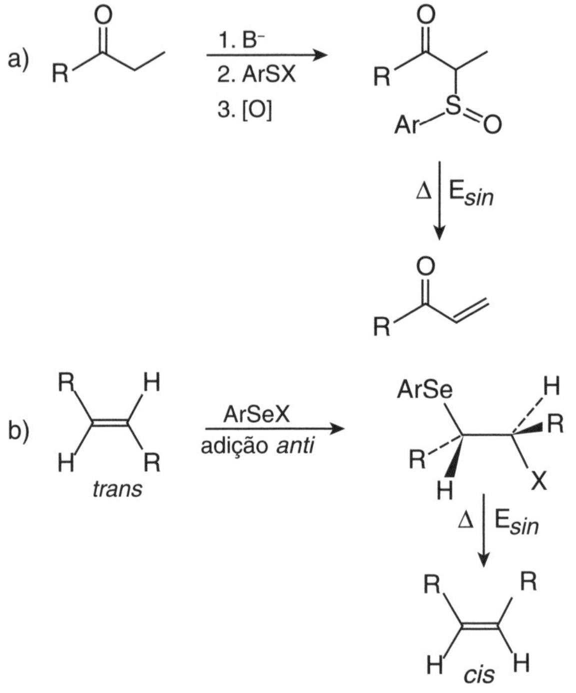

Figura 5.16

5.7 ADIÇÕES *SIN*

Como o nome indica, nesta reação dois grupos (ou átomos) se unem à mesma face dos carbonos de uma ligação π.

Um dos exemplos mais importantes neste tipo de reação é a hidroboração,[17] que sempre dá o produto de adição *sin* dos elementos de boro e hidrogênio a uma dupla ligação. Assim, (*E*)- e (*Z*)-1-hexeno-1,2-d_2 produzem *treo*- e *eritro*-(1,2-dideuterohexil) diciclohexilboranas, respectivamente, ao serem tratados com diciclohexilborana (Figura 5.17).

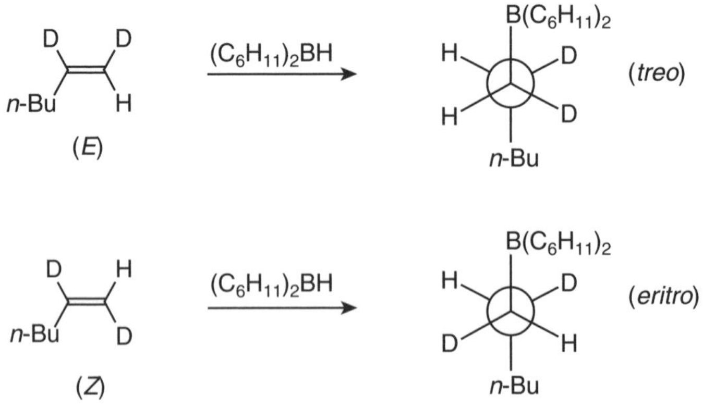

Figura 5.17

Vários agentes oxidantes dão lugar a *cis*-dióis a partir do alceno; assim, o permanganato de potássio e o tetróxido de ósmio produzem os dióis resultantes de uma adição *sin* à dupla ligação, via intermediários cíclicos (Figura 5.18).

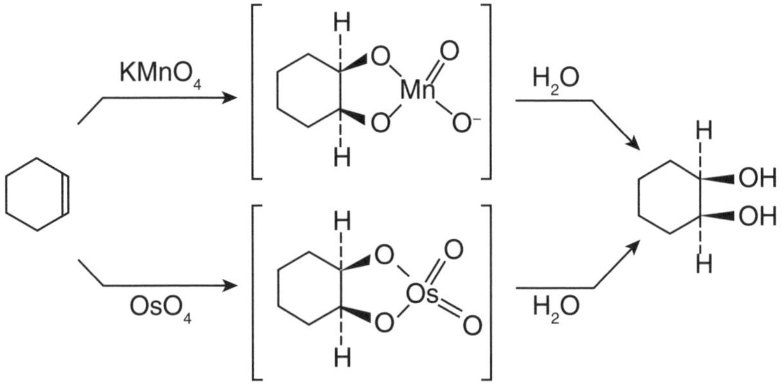

Figura 5.18

Recentemente, foi demonstrado que a adição de compostos orgânicos do paládio às olefinas é de estereoquímica *sin*[18] (Figura 5.19).

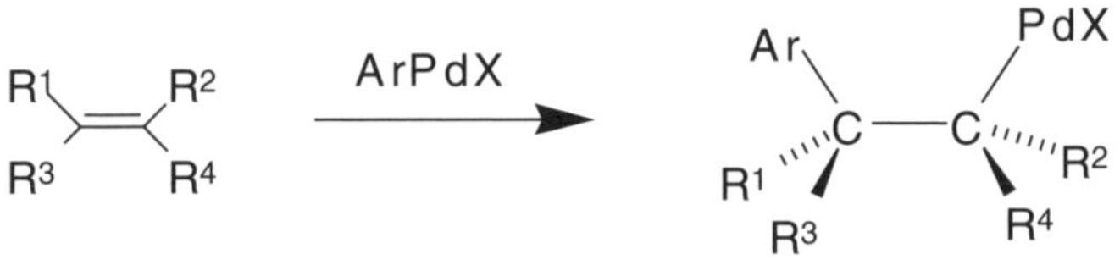

Figura 5.19

5.8 ADIÇÕES *ANTI*

Uma das reações mais importantes dos alcenos é a adição de uma espécie eletrofílica, por exemplo, bromo. Ao adicionar bromo a uma olefina cíclica, os átomos de bromo do produto são *trans* um em relação ao outro. O mecanismo que explica melhor esta observação é mostrado na Figura 5.20; como é possível observar, a reação é uma adição eletrofílica em que a formação do íon bromônio intermediário conduz a uma adição *anti*.

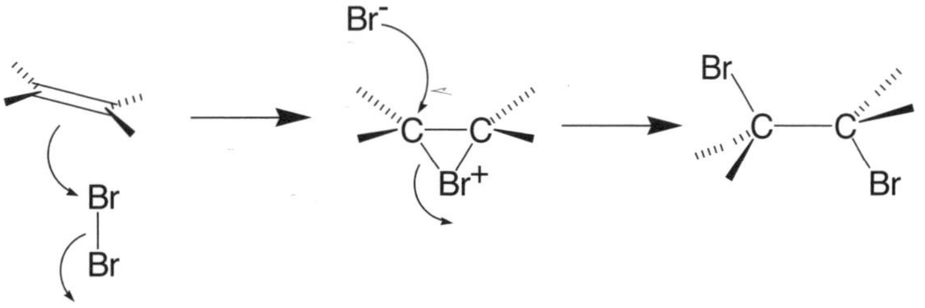

Figura 5.20

Novamente, a estereoquímica *anti* na adição faz com que a reação seja *estereoespecífica*: a olefina *cis* forma o isômero *treo*, e a olefina *trans* o isômero *eritro* (Figura 5.21).

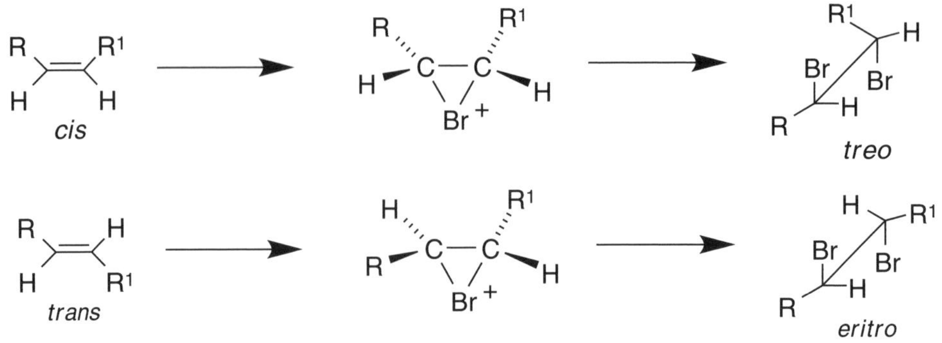

Figura 5.21

Diferentemente do bromo, o átomo de cloro é menos capaz de estabilizar uma carga positiva. Ainda que muitas reações de adição de cloro a uma dupla ligação se efetuem por meio de um íon clorônio para formar o produto *trans*, também são conhecidos exemplos de reações via um íon clorocarbônio conduzindo a uma mistura dos dicloretos *cis* e *trans* (Figura 5.22).

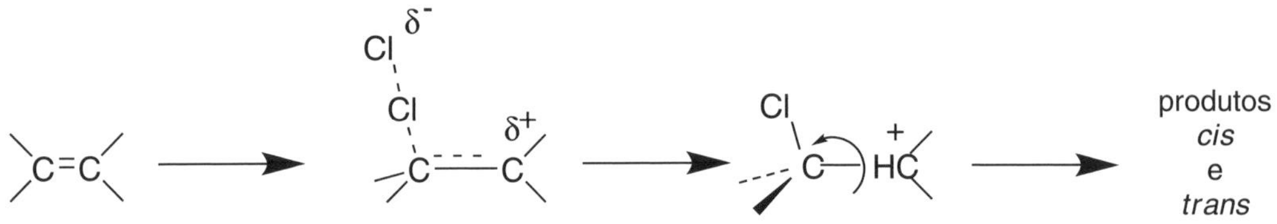

Figura 5.22

5.9 REARRANJOS

Os rearranjos são reações que envolvem uma troca da sequência de ligações em uma molécula. É muito comum que a migração do grupo de partida ocorra com *retenção de configuração*. Por exemplo, o rearranjo de Hofmann ocorre com retenção da configuração do grupo R* que se desloca (Figura 5.23).

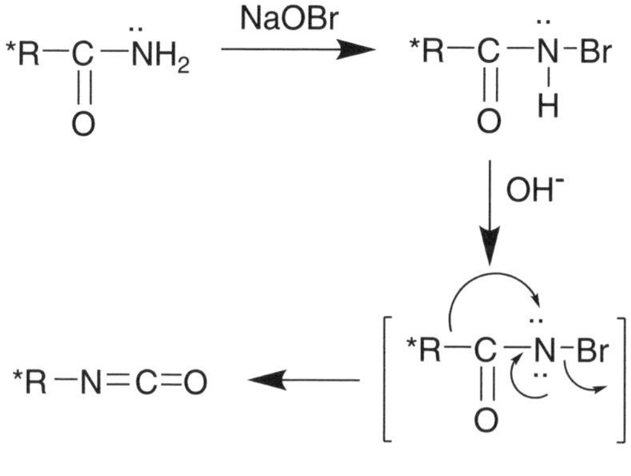

Figura 5.23

Outro exemplo importante é observado em rearranjos nos quais um grupo alquila se desloca para um carbono adjacente catiônico. As regras da conservação da simetria de orbital[19] indicam que esta reação é permitida com *retenção de configuração* (Figura 5.24).

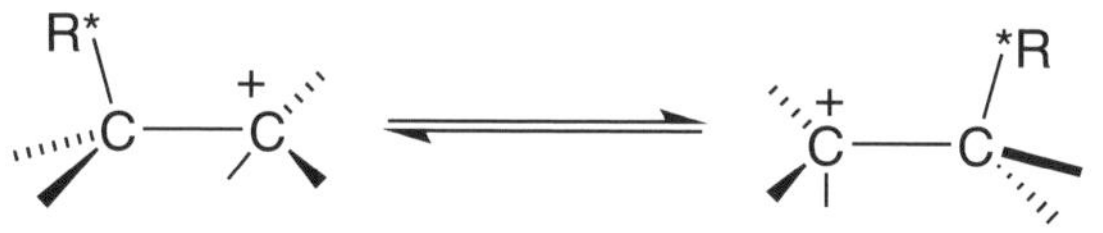

Figura 5.24

Em contraste, a simetria dos orbitais envolvidos nos rearranjos 1,2-aniônicos ou 1,3-catiônico impõe que a migração de R* ocorra com inversão de configuração.[19]

REFERÊNCIAS

1. a) Orchin, M.; Kaplan, F.; Macomber, R. S.; Wilson, R. M.; Zimmer, H. *The Vocabulary of Organic Chemistry*, Wiley, New York, 1980, pp. 144-145. b) Orchin, Milton; Macomber, Roger S.; Pinhas, Allan R. *The Vocabulary and Concepts of Organic Chemistry*, 2nd Edition, Wiley: New York, 2005.
2. a) Juaristi, E.; Eliel, E. L. *Tetrahedron Lett.* **1977**, 543. b) Juaristi, E.; Cruz-Sánchez, J. S.; Ramos-Morales, F. R. *J. Org. Chem.* **1984**, *49*, 4912.
3. a) Kirby, A. J. *The Anomeric Effect and Related Stereoelectronic Effects at Oxygen*, Springer-Verlag: Berlin, 1983. b) Deslongchamps, P. *Stereoelectronic Effects in Organic Chemistry*, Pergamon Press: Oxford, 1983. c) Juaristi, E.; Cuevas, G. *The Anomeric Effect*, CRC Press: Boca Ratón, 1995.

4. a) Juaristi, E.; Reyna, J. D. *Tetrahedron Lett.* **1984**, *25*, 3521. b) Anaya de Parrodi, C.; Juaristi, E.; Quintero-Cortés, L.; Clara-Sosa, A. *Tetrahedron: Asymmetry* **1997**, *8*, 1075.
5. a) Tillett, J. G. *Chem. Rev.* **1976**, *76*, 747. b) Clara-Sosa, A.; Pérez, L.; Sánchez, M.; Melgar-Fernández, R.; Juaristi, E.; Quintero, L.; Anaya de Parrodi, C. *Tetrahedron*, **2004**, *60*, 12147.
6. Corriu, R. J. P. ; Dutheil, J. P. ; Lanneau, G. F. *J. Am. Chem. Soc.* **1984**, *106*, 1060.
7. March, J. *Advanced Organic Chemistry*, McGraw-Hill: New York, 1986; pp. 268-269.
8. Lowry, T. H.; Richardson, K. S. *Mechanism and theory in organic chemistry*, 2a ed., Harper and Row, New York, 1981, pp. 486-490.
9. Jensen, F. R. *J. Am. Chem. Soc.* **1960**, *82*, 2469.
10. a) Eliel, E. L.; Hartmann, A. A.; Abatjoglou, A. G. *J. Am. Chem. Soc.* **1974**, *96*, 1807. b) Veja também: Cuevas, G.; Juaristi, E. *J. Am. Chem. Soc.* **1997**, *119*, 7545.
11. Juaristi, E.; Valle, L.; Valenzuela, B. A.; Aguilar, M. A. *J. Am. Chem. Soc.* **1986**, *108*, 2000.
12. Juaristi, E.; Eliel, E. L.; Lehmann, P.; Domínguez, X. A. *Tópicos Modernos de Estereoquímica*, LIMUSA: México, 1983; 12-13.
13. Cram, D. J.; Greene, F. D.; Depuy, C. H. *J. Am. Chem. Soc.* **1956**, *78*, 790.
14. Whittaker, D. *Estereoquímica e Mecanismos*, El Manual Moderno: México, 1977; 98.
15. a) de Puy, C. H.; King, R. W. *Chem. Revs.* **1960**, *60*, 431. b) Velez, E.; Quijano, J.; Notario, R.; Murillo, J.; Ramirez, J. F. *J. Phys. Org. Chem.* **2008**, *21*, 797.
16. Engman, L. *J. Org. Chem.* **1987**, *52*, 4086.
17. a) Brown, H. C. *Boranes in Organic Chemistry*, Cornell University Press: Ithaca, 1972. b) Clay, J. M. *Name Reactions for Functional Group Transformations*, Wiley: New York, 2007, 183-188.
18. Heck, R. F. *Acc. Chem. Res.* **1979**, *12*, 146.
19. a) Juaristi, E. *Conceitos Básicos da Teoria Orbital*, COSNET (SEP), México, 1988. b) Anh, N. T. *Frontier Orbitals*, Wiley: New York, 2007.

CAPÍTULO 6

PROQUIRALIDADE

6.1 HETEROTOPICIDADE[1-5]

Dois ou mais ligantes podem ser idênticos quando olhados separados (por exemplo, vários átomos de hidrogênio, os grupos metila, átomos de flúor, etc.), e sem dúvida ser efetivamente distintos devido à sua posição na molécula. Estes substituintes são denominados *heterotópicos*, ou seja, distintos pelo lugar que ocupam (do grego *heteros*, que significa "diferente", e *topos*, "lugar").

Um exemplo são os metilenos no 2-bromo-etanol, que são distintos para a posição que ocupam na molécula: um unido ao bromo e o outro unido à hidroxila; diz-se que estes grupos são heterotópicos *por constituição*.

Mais difícil de reconhecer são os ligantes que diferem por sua orientação no espaço dentro da molécula; estes são denominados ligantes *estereoheterotópicos*, e sua não equivalência estereoquímica é de suma importância, pois dá lugar a diferenças notáveis em sua reatividade química e em seu comportamento espectroscópico.

6.2 CRITÉRIOS EMPREGADOS PARA IDENTIFICAR LIGANTES HETEROTÓPICOS

Para decidir se os ligantes em questão são heterotópicos ou *homotópicos* (equivalentes, do grego *homos* que significa "igual") se aplicam os critérios de substituição ou de simetria. Quando a substituição, primeiro de um e depois do outro, de dois (ou mais) ligantes dá lugar a produtos isoméricos, então tais ligantes *não* são homotópicos (equivalentes), mas sim, heterotópicos. Se esta não equivalência é de origem constitucional (como no caso do 2-bromo-etanol), então os ligantes ou grupos são heterotópicos por constituição. Em contraste, os ligantes estereoheterotópicos podem ser *enantiotópicos* ou *diastereotópicos* dependendo se sua substituição, em separado, dá lugar a produtos enantioméricos ou diastereoméricos.

Assim, os hidrogênios α no ácido propiônico **1** são enantiotópicos, visto que sua substituição por bromo produz os ácidos enantioméricos (*R*)- ou (*S*)-α-bromopropiônicos (Figura 6.1a). Por outro lado, os hidrogênios α no ácido 3-bromobutanoíco (**2**) são diastereotópicos, pois sua substituição em separado produz os ácidos diastereoméricos *eritro-* ou *treo*-2,3-dibromobutanoicos (Figura 6.1b).

a. H_1 e H_2 enantiotópicos:

```
      CO₂H                    CO₂H                    CO₂H
       |          H₁→Br        |         H₂→Br         |
  Br—C—H        ←————       H₁—C—H₂      ————→     H—C—Br
       |                       |                       |
      CH₃                     CH₃                     CH₃
      (S)                      1                      (R)
```

b. H_1 e H_2 diastereotópicos:

```
      CO₂H                    CO₂H                    CO₂H
       |                       |                       |
  Br—C—H         H₁→Br    H₁—C—H₂       H₂→Br     H—C—Br
       |        ←————          |         ————→         |
   H—C—Br                   H—C—Br                  H—C—Br
       |                       |                       |
      CH₃                     CH₃                     CH₃
      treo                     2                     eritro
```

c. H_1 e H_2 homotópicos

```
       Cl                      Cl                      Cl
       |          H₁→Br        |         H₂→Br         |
  Br—C—H        ←————       H₁—C—H₂      ————→     H—C—Br
       |                       |                       |
       Cl                      Cl                      Cl
                               3
```

Figura 6.1

Finalmente, os dois hidrogênios no cloreto de metila (**3**) são homotópicos, pois sua substituição conduz ao mesmo bromo diclorometano (esta molécula não possui estereoisômeros) (Figura 6.1c).

As moléculas **1-3** também são úteis para demonstrar o critério de simetria. Assim, os ligantes que são intercambiáveis por rotação sobre um eixo de simetria (C_n, ver o Capítulo 1) são indistinguíveis e, portanto, homotópicos. H_1 e H_3 em **3** podem intercambiar-se mediante um giro de 180° em torno do eixo de simetria C_2. Da mesma maneira, os três hidrogênios no cloreto de metila são homotópicos, pois são intercambiáveis por meio da operação C_3 (Figura 6.2).

Os ligantes enantiotópicos não são intercambiáveis por rotação em torno de um eixo de simetria, mas sim, por reflexão em um plano de simetria (σ). A Figura 6.3A mostra tal plano em **1**, que interconverte H_1 e H_2.

Em contraste, os ligantes diastereotópicos não se intercambiam mediante alguma operação de simetria (Figura 6.3b).

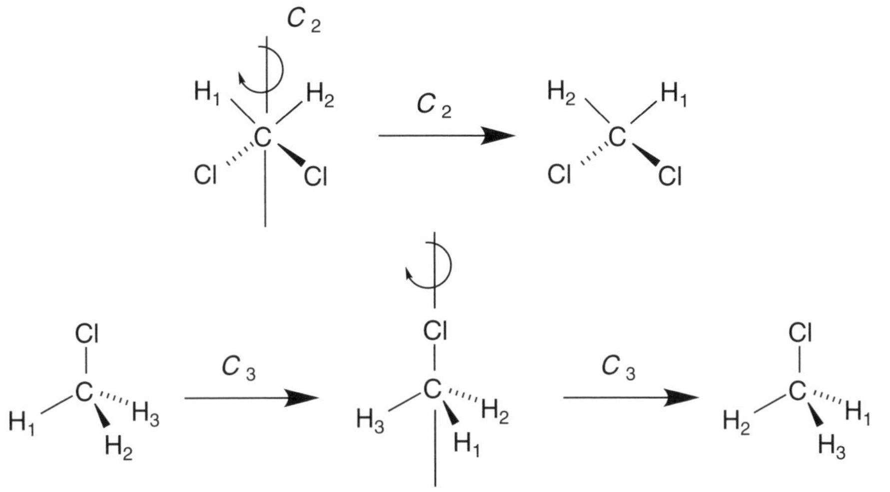

Figura 6.2

a. Plano de simetria presente em **1**.

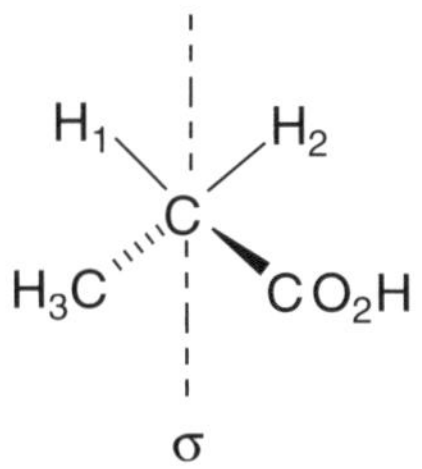

b. A presença de um centro de quiralidade em **2** cancela a possibilidade de existência de elementos de simetria C_n ou σ que interconvertam a H_1 e H_2:

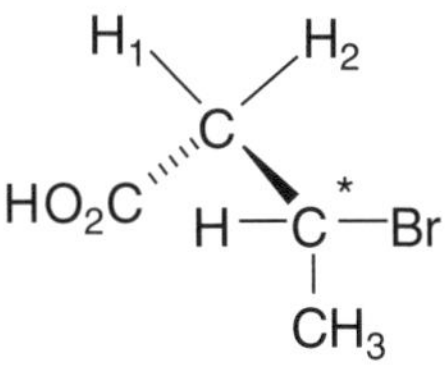

Figura 6.3

6.3 ANALOGIA ENTRE HETEROTOPICIDADE E ISOMERISMO

É interessante comparar heterotopicidade com isomerismo, como mostra a Figura 6.4.

a. Isomerismo:

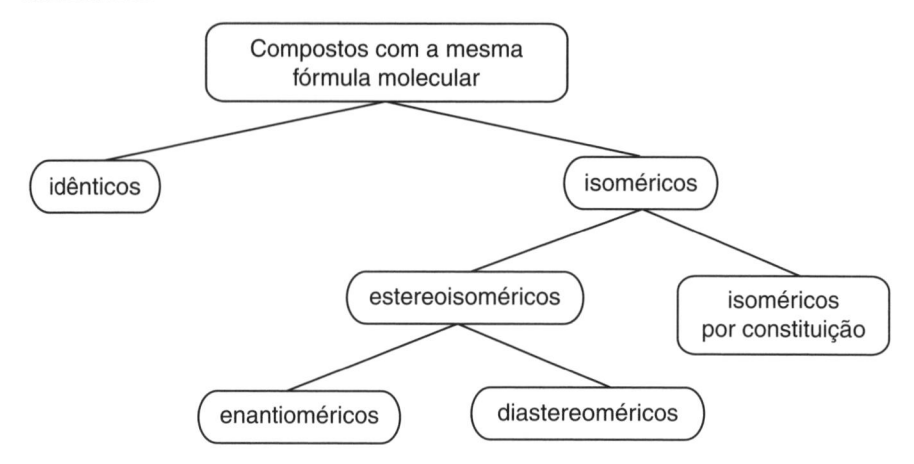

```
                    Compostos com a mesma
                        fórmula molecular
                    /                    \
              idênticos                isoméricos
                                      /          \
                            estereoisoméricos    isoméricos
                                                 por constituição
                            /          \
                    enantioméricos   diasteroméricos
```

b. Heterotopicidade:

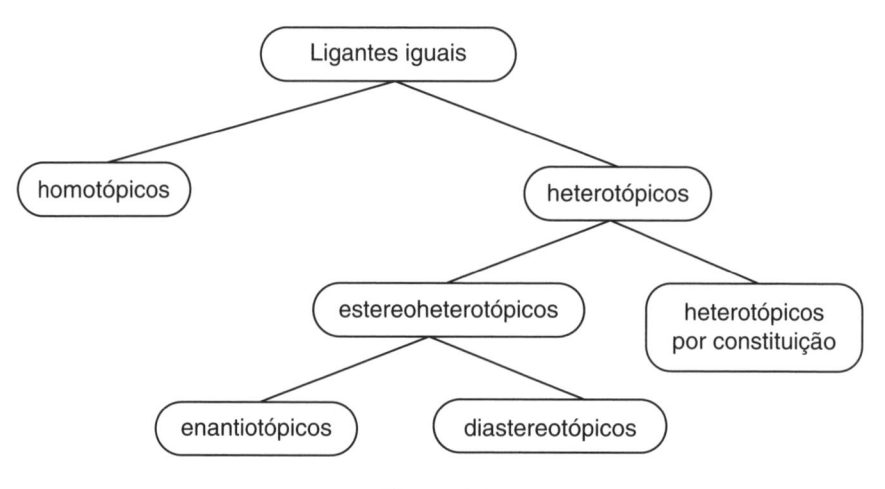

```
                        Ligantes iguais
                       /               \
                 homotópicos         heterotópicos
                                    /              \
                          estereoheterotópicos    heterotópicos
                                                  por constituição
                          /              \
                  enantiotópicos      diastereotópicos
```

Figura 6.4

6.4 FACES HETEROTÓPICAS

A análise descrita com os ligantes em uma molécula pode ampliar-se para compreender as faces presentes em grupos funcionais. Assim, no formaldeído (**4**) a adição de, por exemplo, HCN produz o mesmo ciano-metanol (Figura 6.5a) sem importar a que face do grupo carbonila se une o segmento CN; portanto, as faces do formaldeído são homotópicas. Chega-se à mesma conclusão ao utilizar o critério de simetria: as duas faces no formaldeído se intercambiam pelo giro de 180° em torno do eixo C_2 que passa pela ligação C=O (Figura 6.5b).

a. Faces homotópicas; critério de adição:

[estrutura química: H,H,OH,CN em torno de C ← HCN — formaldeído (O=CH₂) — HCN → estrutura química: H,H,OH,NC em torno de C]

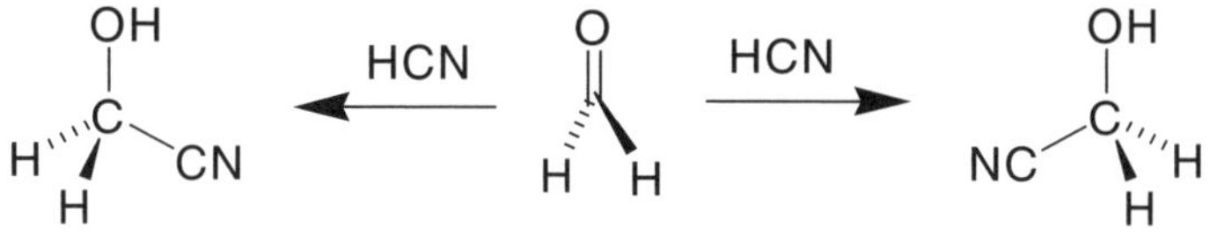

b. Faces homotópicas; critérios de simetria:

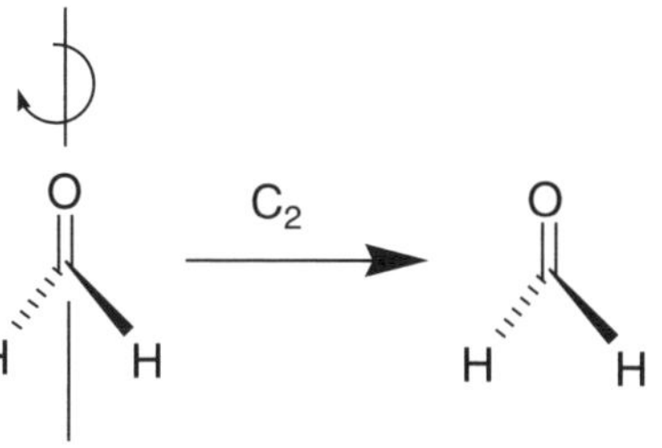

[formaldeído com eixo C₂ → formaldeído]

Figura 6.5

Por outro lado, no acetaldeído (**5**) a adição de HCN a suas duas faces produz lactonitrilas enantioméricas: as faces são enantiotópicas (Figura 6.6a). Assim, o acetaldeído não possui um eixo C_2 que intercambie suas duas faces, mas sim, um plano de simetria σ (o plano da carbonila) sobre o qual as faces se refletem (Figura 6.6b).

a. Faces enantiotópicas; critério de adição:

[estrutura: NC, CH₃, H, OH em C ← HCN — acetaldeído (H₃C–CHO) — HCN → estrutura: H₃C, H, OH, CN em C]

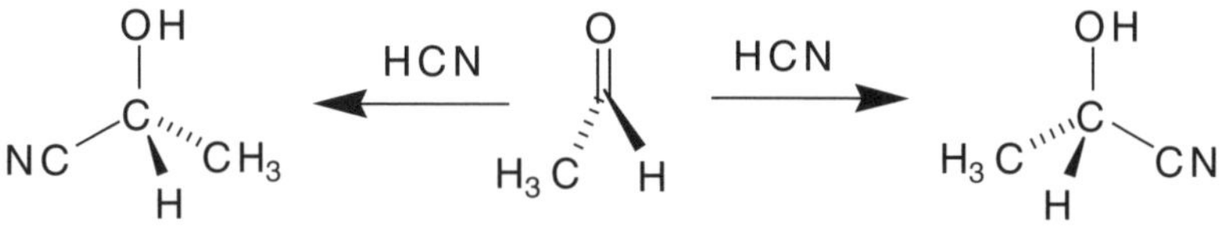

b. Faces enantiotópicas; critério de simetria:

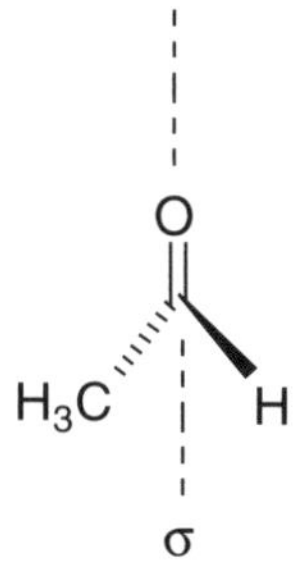

[acetaldeído H₃C–CHO com plano σ vertical]

Figura 6.6

Por último, a adição de HCN às faces na metil-*sec*-butilcetona (**6**) produz cianohidrinas diastereoméricas, assim, tais faces são diastereotópicas. Também é possível observar que **6** não contém nem um eixo C_2, nem um plano σ que interconverta as faces (Figura 6.7).

a. Faces diastereotópicas; critério de adição:

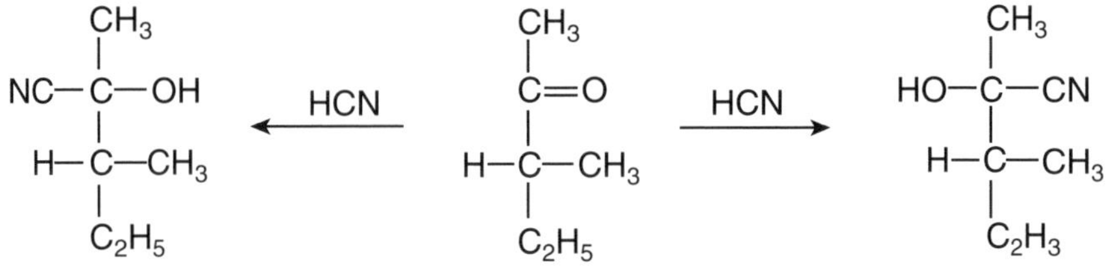

```
      CH₃                        CH₃                        CH₃
       |                          |                          |
 NC—C—OH     ←HCN—      C=O       —HCN→      HO—C—CN
       |                          |                          |
  H—C—CH₃                    H—C—CH₃                    H—C—CH₃
       |                          |                          |
     C₂H₅                       C₂H₅                       C₂H₃
                                  6
```

b. Faces diastereotópicas; critério de simetria:

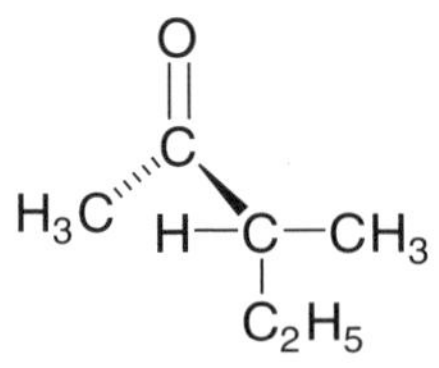

```
           O
           ‖
           C
    H₃C⋯⋯/  \
         H—C—CH₃
             |
           C₂H₅
```

(carece de C_2 ou σ)

Figura 6.7

6.5 RESUMO

A Tabela 6.1 mostra os critérios de substituição e simetria empregados para distinguir ligantes e faces homotópicas, enantiotópicas e diastereotópicas.

Tabela 6.1 Critérios de substituição e simetria ao determinar a heterotopicidade em ligantes e faces

Natureza dos ligantes ou faces	Critério de substituição ou adição	Critério de simetria
Homotópica	Produz produtos idênticos	Os ligantes se interconvertem mediante eixos C_n; as faces por C_2.
Enantiotópica	Produz produtos enantioméricos	Ligantes ou faces se intercambiam por meio de um plano de simetria.
Diastereotópica	Produz produtos Diastereoméricos	Os ligantes ou faces não se intercambiam nem com C_n nem com σ.

6.6 CONSEQUÊNCIAS DA HETEROTOPICIDADE

Os ligantes ou faces enantiotópicas mostram comportamentos químicos diferentes *só em ambientes quirais*; ou seja, com reagentes ou com catalisadores quirais, ou em solventes quirais; não sendo assim, reage à mesma velocidade em ambientes aquirais.

Pelo contrário, os ligantes e as faces diastereotópicas normalmente mostram um comportamento físico ou químico diferente sob qualquer circunstância. Por exemplo, geralmente produzem sinais distintos em espectros de RMN (^{1}H, ^{13}C, ^{19}F, etc.).

Um exemplo muito importante e ilustrativo provém do trabalho de Westheimer e colaboradores,[6] os quais descobriram que a redução enzimática de acetaldeído-1-*d* com a enzima da levedura deshidrogenase alcoólica (YAD) na presença de sua coenzima fonte de hidreto (NADH) conduz à formação de etanol-1-*d*, que ao ser reoxidado (YAD/NAD$^+$) regenera acetaldeído-1-*d sem perda de deutério* (Figura 6.8). Em contraste, o etanol-1-*d* obtido da redução de acetaldeído não deuterado com YAD e coenzima deuterada, NAD^{2}H, perdeu todo seu deutério ao ser reoxidado enzimaticamente (Figura 6.8). Além disso, quando o etanol-1-*d* obtido na segunda reação inverteu sua configuração via deslocamento com NaOH do derivado tosilato, e se oxidou com YAD/NAD$^+$, foi constatado que o deutério não se perdeu. A Figura 6.8 mostra a configuração absoluta do etanol-1-*d*, que foi determinada posteriormente.[4]

Os resultados apresentados nesta figura implicam que o ataque do hidreto (de NADH) ao CH$_3$CDO e do deutério (de NAD^{2}H) ao CH$_3$CHO estão dirigidos a *uma* das duas faces do acetaldeído, unicamente. O fato de se obter estereoisômeros enantioméricos do etanol-1-*d* mostra que a redução procede sobre a mesma face em ambos os casos. Da mesma maneira, só um dos dois átomos de hidrogênio do CH$_3$CHDOH é eliminado na etapa de oxidação (o situado à direita nas projeções de Fischer).

Pode-se observar na Figura 6.8 que a face frontal das moléculas de acetaldeído é a que toma o hidreto ou deutério durante a redução; esta é a face enantiotópica *Re* (Capítulo 4). Por

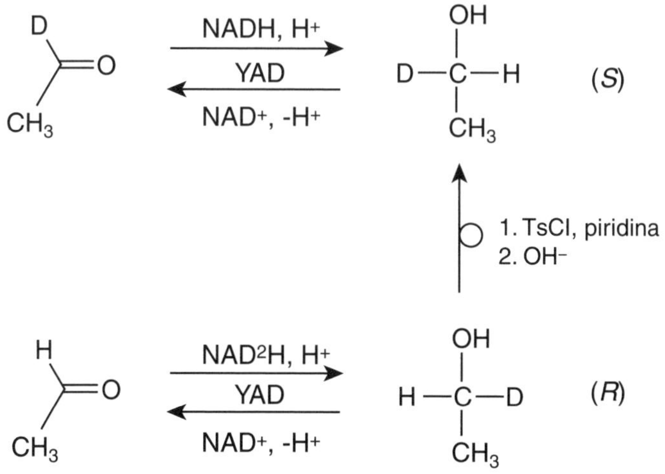

Figura 6.8

outro lado, para distinguir os ligantes heterotópicos,[7] a um dos ligantes se assinala arbitrariamente precedência sobre o outro (de acordo com as regras de sequência do Capítulo 2). Se ao determinar o símbolo da quiralidade se obtém (*R*), então o ligante em questão é denominado "*pro-R*" e assinala-se o sufixo *R*; quando a quiralidade obtida é (*S*), o ligante é "*pro-S*" e, o sufixo marcado, *S*. Desta maneira, o hidrogênio perdido na oxidação do etanol (Figura 6.8) é o *pro-R* ou H_R.

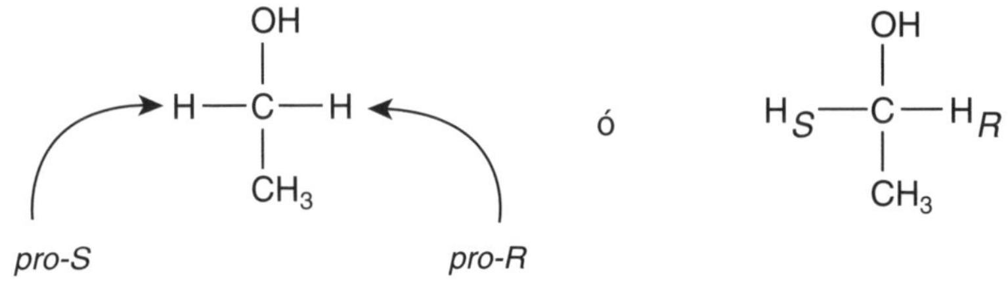

$$H\text{-}\underset{\underset{CH_3}{|}}{\overset{\overset{OH}{|}}{C}}\text{-}H \quad \text{ó} \quad H_S\text{-}\underset{\underset{CH_3}{|}}{\overset{\overset{OH}{|}}{C}}\text{-}H_R$$

pro-S   pro-R

Os núcleos enantiotópicos têm deslocamentos químicos idênticos em espectros de ressonância magnética nuclear (RMN)*; sem dúvida, os núcleos diastereotópicos são distintos em RMN. Um exemplo típico é o espectro protônico do 2,3-dibromo-2-metilpropionato de metila, $BrCH_2CBr(CH_3)CO_2CH_3$, no qual os prótons metilênicos são diastereotópicos e diferem em deslocamento, dando lugar a um sistema AB. Nesse sentido, é instrutivo analisar os ambientes químicos que rodeiam a H_1 e H_2 em tais hidrogênios (Figura 6.9).

Os ambientes em torno de H_1 e H_2 em cada uma das três conformações alternadas se especificam indicando os dois grupos vizinhos *gauche*. Além disso, as populações conformacionais se denotam como n_A, n_B e n_C. Visto que os deslocamentos químicos nas moléculas conformacio-

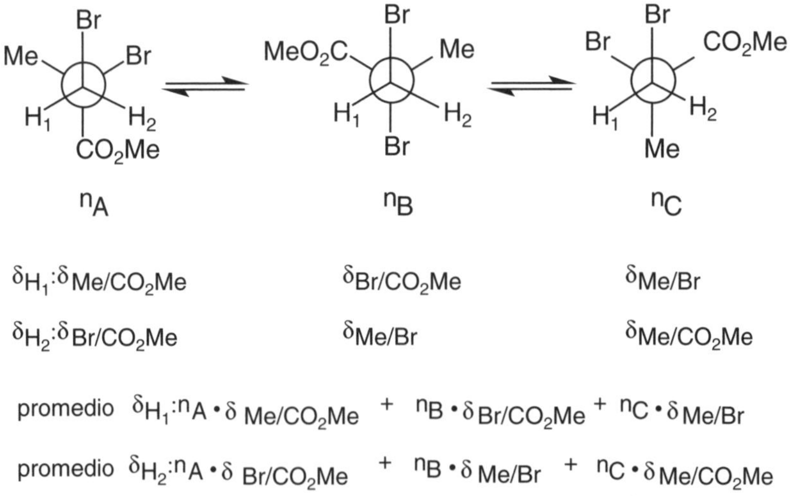

n_A $\quad\quad\quad$ n_B $\quad\quad\quad$ n_C

$\delta H_1 : \delta Me/CO_2Me \quad\quad \delta Br/CO_2Me \quad\quad \delta Me/Br$

$\delta H_2 : \delta Br/CO_2Me \quad\quad \delta Me/Br \quad\quad \delta Me/CO_2Me$

promedio $\delta H_1 : n_A \cdot \delta Me/CO_2Me + n_B \cdot \delta Br/CO_2Me + n_C \cdot \delta Me/Br$

promedio $\delta H_2 : n_A \cdot \delta Br/CO_2Me + n_B \cdot \delta Me/Br + n_C \cdot \delta Me/CO_2Me$

Figura 6.9

---

* Exceto em solventes quirais ou na presença de reagentes de deslocamento quirais (ver o Capítulo 7).

nalmente móveis mostram a média dos deslocamentos químicos dos confôrmeros em equilíbrio, δ_{H_1} e δ_{H_2} são os que se assinalam na parte inferior da Figura 6.9.

Fica evidente na Figura 6.9 que os deslocamentos médios δ_{H_1} e δ_{H_2} devem ser distintos, a não ser que $n_A = n_B = n_C = 1/3$, que não é normal devido à energia relativa das conformações A, B e C. Assim, uma explicação para a diferença nos deslocamentos químicos dos núcleos diastereotópicos se encontra nas diferenças populacionais, que conduzem a ambientes distintos para os núcleos diastereotópicos. Pode-se demonstrar, sem dúvida, que ainda em casos em que $n_A = n_B = n_C = 1/3$ os deslocamentos observados para H_1 e H_2 não são iguais, já que os ambientes que rodeiam tais núcleos não são idênticos. Por exemplo, o ambiente "Me/Br" em torno de H_1 e H_2 nos confôrmeros C e B, respectivamente, não é o mesmo: Me - - - H_1 - - - Br - - - Br *vs* Me - - - H_1 - - - Br - - - H. Portanto, os símbolos "Me/Br" não indicam na realidade o mesmo ambiente: existe uma diferença intrínseca entre H_1 e H_2, como foi demonstrado por Binsch e Franzen no trissulfóxido **7**.[8]

7:

Ainda que as três possíveis conformações do grupo CMe_2OH (obtidas por giro em torno da ligação C_{anel}—CMe_2OH) estejam igualmente populadas, os prótons diastereotópicos nas metilas diferem em deslocamento químico $\Delta\delta = 0,04$ ppm na piridina. Isso resulta da diferença em ambiente químico para as metilas em qualquer das conformações: Me - - - S=O - - - Me para Me^1 e Me - - - S=O - - - OH para Me^2, se observado a partir da frente no sentido horário.

Um exemplo que mostra a reatividade diferente dos ligantes diastereotópicos provém do trabalho de Ohno e col.,[9] os quais encontraram que H_S no sulfóxido **8** é mais ácido que H_R.

(*R*) - **8**

6.7 ANALOGIA DOS LIGANTES E FACES ENANTIOTÓPICAS COM AS PORTAS DE UM ROUPEIRO

Diferentemente dos ligantes diastereotópicos, que são distintos tanto espectroscopica como quimicamente, os ligantes e as faces enantiotópicas são indistinguíveis em meios aquirais. Sem dúvida, seu comportamento é distinto em ambientes quirais: ante enzimas ou reagentes ou solventes quirais. É ilustrativo aqui comparar os ligantes ou as faces enantiotópicas com as portas de um roupeiro (Figura 6.10). Pode-se observar que as portas são enantiotópicas (relação de objeto/imagem no espelho) e que um agente aquiral, por exemplo, um golpe de vento a partir da parte posterior, tem a mesma probabilidade de abrir a porta esquerda ou direita.

Pelo contrário, quando um humano se aproxima para abrir o roupeiro, tenderá a abrir a porta direita se for destro, e a porta esquerda se for canhoto; a resposta das portas ao agente quiral não é a mesma. Ou seja, os *estados de transição* para abrir a porta direita ou esquerda são diastereotópicos e, portanto, distintos em energia. Esta situação é análoga à dos estados de transição envolvidos quando ligantes ou faces enantiotópicas são substratos de enzimas ou outros agentes quirais.

Outro exercício ilustrativo é a análise da molécula do ácido cítrico (**9**), que não possui um eixo de simetria, mas sim, um plano de simetria que atravessa o segmento HO—C—CO_2H. Portanto, os hidrogênios metilênicos H_1 e H_2 (ou H_3 e H_4) não estão relacionados por simetria, e são diastereotópicos, de modo que mostram distintos sinais em RMN (um padrão AB). Por outro lado, os prótons H_1 e H_3 (ou H_2 e H_4) se refletem em um plano σ e são, portanto, enantiotópicos, o sinal de RMN para H_3 coincide com o de H_1 (e o de H_4 com o de H_2). Sem dúvida, para uma enzima os quatro hidrogênios são distintos; com efeito, a desidratação do ácido cítrico ao ácido *cis*-aconítico, HO_2CCH=C(CO_2H)—CH_2CO_2H, mediante a enzima aconitase, elimina exclusivamente *um* dos quatro hidrogênios.[4] Assim, as duas cadeias CH_2CO_2H são enantiotópicas e, portanto, indistinguíveis em um espectro de ^{13}C RMN, porém diferenciáveis para uma enzima.[10]

9:

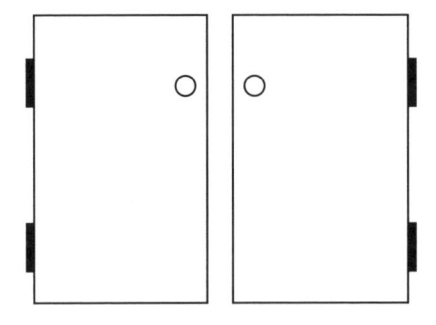

$$\begin{array}{c} CO_2H \\ | \\ H_1-C-H_2 \\ | \\ HO-C-CO_2H \\ | \\ H_3-C-H_4 \\ | \\ CO_2H \end{array}$$

Figura 6.10

REFERÊNCIAS

1. a) Eliel, E. L. *J. Chem. Educ.* **1980**, *57*, 52. b) Eliel, E. L. *Top. Curr. Chem.* **1982**, *105*, 1. c) Eliel, E.; Wilen, S. H. *Stereochemisty of Organic Compounds*; John Wiley & Sons: New York, 1994; 465. d) Juaristi, E. "*Introduction to Stereochemistry and Conformational Analysis*", Wiley: New York, 1991 & 2000; 91.
2. a) Mislow, K.; Raban, M. *Top. Stereochem.* **1967**, *1*, 1. b) Fujita, S. *J. Org. Chem.* **2002**, *67*, 6055.
3. Ault, A. *J. Chem. Educ.* **1974**, *51*, 729.
4. Arigoni, D.; Eliel, E. L. *Top. Stereochem.* **1969**, *4*, 127.
5. a) Jennings, W. B. *Chem. Revs.* **1975**, *75*, 307. b) Anet, F. A. L.; Kopelevich, M. *J. Am. Chem. Soc.* **1989**, *111*, 3429.
6. a) Loewus, F. A.; Westheimer, F. H.; Vennesland, B. *J. Am. Chem. Soc.* **1953**, *75*, 5018. b) Para um exemplo mais recente, veja: Gutman, A. L.; Bravdo, T. *J. Org. Chem.* **1989**, *54*, 5645.
7. Eliel, E. L. *J. Chem. Educ.* **1971**, *48*, 163.
8. Franzen, G. R.; Binsch, G. *J. Am. Chem. Soc.* **1973**, *95*, 175.
9. a) Nakamura, K.; Higaki, M.; Adachi, S.; Oka, S.; Ohno, A. *J. Org. Chem.* **1987**, *52*, 1414. b) Veja também: Lebibi, J.; Pelinski, L.; Maciejewski, L.; Brocard, J. *Tetrahedron,* **1990**, *46*, 6011. c) O'Leary, D. J. et al. *J. Am. Chem. Soc.* **2005**, *127*, 412.
10. Veja também: Ghosh, A. *J. Chem. Educ.* **1987**, *64*, 1015.

CAPÍTULO 7
SÍNTESES ORGÂNICAS ASSIMÉTRICAS: PRINCÍPIOS

7.1 IMPORTÂNCIA DAS SÍNTESES ASSIMÉTRICAS

Os fármacos são substâncias que, em quantidades relativamente pequenas, provocam uma resposta por parte de organismos vivos. Este efeito resulta da interação entre as moléculas do fármaco e um sítio específico da superfície celular, ou seja, um biorreceptor.[1] Tais receptores possuem características estruturais que atuam de forma complementar com o fármaco para iniciar uma série de eventos que conduzem à resposta biológica. Outras moléculas que também mostram uma complementaridade específica frente a seus substratos potenciais são as enzimas e os anticorpos que, assim como os receptores biológicos, se ligam com o substrato mediante interações do tipo ponte de hidrogênio, dipolo-dipolo, van der Waals e forças de polarização, mais do que por meio da formação de ligações covalentes.

As investigações realizadas sobre a relação estrutura/atividade nestes sistemas sugerem sua analogia com a maneira como uma chave deve complementar-se com a fechadura para provocar seu efeito. Do ponto de vista estereoquímico, a analogia com a relação entre uma mão direita ou esquerda e sua luva da mesma quiralidade é talvez mais apropriada.

Efetivamente, são conhecidos muitos exemplos da *estereoespecificidade* observada na qual um estereoisômero é ativo, porém seu enantiômero é inativo.[2,3] Por exemplo, o (–)-mono-glutamato de sódio (**10**) é um agente químico empregado para dar sabor à carne, porém o isômero (+) não tem sabor.

$$\begin{array}{c} CO_2H \\ | \\ H_2N-C-H \\ | \\ CH_2CH_2CO_2^-Na^+ \end{array}$$

(-) - **10**

Assim, dos ácidos tartáricos, só a forma destrógira (**11**) é metabolizada pelo *penicillium glaucum*. A (+)-acetil-β-metil-colina (**12**) tem 230 vezes mais atividade muscular que seu enantiômero. Muitos *D*-amino ácidos são doces, enquanto seus isômeros *L* não o são. O ácido (+)-ascórbico (**13**) possui propriedades curativas contra o escorbuto, ao passo que o isômero (–) é inativo.

(+) - **11**   **12**   (+) - **13**

Vários exemplos adicionais são reconhecidos na Tabela 7.1.[4] Estas diferenças se explicam com base na estereoespecificidade necessária para a interação correta entre o substrato e o receptor.

Tabela 7.1 Efeitos distintos causados por moléculas enantioméricas

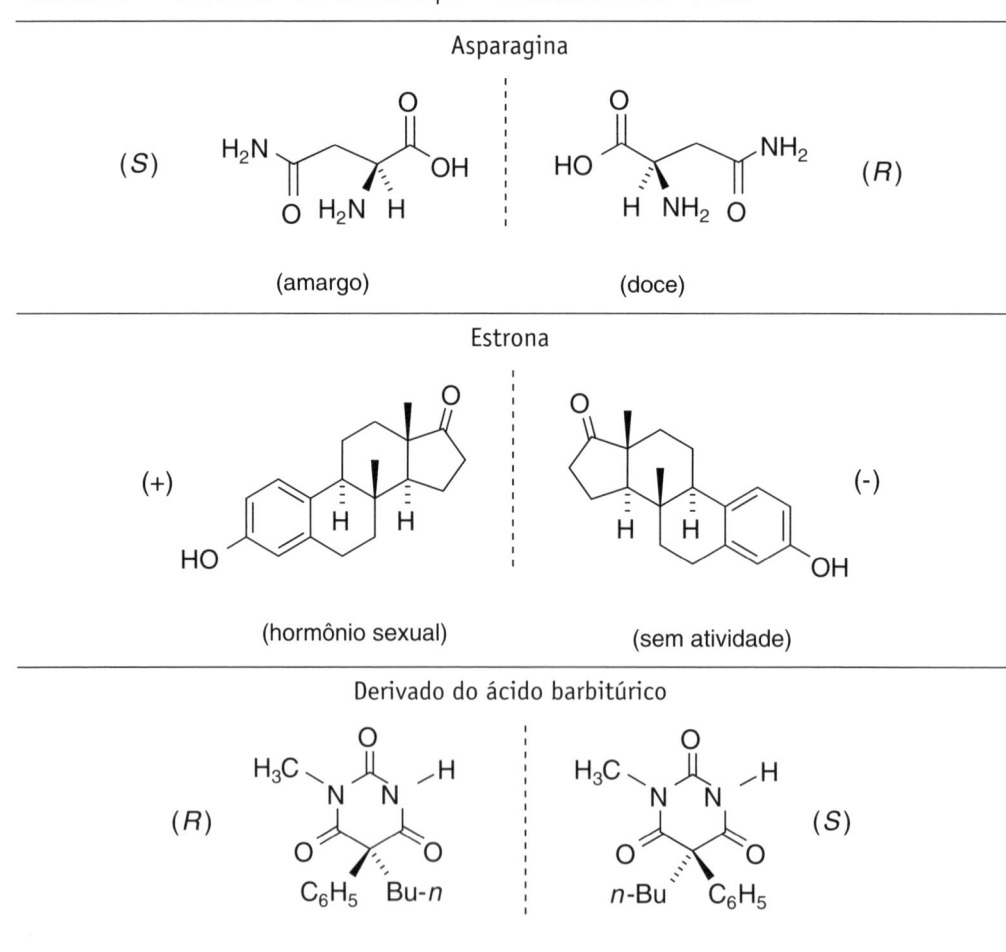

Asparagina	
(S) (amargo)	(R) (doce)
Estrona	
(+) (hormônio sexual)	(–) (sem atividade)
Derivado do ácido barbitúrico	
(R) (narcótico)	(S) (anticonvulsivo)

Metabólito de benzo[A]pireno

(+) (carcinogênico) | (-) (inócuo)

1-cloro-2,3-propanadiol

(R) (veneno) | (S) (fármaco)

A Figura 7.1 é uma representação simplificada que mostra três pontos de reconhecimento entre o isômero ativo e o sítio receptor, enquanto um ponto de reconhecimento não é alcançado com o enantiômero inativo.

A partir disso, para o químico orgânico dedicado à síntese de compostos farmacêuticos é de suma importância que ele possa preparar os compostos ativos enantiomericamente puros. De outra maneira, as sínteses que proporcionam racematos (misturas contendo a mesma proporção de ambos os enantiômeros) são obviamente insatisfatórias, pois o rendimento químico máximo é menor ou igual a 50%. Por estas razões, uma das áreas da química com mais atividade nos últimos anos é a de sínteses assimétricas, metodologia que permite o acesso a fármacos, vitaminas, aditivos alimentícios, etc., em sua configuração ativa.

Outro exemplo que destaca a importância das sínteses assimétricas é o seguinte: considere uma molécula com 64 carbonos assimétricos e 7 duplas ligações de configuração determinada; uma síntese não estereosseletiva proporcionaria unicamente uma molécula com a estereoquímica correta em cada mol de substância (uma de cada 10^{23} moléculas!).[5] É claro

Receptor | Receptor e enantiômero ativo | Receptor e enantiômero incorreto

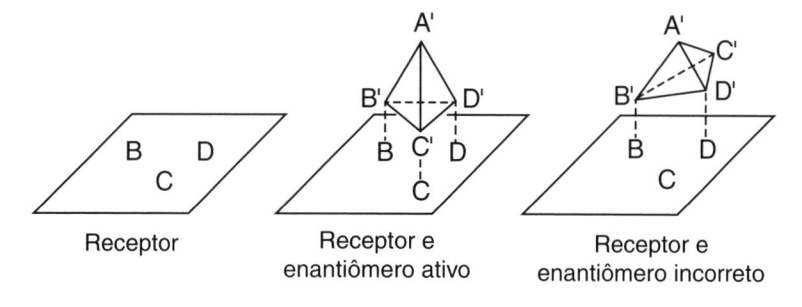

Figura 7.1

então o interesse no desenvolvimento de métodos quimio, regio, diastereo e enantiosseletivos em síntese orgânica.

7.2 ASPECTOS HISTÓRICOS

Em 1890 Emil Fischer tratou *L*-arabinose com ácido cianídrico e observou a formação de uma mistura 2:1 das duas possíveis cianoidrinas **14** e **15** (Figura 7.2). Com este experimento, ao descobrir uma proporção **14:15** diferente a 50:50, Fischer se transformou no pai da síntese assimétrica, e em 1894 comentou:[6] "Até onde sei, estas primeiras observações são evidências definitivas de que as reações de sistemas assimétricos procedem de maneira assimétrica".

Dez anos mais tarde, Marckwald realizou a descarboxilação do diácido α-carboxi-α-metil-butanoico na presença de uma substância quiral e constatou que o produto obtido era opticamente ativo.

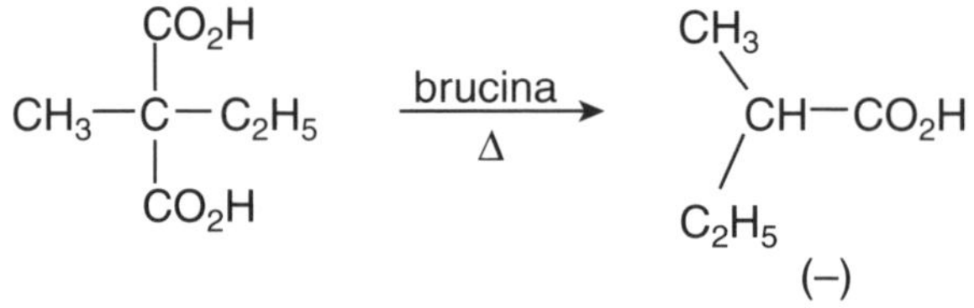

brucina:

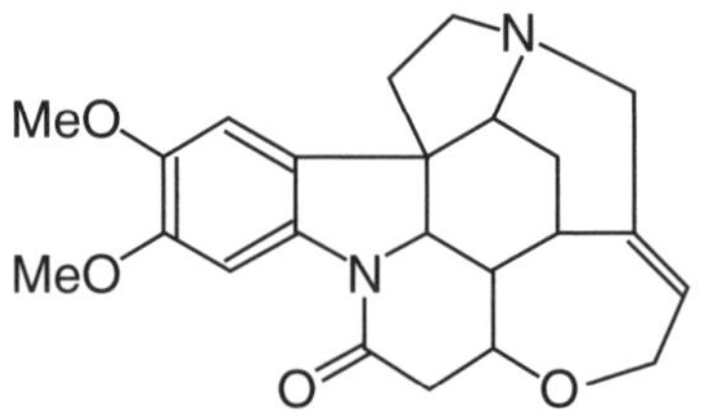

(produto natural)

Depois desta observação, Marckwald definiu a síntese assimétrica como "uma reação que produz substâncias opticamente ativas a partir de inativas".[7] Esta definição obviamente exclui

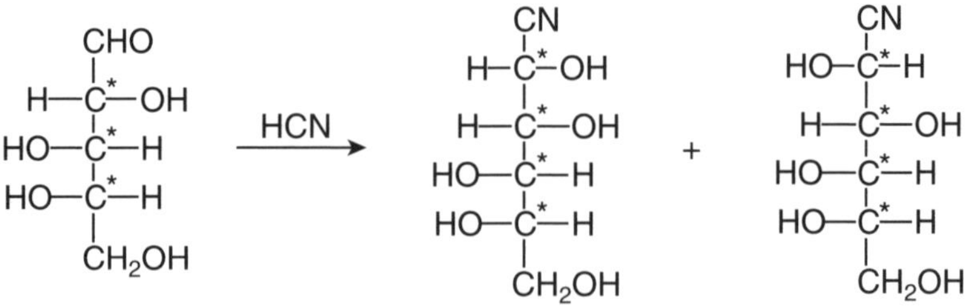

L arabinose → (HCN) → **14** + **15**

Figura 7.2

reações como a de Fischer (Figura 7.2), já que a matéria-prima, a *L*-arabinose, possui atividade óptica.

Uma definição mais ampla e apropriada foi proposta em 1971 por Morrison e Mosher,[8] que diz: "A síntese assimétrica é uma reação na qual um fragmento aquiral do substrato se converte, mediante um reagente, em uma unidade quiral, de tal maneira que os produtos estereoisoméricos são produzidos em quantidades distintas".

Além de esta definição abarcar reações como a de Fischer,[6] ou a redução da cetona **16** ao carbinol **17**, ficam agora incluídas sínteses em que o produto não é opticamente ativo por ser uma mistura 1:1 de enantiômeros na qual um novo centro quiral é gerado seletivamente, ±

por exemplo, a redução do racemato (±)-**18**, em que se produz o racemato (±)-**19**, porém não os diastereômeros *trans*. Nos últimos anos, sem dúvida, a validade de uma síntese assimétrica sempre é demonstrada com substâncias opticamente ativas, e de preferência *enantiomericamente puras* (Capítulo 8).

Deve-se notar também que a definição de Morrison e Mosher não abrange reações como a redução seletiva da 4-*t*-butilciclohexanona **20** ao *trans*-4-*t*-butilciclo-hexanol **21**: C(1) em **21** não é um centro de quiralidade, mas sim, um centro estereogênico (ver o Capítulo 1).

Em data mais recente, Izumi[9] classificou uma síntese assimétrica como enantiosseletiva quando, de acordo com a definição de Morrison e Mosher, um enantiômero é produzido em excesso. Assim, uma reação diastereosseletiva é aquela em que um diastereômero é produzido de preferência a outro(s).[9]

Neste sentido, a reação de McKenzie-Prelog[10] pode ser classificada como enantiosseletiva ou diastereosseletiva, dependendo se o produto da adição de Grignard é isolado antes ou depois da hidrólise (Figura 7.3).

A reação apresentada na Figura 7.3 não conduz à formação exclusiva de um α-hidroxiácido, como poderia sugerir o esquema. De fato, a seletividade alcançada nesta e na grande maioria das sínteses assimétricas desenvolvidas até os princípios dos anos 1970[8] foi muito baixa. Cabe

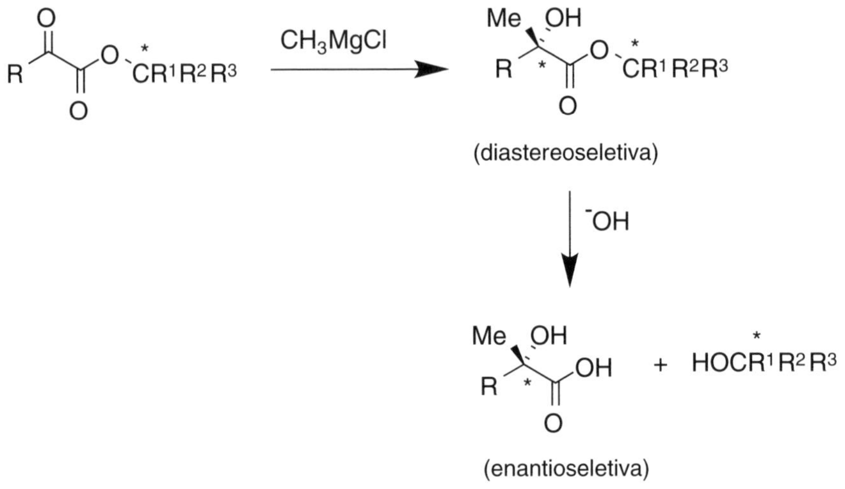

Figura 7.3

destacar aqui uma exceção: a hidroboração assimétrica do *cis*-2-buteno com di-3-pinanilborana, **22**, descrita por H. C. Brown em 1959[11] (Figura 7.4).

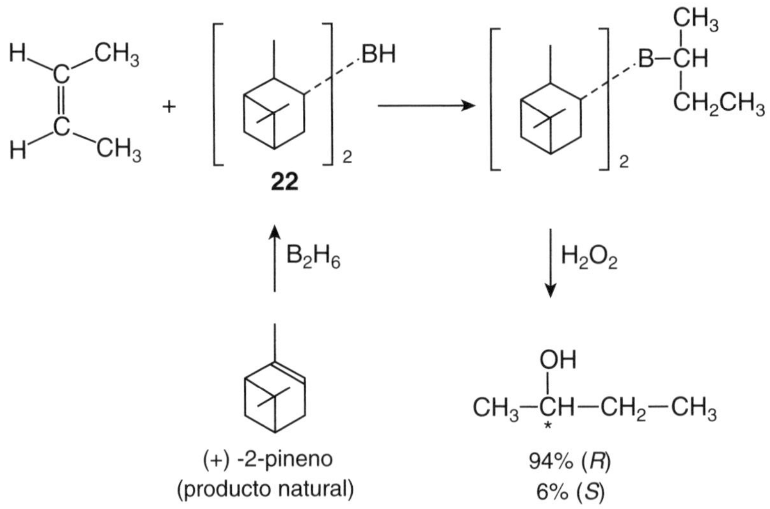

Figura 7.4

7.3 CONDIÇÕES PARA UMA SÍNTESE ASSIMÉTRICA EFICIENTE

Como mencionado na seção anterior, nos últimos 20 ou 25 anos se tem alcançado muito êxito no desenvolvimento de sínteses assimétricas eficientes, tanto em nível de laboratório como industrial. Isto tem tornado os padrões de avaliação de tal metodologia cada vez mais rigorosos.

Existem várias condições para que uma síntese assimétrica seja de utilidade:[12]

1. Deve ser muito seletiva ($\geq 85\%$).
2. O novo centro de quiralidade deve ser separado claramente do resto da molécula.
3. O agente quiral auxiliar deve ser recuperado em um bom rendimento e sem racemizar-se.
4. O reagente quiral auxiliar deve ser facilmente acessível em alto excesso enantiomérico.
5. A reação deve ser realizada com um bom rendimento químico.
6. É também importante o balanço entre o agente auxiliar quiral e o produto com novo centro de quiralidade. Por esta razão, o melhor agente auxiliar quiral é um bom catalisador.[13]

7.4 CONSIDERAÇÕES ENERGÉTICAS

As sínteses assimétricas desenvolvidas por Fischer e Marckwald (Seção 7.2) constituem exemplos típicos de sínteses assimétricas, que apresentam no general:

a. o deslocamento seletivo de um substituinte enantiotópico (Figura 7.5a) ou

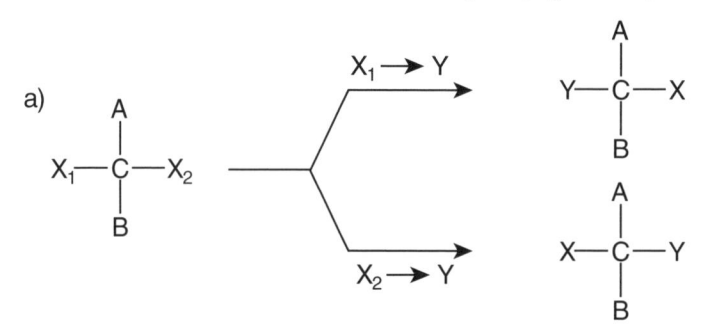

b. a adição seletiva de um reagente a uma face sobre a outra (Figura 7.5b).

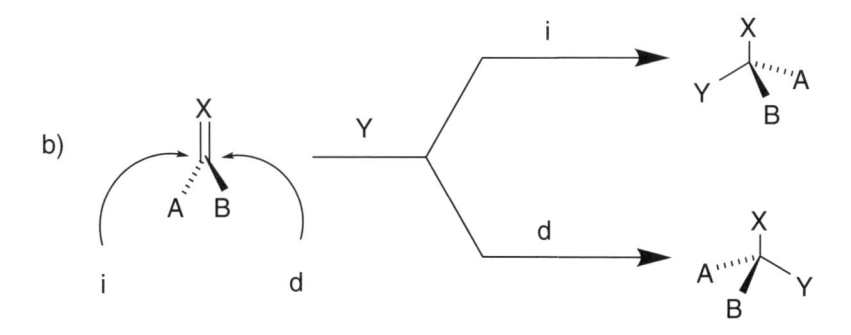

Figura 7.5

O experimento de Marckwald, na ausência da amina quiral, e a reação de Fischer, com um aldeído aquiral, produziram quantidades similares dos produtos, já que o perfil energético para tais reações é o mostrado na Figura 7.6.

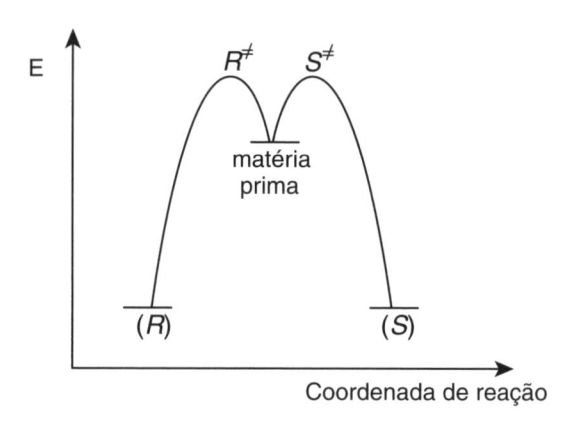

Figura 7.6

Visto que os estados de transição $R^{\neq}$ e $S^{\neq}$ são enantioméricos, têm igual energia e, portanto, a velocidade de formação do isômero (R) é igual à de formação do enantiômero (S), obtendo-se da reação uma mistura racêmica.

Para conseguir uma síntese assimétrica, os estados de transição devem ser diastereoméricos (diferentes, portanto, em conteúdo energético) e assim os dois produtos se formam a velocidades distintas (Figura 7.7).

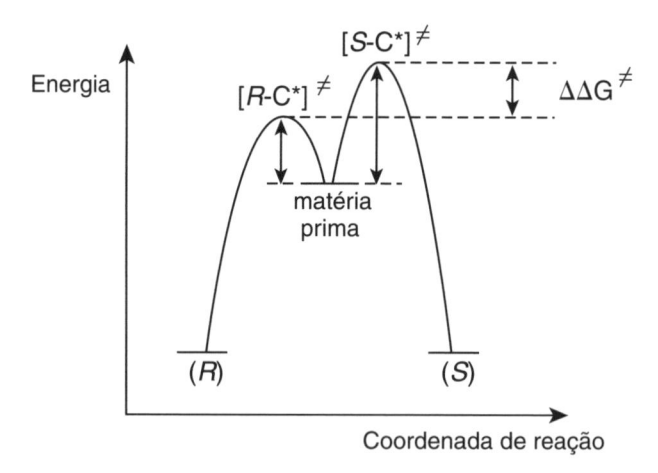

Figura 7.7

A seletividade observada em reações que se identificam com este perfil energético dependerá da diferença nas energias de ativação, $\Delta\Delta G^{\neq}$, já que operam sob controle cinético: o produto mais abundante é o que provém da energia de ativação mais baixa, e, portanto, se forma mais rapidamente.

Do capítulo 6, entende-se que os estados de transição diastereoméricos resultam da reação entre:

a. Faces ou substituintes diastereotópicos e reagentes aquirais (por exemplo, as reações de Fischer ou McKenzie)
b. Faces ou substituintes enantiotópicos e reagentes quirais (por exemplo, a reação de Marckwald)
c. Faces ou substituintes diastereotópicos e reagentes quirais

Quando os produtos da síntese assimétrica são diastereoméricos, a seletividade pode depender também da diferença em energias de ativação para a formação dos epímeros (*controle cinético*); se a reação é reversível dependerá da diferença em energia livre, $\Delta G°$, dos produtos (*controle termodinâmico*) (Figura 7.8).

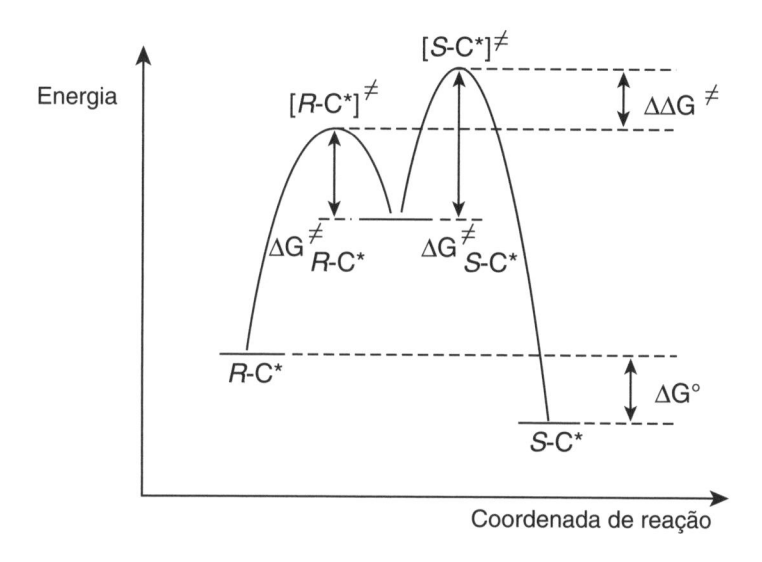

Figura 7.8

O exemplo esquematizado na Figura 7.8 no início (sob controle cinético) conduz predominantemente ao produto com configuração (*R*) no novo centro de quiralidade formado, ao passo que sob controle termodinâmico gera em maior abundância o produto mais estável (*S*-C*).

As proporções dos produtos são ditadas pela magnitude de $\Delta\Delta G^{\neq}$ e $\Delta G°$, já que a equação de Gibbs indica: $G° = -T \ln K$, em que R é a constante universal = 1.987 kcal/mol°K. Assim, se na Seção 7.3 foi colocada como condição para uma boa síntese assimétrica uma seletividade igual ou maior a 85:15, isto requer que $\Delta G°$ ou $\Delta\Delta G^{\neq} \geq 1$ kcal/mol. Tal diferença energética provém geralmente de interações estéricas ou eletrostáticas (p. ex., pontes de hidrogênio) que são mais favoráveis em um dos estados de transição (controle cinético), ou em um dos produtos em equilíbrio (controle termodinâmico).

Um exemplo de controle termodinâmico em sínteses assimétricas é a preparação da 1-decalona (**23**) que, sob as condições da reação, se epimeriza por meio do enol **24** (Figura 7.9). O equilíbrio *cis*-**23** ⇌ *trans*-**23** produz uma mistura 95:5 em favor do isômero *trans*, de configuração (*S*) em C-9, que possui uma energia livre menor que *cis*-**23**.[14]

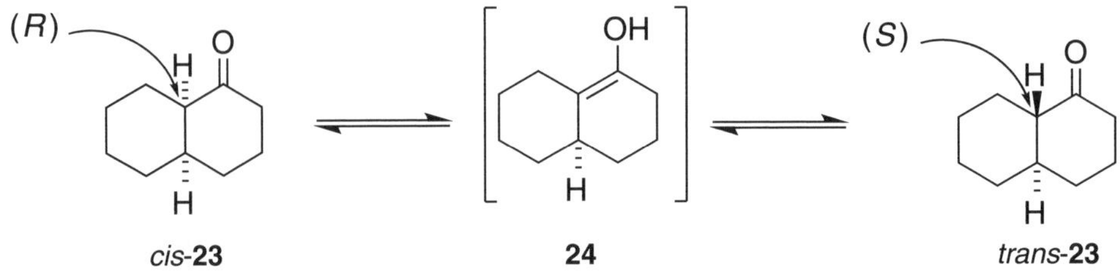

cis-**23**   **24**   trans-**23**

Figura 7.9

Assim, uma síntese assimétrica da *D*-glucose (**25**) produz uma mistura das formas α (**25**-α) e β (**25**-β) em equilíbrio via o aldeído **26** (Figura 7.10). Uma solução aquosa à temperatura ambiente mostra $[\alpha]_D^{20} = +52,6°$, que corresponde a 36% de α-*D*-glucose e 64% de β-*D*-glucose, o que representa uma diferença em energia livre ($\Delta G°$) de 0,37 kcal/mol em favor do diastereômero com todos os substituintes equatoriais, **25**-β.

No planejamento de uma síntese assimétrica deve-se, pois, maximizar $\Delta\Delta G^{\neq}$ ou $\Delta G°$, dependendo se a formação dos produtos está controlada cinética ou termodinamicamente. Uma diferença energética de 1,5 kcal/mol corresponde à formação de um isômero em 92% e, portanto, já satisfaz a condição mais importante em uma boa síntese assimétrica: uma seletividade maior que 85%. Apesar de ainda agora, há um século do descobrimento das sínteses assimétricas, não se saber muito sobre a natureza dos estados de transição, é de se esperar que, quanto mais organizado e rígido for o estado de transição, maior será o efeito de interações estéricas, pontes de hidrogênio, solvatação seletiva, etc., e maior será a indução assimétrica resultante.

Efetivamente, nos exemplos mais exitosos de sínteses assimétricas, tem sido postulada uma estrutura rígida durante o estado de transição (Capítulo 10). Assim, tal ordenamento é mais estável a uma baixa temperatura, e no general se observa que a indução assimétrica é maior a temperaturas de reação mais baixas.

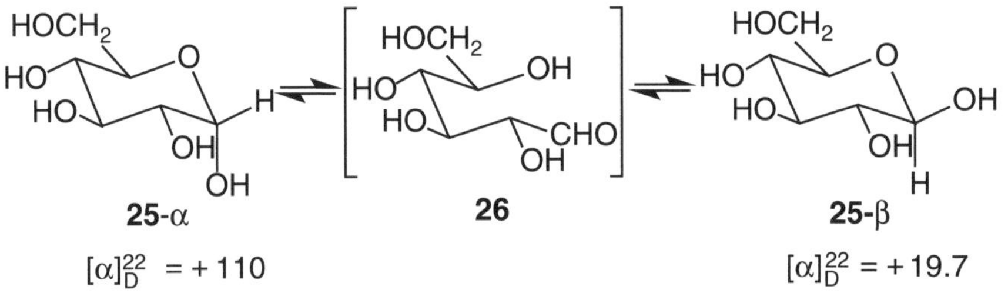

25-α   **26**   **25**-β

$[\alpha]_D^{22} = +110$ $[\alpha]_D^{22} = +19.7$

Figura 7.10

REFERÊNCIAS

1. Rice, R. E. *J. Chem. Educ.* **1967**, *44*, 565.
2. Ariens, E. J.; van Rensen, J. J. S.; Welling, W. *Stereoselectivity of Pesticides: Biological and chemical Problems*, Elsevier: Amsterdam, 1988.
3. Ferguson, L. N. *J. Chem. Educ.* **1981**, *58*, 456.
4. Enders, D. *Symposium Chiralität und aktivität*, Kurzreferate, Schliersee, 1983.
5. A palitoxina é um exemplo: Trost, B. M. *Science* **1985**, *227*, 908.
6. Fischer, E. *Ber.* **1894**, *27*, 3210.
7. Marckwald, W. *Ber.* **1904**, *37*, 1368.
8. Morrison, J. D.; Mosher, H. S. *Asymmetric Organic Reactions*, American Chemical Society: Washington, **1976**, 4-6.
9. Izumi, Y.; Tai, A. *Stereo-Differentiating Reactions*, Academic Press: New York, **1977**.
10. McKenzie, A. *J. Chem. Soc.* **1904**, *85*, 1249; Prelog, V. *Helv. Chim. Acta* **1953**, *36*, 308.
11. a) Brown, H. C.; Zweifel, G. *J. Am. Chem. Soc.* **1959**, *81*, 247. b) Veja, também: Brown, H. C.; Jadhav, P. K.; Singaram, B. *Enantiomerically Pure Compounds Via Chiral Organoboranes*, en *Modern Synthetic Methods 1986*, Scheffold, R., Ed., Springer Verlag: Berlin, 1986; 307.
12. Eliel, E. L. *Tetrahedron* **1974**, *30*, 1503.
13. a) Kagan, H. B.; Fiaud, J. C. *Top. Stereochem.* **1978**, *10*, 175. b) Veja, também: Ojima, I., Ed. *Catalytic Asymmetric Synthesis*, Wiley-VCH: New York, 2000. c) Walsh, P. J.; Kozlowski, M. C. *Fundamentals of Asymmetric Catalysis*, University Science Books: Sausalito, 2009.
14. Acklin, W.; Prelog, V.; Schenker, F.; Serdarevic, B.; Walter, P. *Helv. Chim. Acta* **1965**, *48*, 1725.

CAPÍTULO 8
PUREZA ENANTIOMÉRICA

8.1 INTRODUÇÃO

Uma das condições para uma síntese assimétrica útil é a de uma alta estereosseletividade, ou seja, que o novo centro de quiralidade se forme com o predomínio ($\geq 85\%$) de uma configuração.

Existem três métodos principais para determinar a pureza enantiomérica dos produtos obtidos e, portanto, o grau de seletividade conseguido:

1. medição da rotação óptica,
2. medição da proporção dos produtos por cromatografia e
3. por ressonância magnética nuclear.

Quando os produtos da síntese assimétrica são enantioméricos, a pureza óptica é igual ao excesso enantiomérico de um dos produtos sobre o outro. Ou seja:

$$\% \text{ pureza óptica} = \text{exceso enantiomérico} = |\%R - \%S|$$

Por exemplo, se em uma síntese assimétrica enantiosseletiva o produto enantiomérico de configuração S se forma em 90%, enquanto seu enantiômero R é produzido nos 10% restantes, então:

$$ee = 90 - 10 = 80\%.$$

Pode-se verificar que este critério de seletividade é bastante rigoroso, pois aqui 80% ee implica 80% de produto S, acompanhado por 20% de racemato ($R+S$). Cabe assinalar que o conceito de diastereosseletividade é menos rigoroso, pois indica simplesmente a porcentagem do diastereômero mais abundante. Assim, a diastereosseletividade em uma síntese assimétrica diastereosseletiva que produz 90% do isômero predominante é igual a:

$$ds = 90\%.$$

8.2 MEDIÇÃO DA ROTAÇÃO ÓPTICA

A fim de utilizar este método é necessário conhecer a rotação do enantiômero puro (rotação máxima = α_{max}). Quando isto não é possível, deve-se então determinar de forma independente a concentração de cada isômero, $[R]$ e $[S]$, ou sua proporção $R:S$ (Seções 8.3 e 8.4).

A pureza óptica é definida como:

$$P.O. = \left(\frac{\text{rotação medida}}{\text{rotação máxima}}\right) \times 100\%$$

No emprego deste método, supõe-se que a rotação medida [α] é diretamente proporcional à pureza óptica; sem dúvida, este nem sempre é o caso. Por exemplo, Horeau[1] constatou que efeitos de agregação nas soluções do ácido 2-metil-2-etilsuccínico (**27**) causam discrepâncias na relação entre a rotação medida e a pureza óptica (Figura 8.1).

Por outro lado, algumas vezes a matéria-prima usada na síntese assimétrica não está completamente pura. Nestes casos é útil referir-se ao rendimento óptico:

$$\text{Rendimento óptico} = \left(\frac{P.O. \text{ de produtos}}{P.O. \text{ de reagentes}}\right) \times 100\%$$

Com o intuito de conhecer com certeza α_{max} de um produto novo, é recomendável sua transformação em outros compostos cuja pureza óptica e rotação são conhecidos com precisão. Por exemplo, quando a olefina quiral **28** foi preparada a partir do carbinol **29** enantiomericamente puro, obteve-se um material com [α] = + 109, que, em princípio, poderia corresponder a α_{max}. Sem dúvida, a redução de **28** ao derivado **30**, cujo $\alpha_{max} = -14,91$, proporcionou o produto desejado com α = –12,96. Este resultado sugere que a pureza óptica de **28** é maior ou igual a 86,9% [P.O. (**28**) = (12,96/14,91) · 100%], considerando que pode haver racemização parcial na transformação **29** → **31**, ou na substituição **31** → **28** ou em **28** → **30**. Então 109 ≤ α_{max} (**28**) ≤ 125,4 (Figura 8.2).

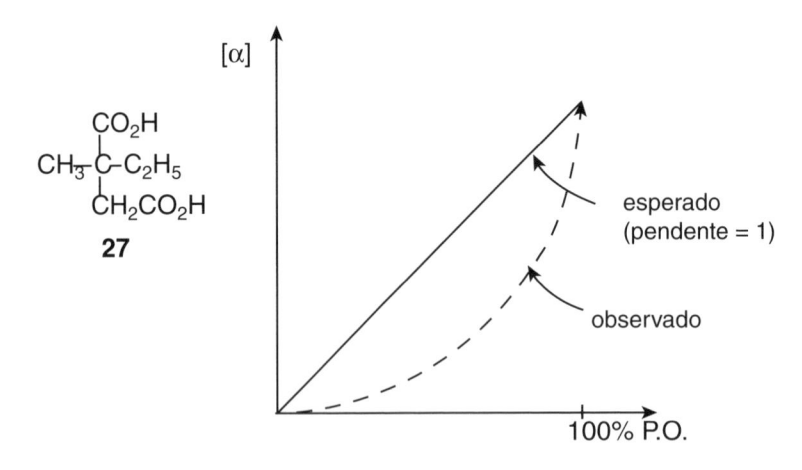

Figura 8.1

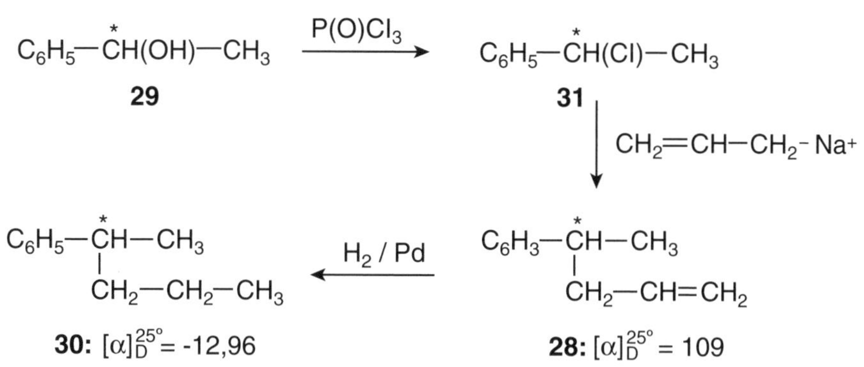

$$C_6H_5-\overset{*}{C}H(OH)-CH_3 \xrightarrow{P(O)Cl_3} C_6H_5-\overset{*}{C}H(Cl)-CH_3$$

29   **31**

$$\downarrow CH_2=CH-CH_2^- Na^+$$

$$C_6H_5-\overset{*}{C}H-CH_3 \xleftarrow{H_2/Pd} C_6H_3-\overset{*}{C}H-CH_3$$
$$\quad\;\; | \qquad\qquad\qquad\qquad\qquad |$$
$$CH_2-CH_2-CH_3 \qquad\qquad CH_2-CH=CH_2$$

30: $[\alpha]_D^{25°} = -12{,}96$ **28:** $[\alpha]_D^{25°} = 109$

Figura 8.2

Outra maneira de confirmar α_{max} em compostos quirais é preparando tais produtos por mais de uma rota, ou preparando ambos enantiômeros para comparar sua rotação. Um exemplo recente é o desenvolvido por San Filippo e Silberman[2] para conhecer com certeza α_{max} em derivados quirais do 2-octanol (Figura 8.3).

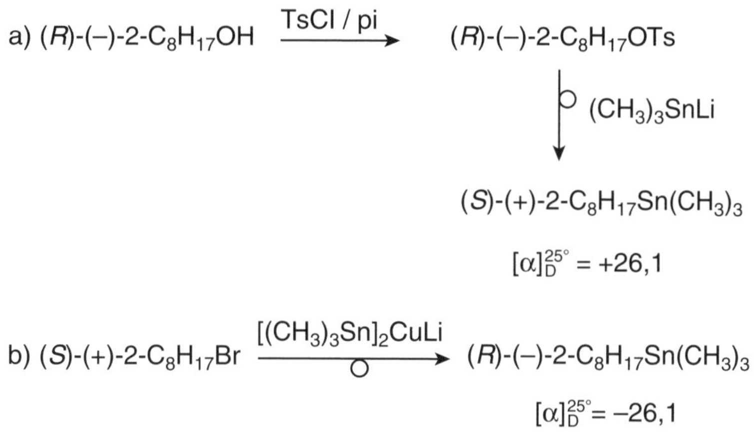

a) $(R)\text{-}(-)\text{-}2\text{-}C_8H_{17}OH \xrightarrow{TsCl/pi} (R)\text{-}(-)\text{-}2\text{-}C_8H_{17}OTs$

$$\downarrow (CH_3)_3SnLi$$

$$(S)\text{-}(+)\text{-}2\text{-}C_8H_{17}Sn(CH_3)_3$$

$$[\alpha]_D^{25°} = +26{,}1$$

b) $(S)\text{-}(+)\text{-}2\text{-}C_8H_{17}Br \xrightarrow{[(CH_3)_3Sn]_2CuLi} (R)\text{-}(-)\text{-}2\text{-}C_8H_{17}Sn(CH_3)_3$

$$[\alpha]_D^{25°} = -26{,}1$$

Figura 8.3

8.3 MÉTODOS CROMATOGRÁFICOS

Em contraste com o método da medição da rotação óptica, nos métodos cromatográficos e naqueles baseados na espectroscopia de ressonância magnética nuclear (RMN, Seção 8.4) é determinada a proporção dos enantiômeros ou diastereômeros formados. A pureza óptica é definida então como o excesso enantiomérico

$$\% \text{ P.O.} = ee = |\%R - \%S| \text{ ou } ee = \frac{|R-S|}{|R+S|} \times 100\%.$$

Considerando que a seletividade na síntese depende da diferença em energias de ativação ($\Delta\Delta G^{\neq}$), ou na diferença em energia livre ($\Delta G°$), então do ponto de vista termodinâmico

$$\Delta G°_{seletividade} = -RT \ln (R/S)$$

Por exemplo, se em uma síntese assimétrica se obtém uma mistura contendo 80% da forma S e 20% da forma R, então:

$$ee = |\%R - \%S| = 60\%$$

ou também

$$ee = \frac{|20-80|}{|20+80|} \times 100\% = 60\%$$

e $\Delta G°_{seletividade} = -(1.987)(298) \ln (20/80) = 0{,}82$ kcal/mol.

Existem duas opções práticas na utilização da cromatografia para a determinação da proporção R/S:

1. *Os enantiômeros se convertem em diastereômeros e se separam na fase estacionária (coluna ou placa) aquiral.*

Este método se baseia no fato de que os diastereômeros possuem diferentes propriedades químicas e físicas. Especificamente, os compostos diastereoméricos mostram uma afinidade diferente pela fase estacionária e, portanto, tempos de retenção (R_f) distintos, pelo que podem ser facilmente separados e quantificados (Figura 8.4).

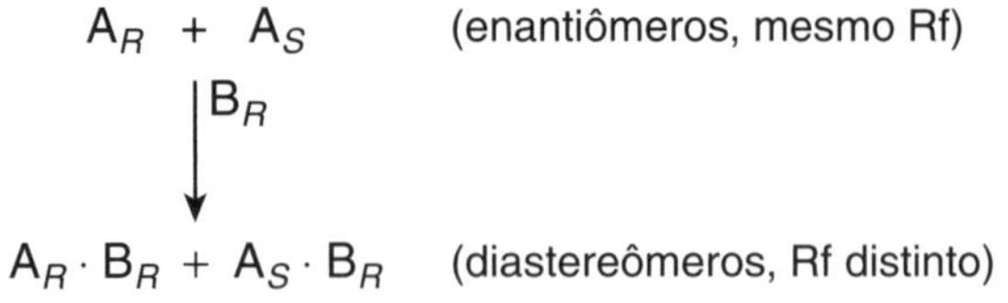

$$A_R + A_S \quad \text{(enantiômeros, mesmo Rf)}$$
$$\downarrow B_R$$
$$A_R \cdot B_R + A_S \cdot B_R \quad \text{(diastereômeros, Rf distinto)}$$

Figura 8.4

Um exemplo é a esterificação de aminoácidos com (−)-mentol para produzir os ésteres correspondentes, que foram separados com facilidade, e quantificados (Figura 8.5).

Como a velocidade de reação entre A_R e B_R é diferente daquela entre A_S e B_R, já que envolvem estados de transição diastereoméricos, então a transformação de enantiômeros a diastereômeros deve ser completa para evitar que a proporção $A_R B_R / A_S B_R$ seja diferente da proporção A_R / A_S original (ou seja, para evitar uma *resolução cinética*, Capítulo 9).

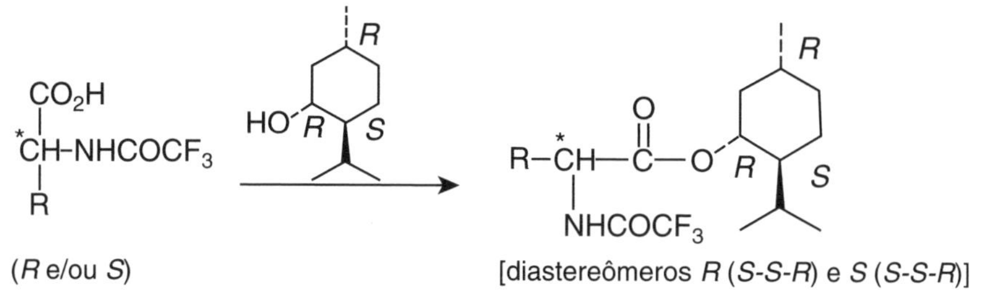

Figura 8.5

2. *Os enantiômeros se separam* usando uma *fase estacionária quiral*.

Neste método, a formação reversível de complexos diastereoméricos de *diferente estabilidade* entre os enantiômeros e a fase estacionária quiral resulta em *velocidades distintas de eluição* dos enantiômeros (Figura 8.6).

A primeira preparação de um adsorvente opticamente ativo foi descrita por Willstätter em 1904,[3] e muitos outros trabalhos na área foram feitos pouco depois.[4] Sem dúvida, até alguns anos atrás poucas fases estacionárias quirais foram úteis do ponto de vista prático. Isto se deve em parte à dificuldade de obter quantidades relativamente grandes de fases estacionárias quirais.

Nos últimos 15 a 20 anos esta situação mudou e já existe um número considerável de provedores comerciais de placas cromatográficas,[5] colunas para cromatografia de gases[6,7] e colunas para cromatografia de líquidos,[7,8] com fases quirais.

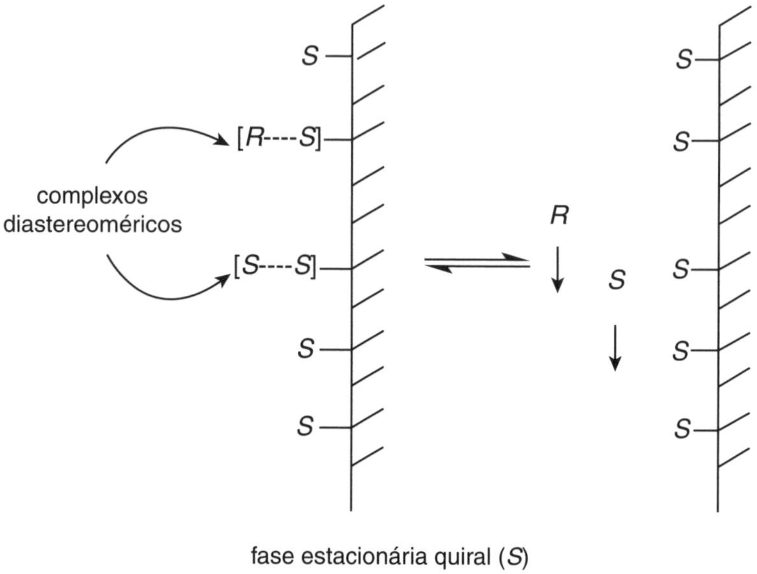

Figura 8.6

Alguns exemplos das moléculas que constituem as fases estacionárias são a amida **32**,[9] a poliamida **33**, e o derivado **34**, obtido a partir da (*R*)-fenilglicina[10] (Figura 8.7).

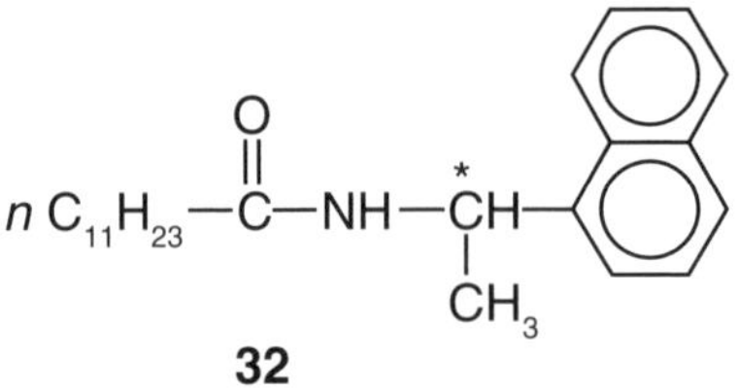

Figura 8.7

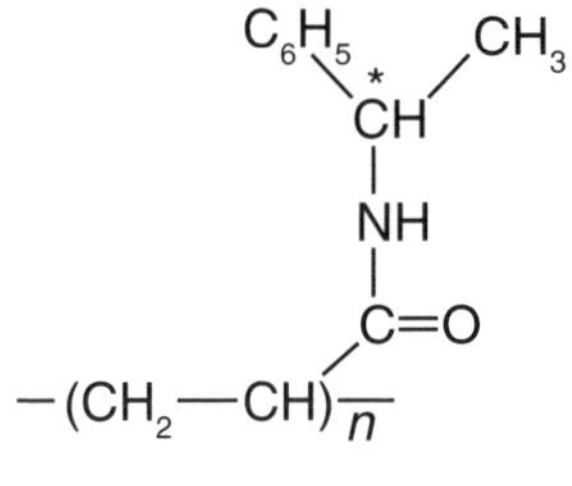

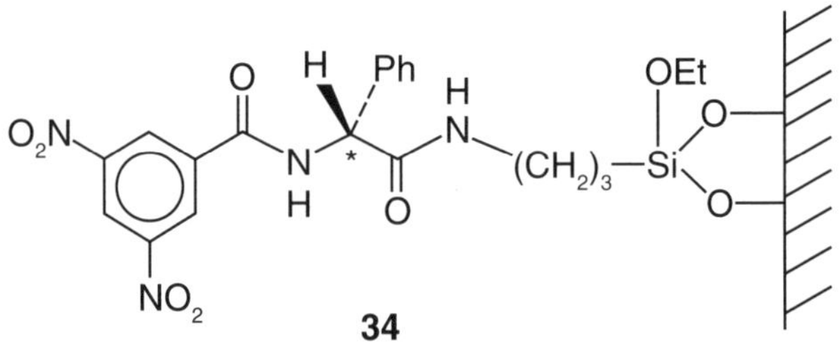

É interessante notar que os métodos cromatográficos podem ser efetivos na separação dos enantiômeros ainda quando a fase estacionária quiral não é opticamente pura; as possibilidades de uma boa separação são maiores quanto maior for a pureza enantiomérica da fase estacionária.

8.4 DETERMINAÇÃO DA PUREZA ENANTIOMÉRICA MEDIANTE A RESSONÂNCIA MAGNÉTICA NUCLEAR

a. *Preparação de diastereômeros*
Os espectros de RMN de enantiômeros são indistinguíveis; já os de diastereômeros são diferenciáveis.

A-(+) + A-(−)   enantiômeros

↓ B-(−)   reagente auxiliar quiral

A-(+)-B-(−) + A-(−)-B-(−)   diastereômeros

A integração da área dos sinais separados proporciona a relação entre os isômeros. Um exemplo desta metodologia é a análise de possíveis racematos de aminas, alcoóis, etc. por derivatização com o ácido (*R*)-2-fenil-2-metoxi-acético **35**[11] (Figura 8.8).

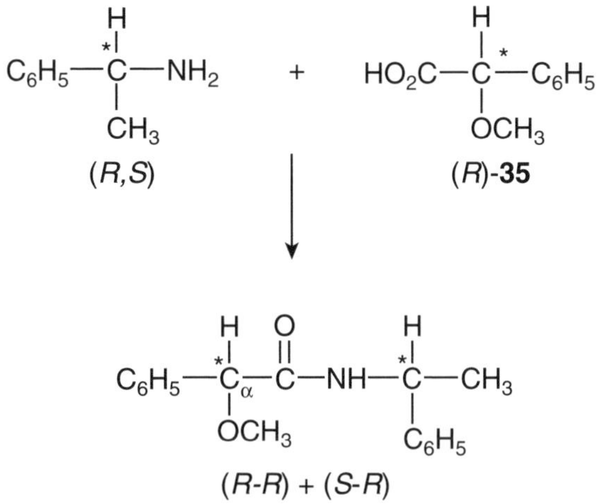

$$C_6H_5-\overset{H}{\underset{CH_3}{\overset{*}{C}}}-NH_2 \quad + \quad HO_2C-\overset{H}{\underset{OCH_3}{\overset{*}{C}}}-C_6H_5$$

$$(R,S) \qquad\qquad (R)\text{-}35$$

$$\downarrow$$

$$C_6H_5-\overset{H}{\underset{OCH_3}{\overset{*}{C_\alpha}}}-\overset{O}{\overset{\|}{C}}-NH-\overset{H}{\underset{C_6H_5}{\overset{*}{C}}}-CH_3$$

$$(R\text{-}R) + (S\text{-}R)$$

Figura 8.8

Os diastereômeros (*R-R*) e (*S-R*) mostram diferentes sinais em espectros de RMN de prótons ou de carbono-13. Assim, com o exemplo da Figura 8.8, nos espectros de ^{1}H RMN os sinais de *ca.* 4 ppm (prótons α) e a *ca.* 3,6 ppm (CH$_3$O-) aparecem como dois sinais simples cuja área pode ser medida com facilidade.

Nota que neste método a conversão enantiômeros → diastereômeros deve ser quantitativa para evitar o "enriquecimento" acidental de qualquer dos isômeros (resolução cinética). É realmente muito importante que o reagente auxiliar seja enantiomericamente puro (ee = 100%), pois, se não for assim, falseia-se a proporção dos sinais:

$$\begin{pmatrix} A_{(+)} \\ A_{(-)} \end{pmatrix} \xrightarrow{B_{(+)} \text{ e algo de } B_{(-)}} \begin{pmatrix} A_{(+)}-B_{(+)} \\ A_{(-)}-B_{(+)} \end{pmatrix}$$

$$\text{e algo de } \begin{pmatrix} A_{(+)}-B_{(-)} \\ A_{(-)}-B_{(-)} \end{pmatrix}$$

em que agora $A_{(+)} - B_{(+)}$ e $A_{(-)} - B_{(-)}$ (ou $A_{(-)} - B_{(+)}$ e $A_{(+)} - B_{(-)}$) são enantiômeros e, portanto, geram o mesmo espectro, de modo que a proporção real da mistura original é alterada.

b. *Uso de solventes quirais*

A solvatação de um soluto quiral por um solvente quiral dá lugar à formação de agregados diastereoméricos, cujos sinais em RMN geralmente são distintos (Figura 8.9).

$$A_R + \text{Solvente}_R \underset{}{\overset{K_R}{\rightleftharpoons}} A_R \cdot \text{Solvente}_R$$

$$A_S + \text{Solvente}_R \underset{}{\overset{K_R}{\rightleftharpoons}} A_S \cdot \text{Solvente}_R$$

(Agregados diastereoméricos)

Figura 8.9

Os espectros de RMN observados constituem uma média dos sinais devidos ao enantiômero livre e aos sinais devidos as formas diastereoméricas solvatadas. Outra razão para a dissimilitude dos sinais é que K_R é diferente de K_S.

Cabe assinalar aqui que embora não seja necessário que o solvente seja enantiomericamente puro, já que a intensidade dos sinais não varia, a diferença em deslocamentos químicos entre os enantiômeros ($\Delta\delta_{R/S}$) de fato se modifica, alcançando um valor máximo quando a pureza enantiomérica do solvente é 100% (Figura 8.10).

O carbinol **36** tem sido empregado por Pirkle et al.[12] para analisar misturas de aminas como **37**.

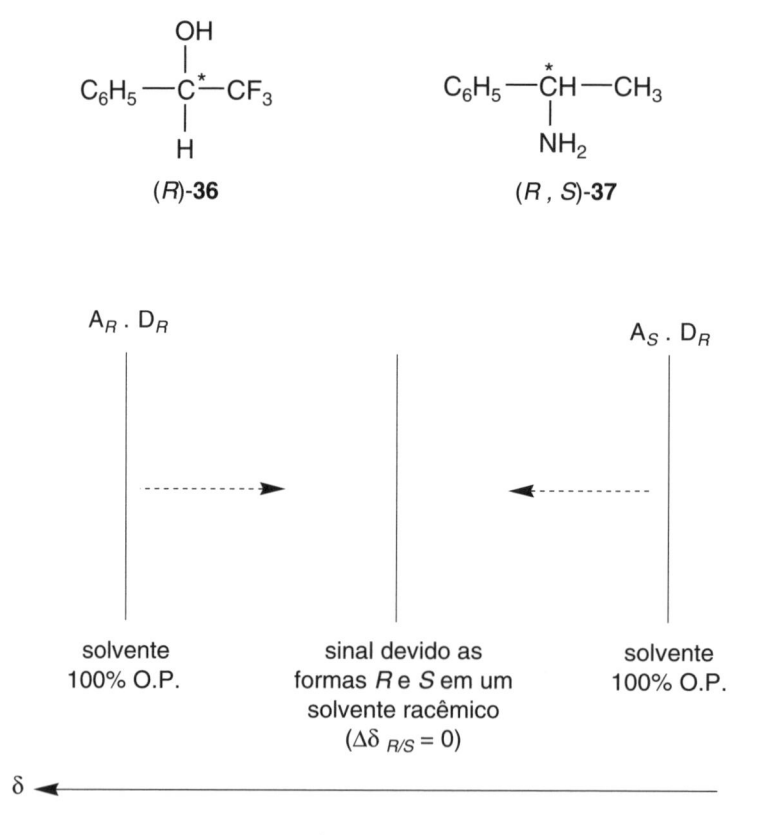

$$C_6H_5 - \overset{OH}{\underset{H}{\overset{|}{C^*}}} - CF_3 \qquad\qquad C_6H_5 - \overset{*}{\underset{NH_2}{\overset{|}{CH}}} - CH_3$$

(*R*)-**36**   (*R*, *S*)-**37**

$A_R \cdot D_R$ $A_S \cdot D_R$

solvente 100% O.P.   sinal devido as formas *R* e *S* em um solvente racêmico ($\Delta\delta_{R/S} = 0$)   solvente 100% O.P.

$\delta \longleftarrow$

Figura 8.10

Também a pureza óptica de β-lactonas substituídas (**38**) tem sido determinada mediante o uso do análogo 9-antranílico de **36**.[13]

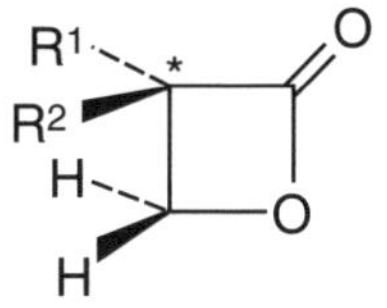

(R, S)-**38**

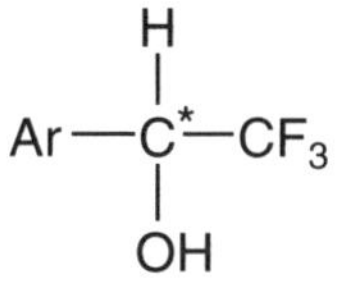

Ar = 9-antril
(S)-**39**

c. *Uso de reagentes de deslocamento químico quirais*

Os reagentes de deslocamento químico de európio e praseodímio (EuL_3, PrL_3) podem formar complexos débeis com moléculas contendo funcionalidades básicas, como nas cetonas, nos éteres, nos alcoóis, etc. Como resultado deste fenômeno, os sinais dos núcleos próximos ao ponto de coordenação são afetados em seu deslocamento químico, o que frequentemente permite a separação de grupos de sinais sobrepostos.[14]

Mais recentemente, Whitesides, Goering e Fraser[15,16] utilizaram reagentes de deslocamento *quirais* (EuL_3^*, por exemplo, **40**) para analisar misturas de material opticamente ativo:

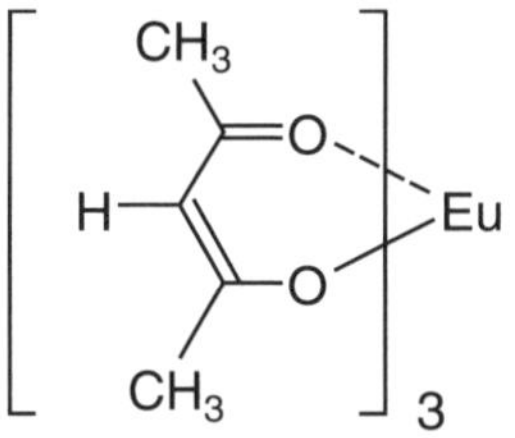

reagente de deslocamento
aquiral = EuL_3, em que L é o
grupo acetil-acetonato. $Eu(fod)_3$

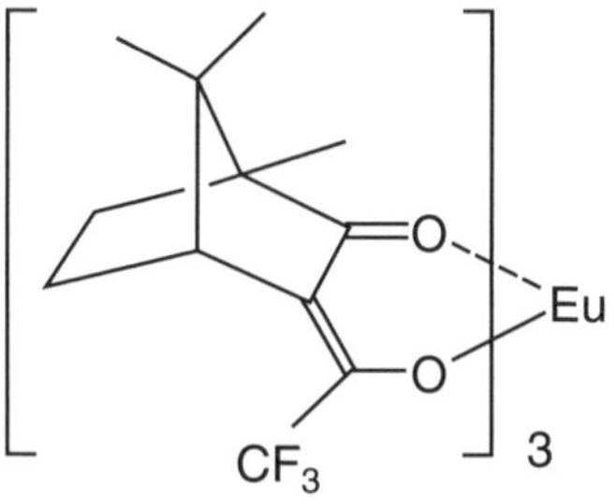

40, reagente de deslocamento
quiral = EuL_3^* em que L* é um
derivado do canfor. $Eu(hfc)_3$

Durante a solvatação com solventes quirais (Seção 8.4b), a formação de complexos entre o material quiral e EuL_3^* dá lugar a diferentes sinais para os enantiômeros (Figura 8.11).

$$A_R + Eu_S \xrightleftharpoons{K_R} A_R \cdot Eu_S$$

$$A_S + Eu_S \xrightleftharpoons{K_S} A_S \cdot Eu_S$$

(complexos diastereoméricos)

($K_R \neq K_S$)

Figura 8.11

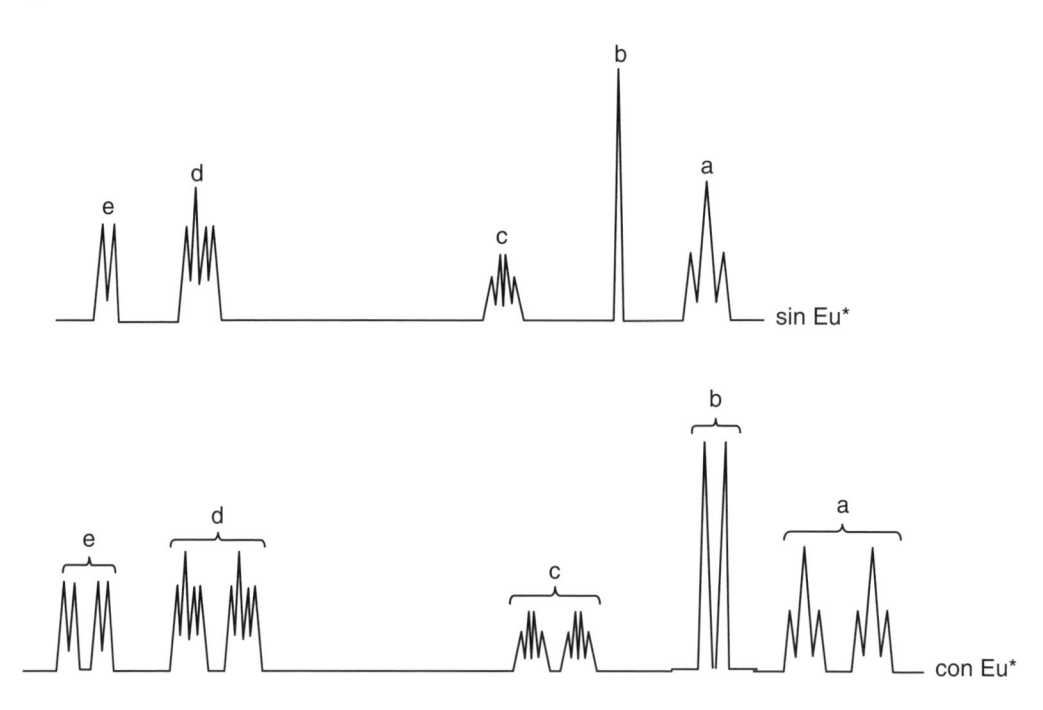

Assim, a adição do reagente de deslocamento quiral **40** à solução do racemato do álcool quiral **41** muda o espectro de (a) a (b) na Figura 8.12. Note que (b) mostra dois conjuntos de sinais devido à separação dos sinais dos enantiômeros por meio de sua complexação com o reagente de deslocamento (Figura 8.12).

a.

(≠)-41

b.

Figura 8.12

REFERÊNCIAS

1. Horeau, A. *Tetrahedron Lett.* **1969**, 3121. Horeau, A.; Guetté, J. P. *Tetrahedron* **1974**, *30*, 1923.
2. San Filippo, J.; Silbermann, J. *J. Am. Chem. Soc.* **1982**, *104*, 2831.
3. Willstätter, R. *Ber. Dtsch. Chem. Ges.* **1904**, *37*, 3758.
4. a) Blaschke, G. *Angew. Chem., Int. Ed. Engl.* **1980**, *19*, 13. b) Kagawa, M.; Machida, Y.; Nishi, H.; Haginaka, J. *Chromatographia*, **2005**, *62*, 239. c) Allemmark, S. G. *Chromatographic Enantioseparation: Methods and Applications*, 2a Edición, Ellis Horwood: New York, 1991.
5. Günther, K.; Schickedanz, M.; Martens, J. *Naturwissenschaften* **1985**, *72*, 149. Günther, K.; Martens, J.; Schickedanz, M. *Angew. Chem., Int. Ed. Engl.* **1984**, *23*, 506. Chiralplate®: Macherey-Nagel y Degussa A6, Düren.
6. (a) Frank, H.; Woiwode, W.; Nicholson, G.; Bayer, E. *Liebigs Ann. Chem.* **1981**, 354. (b) König, W. A.; Steinbach, E.; Ernst, K. *Angew. Chem.* **1984**, *96*, 516.
7. Existem várias companhias que oferecem colunas quirais para cromatografia de gases e/ou de líquidos: por exemplo, J. T. Baker, Regis, Alltech Associates e Daicel Chemical Industries.
8. (a) Pirkle, W. H.; Finn, J. M.; Hamper, B. C.; Schreiner, J. L.; Pribush, J. R. em *Asymmetric reductions and processes in chemistry*, Eliel, E. L. e Otsuka, S. eds., ACS Symposium Series No. 185, American Chemical Society: Washington, D.C., 1982. (b) Okamoto, Y. et al., *J. Am. Chem. Soc.* **1984**, *106*, 5357. (c) Facklam, Ch.; Pracejus, H.; Oehme, G.; Much, H. *J. Chromatogr.* **1983**, *257*, 118. (d) Lam, S.; Karmen, A. *J. Chromatogr.* **1984**, *289*, 339.
9. Weinstein, S.; Feibush, F.; Gil-Av, E. *J. Cromatogr.* **1976**, *126*, 97.
10. Pirkle, W. H.; Hyun, M. H. *J. Org. Chem.* **1984**, *49*, 3043.
11. a) Mislow, K.; Raban, M. *Topics Stereochem.* **1967**, *1*, 1. b) Veja também: Anaya de Parrodi, C.; Moreno, G. E.; Quintero-Cortés, L.; Juaristi, E. *Tetrahedron: Asymmetry*, **1998**, *9*, 2093.
12. a) Pirkle, W. H.; Muntz, R. L.; Paul, I. C. *J. Am. Chem. Soc.* **1971**, *93*, 2817. b) Veja também: Kobayashi, Y.; Hayashi, N.; Tan, C.-H.; Kishi, Y. *Org. Lett.* **2001**, *3*, 2245.
13. Leborgne, A.; Moreau, M.; Spassky, N. *Tetrahedron Lett.* **1983**, *24*, 1027.
14. a) Hinckey, C. C. *J. Am. Chem. Soc.* **1969**, *91*, 5160. b) Wenzel, T. J. *NMR Shift Reagents*, CRC: Boca Raton, 1987.
15. (a) Georing, H. L.; Eikenberry, J. N.; Koermer, G. S.; Lattimer, C. J. *J. Am. Chem. Soc.* **1974**, *96*, 1493. (b) Whitesides, G. M.; McCreary, M. D. *J. Am. Chem. Soc.* **1974**, *96*, 1038. (c) Fraser, R. R. *Asymmetric Synth.* **1983**, *1*, 173.
16. a) Whitesides, G. M.; Sweeting, L. M.; Crans, D. C. *J. Org. Chem.* **1987**, *52*, 2273. b) Parker, D. *Chem. Rev.* **1991**, *91*, 1441.

CAPÍTULO 9

RESOLUÇÃO DE RACEMATOS

9.1 INTRODUÇÃO

Antes de abordar a descrição e análise das sínteses assimétricas (Capítulo 10), é importante notar que todas elas requerem a participação de uma substância quiral, seja nos reagentes, no catalisador ou no solvente; do contrário, a síntese proporcionará um racemato dos produtos, que requer resolução.

Por resolução de um racemato se entende a separação dos dois enantiômeros opticamente puros (normalmente este processo resulta na recuperação *parcial* dos compostos). A seguir são descritos vários métodos de resolução, dos quais geralmente aqueles que procedem via conversão a diastereômeros (Seção 9.3), resolução por métodos bioquímicos (Seção 9.4) e por cromatografia quiral preparativa (Seção 9.5) são muito efetivos. O método de separação manual de cristais enantioméricos (Seção 9.2) é de interesse histórico.

9.2 RESOLUÇÃO MEDIANTE A SEPARAÇÃO MANUAL DE CRISTAIS ENANTIOMÉRICOS

Certas misturas racêmicas dão lugar a cristais macroscópicos das formas (+) e (−) que são visualmente distintos. Sob estas condições, é possível separá-los mecanicamente mediante uma espátula ou pinça, e efetuar assim sua resolução.

Efetivamente, a primeira resolução registrada foi a realizada por Louis Pasteur em 1845.[1] Pasteur preparou os sais de amônio-sódio do ácido tartárico racêmico, e induziu sua cristalização por evaporação parcial de uma solução aquosa. Ao observar que os cristais obtidos eram de dois tipos, Pasteur os separou conforme suas faces assimétricas. Ocorreu que todos os cristais de um grupo correspondem a um dos enantiômeros do ácido tartárico destrógiro, enquanto os cristais do segundo grupo continham o enantiômero levógiro (Figura 9.1).

Este método de separação manual não pode ser aplicado a compostos racêmicos nem a soluções sólidas de enantiômeros. Uma variante útil consiste na inoculação ou semeadura de uma solução saturada da mistura racêmica com um cristal de um dos enantiômeros:[2] o cristal cresce de modo que quantidades apreciáveis de uma das formas ativas podem ser separadas.

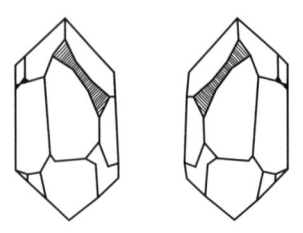

Cristais enantioméricos

Figura 9.1

Em algumas ocasiões, quando não há um cristal de qualquer um dos enantiômeros puros, um cristal de outra substância opticamente ativa pode servir como "semente". Por exemplo, o ácido (+)-tartárico cristaliza na presença de um cristal da (−)-asparagina, $H_2NCOCH_2CH(NH_2)CO_2H$.

9.3 RESOLUÇÃO MEDIANTE A CONVERSÃO A DIASTEREÔMEROS

Quando uma mistura de enantiômeros interage com um material opticamente ativo para dar um derivado, são obtidos dois derivados diastereoméricos. Por exemplo, na reação de um ácido racêmico (±)-A com uma base enantiomericamente pura (−)-B, o sal que se forma contém moléculas diastereoméricas (+)-A·(−)-B e (−)-A·(−)-B, que possuem propriedades diferentes e podem geralmente ser separadas com base em tal diferença de propriedades. Assim, a destilação,[3] a separação cromatográfica[4] e a cristalização fracionada (*vide infra*) são métodos eficientes para a separação dos diastereômeros obtidos.

Um bom agente quiral para resoluções deve cumprir vários requisitos. Primeiramente, deve reagir facilmente e em bom rendimento com a substância a ser resolvida, porém precisa ser facilmente separável de tal substância quando a resolução é completa, para que assim sejam isolados os enantiômeros puros. Esta condição normalmente é obtida na formação de *sais* diastereoméricos, que são produzidos rapidamente ao misturar o ácido com a base em algum solvente e que também são decompostos facilmente, depois da resolução, mediante uma troca no pH: por acidulação com um ácido mineral antes de separar o ácido orgânico quiral, ou por tratamento com uma base mineral antes de recuperar a base orgânica quiral.

A segunda condição neste método é que os produtos diastereoméricos sejam cristalinos, com uma diferença significativa na solubilidade entre (+)-A·(−)-B e (−)-A·(−)-B. Para satisfazer esta condição, o investigador normalmente prova várias combinações de agentes quirais auxiliares e solventes.

A terceira condição para o agente quiral auxiliar é que seja barato, ou que possa recuperar-se em bom rendimento depois da resolução.

a. *Resolução de ácidos racêmicos com aminas opticamente puras*
As aminas naturais (bases orgânicas quirais) como a brucina, a estricnina, a efedrina, a quinina e a morfina (Figura 9.2) são usadas frequentemente para resolver ácidos orgânicos opticamente ativos.[5,6]

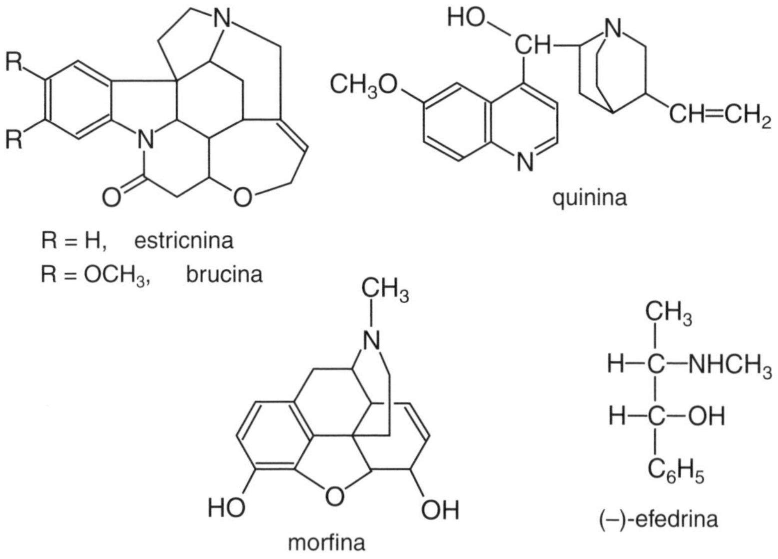

R = H, estricnina
R = OCH₃, brucina

quinina

morfina

(−)-efedrina

Figura 9.2

Um exemplo do uso da brucina é a resolução do (±)-2-octanol, que primeiramente se trata com anidrido ftálico para dar a mistura de ftalatos ácidos, que então formam os sais diastereoméricos com a brucina[7] (Figura 9.3).

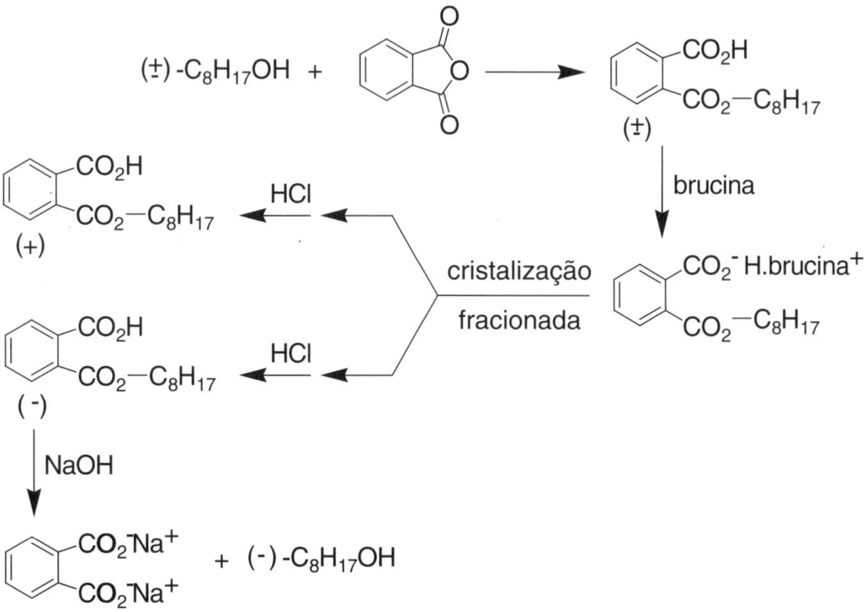

Figura 9.3

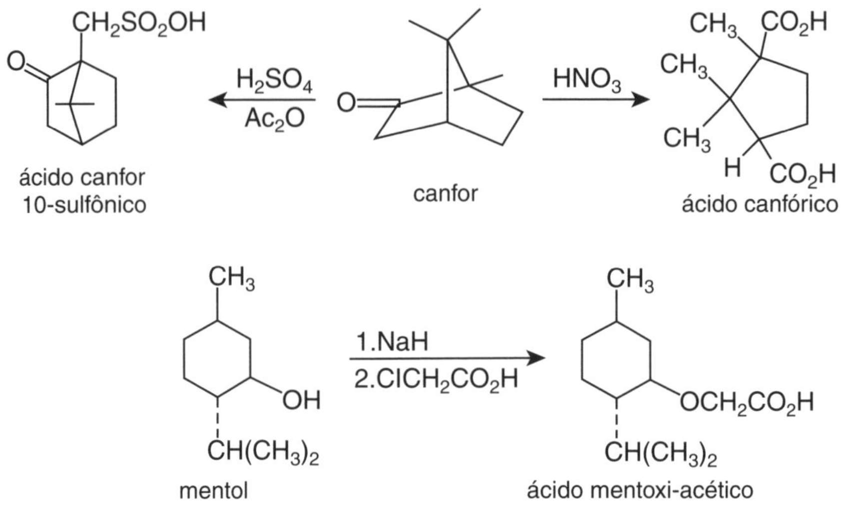

Figura 9.4

b. *Resolução de aminas racêmicas com ácidos quirais*

Os derivados do canfor, como o ácido 10-sulfônico e o ácido canfórico, o ácido mentoxiacético, as formas opticamente ativas do ácido tartárico, e o ácido málico, entre outros, têm sido empregados na resolução dos racematos de aminas quirais[5] (Figura 9.4).

Um exemplo recente é a resolução da imidazolidinona (±)-**42** com o ácido (S)-mandélico[8] (Figura 9.5).

Assim, um método muito simples para a resolução da α-feniletilamina empregando o ácido (+)-tartárico foi desenvolvido,[9] o que torna acessível esta importante amina, $C_6H_5CH(NH_2)CH_3$, na forma enantiomericamente pura.

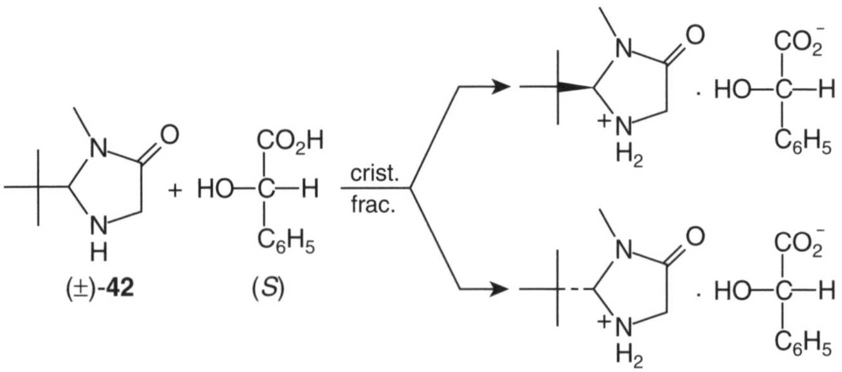

Figura 9.5

c. *Resolução de alcoóis racêmicos com ácidos quirais*
Um exemplo importante é a resolução dos binaftóis (±)-**43** com o ácido (−)-mentilacético[10] (Figura 9.6). Os dióis **43** são empregados com muito êxito em sínteses assimétricas e como moléculas anfitriãs em éteres coroa (*vide infra*).

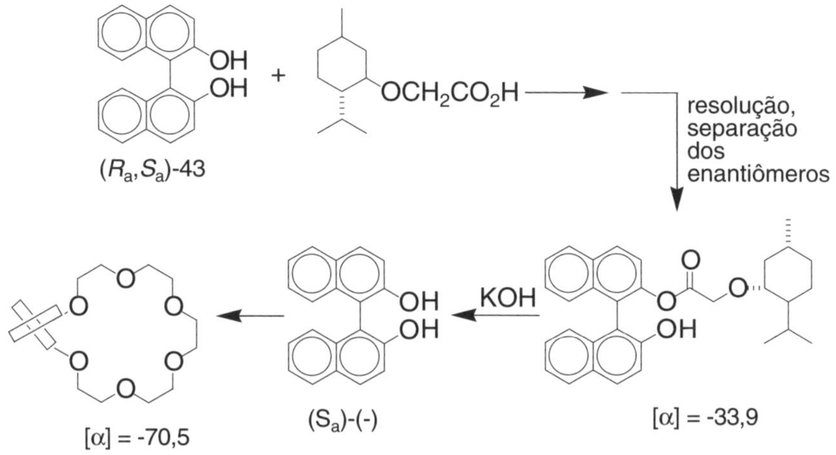

Figura 9.6

d. *Resolução de cetonas racêmicas*
As cetonas (±)-**44** se converteram nos dioxolanos diastereoméricos **45**, que foram separados em uma coluna cromatográfica, e hidrolisados para regenerar os enantiômeros puros[11] (Figura 9.7).

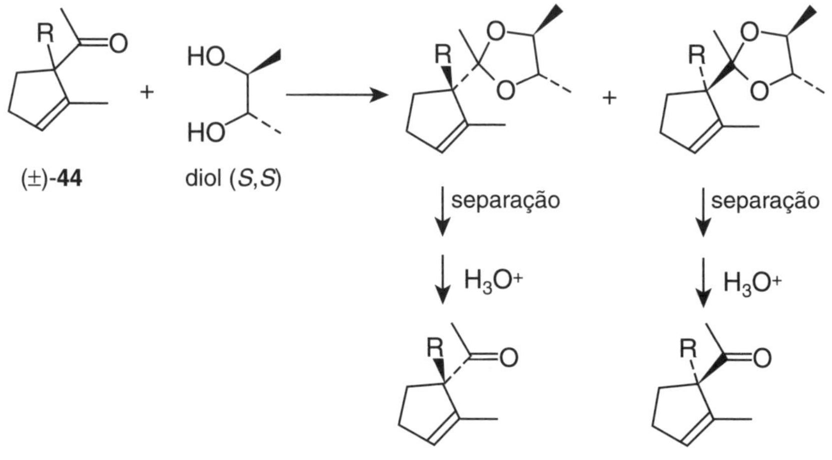

Figura 9.7

9.4 RESOLUÇÃO ENZIMÁTICA

Nesta seção é abordada a resolução de compostos opticamente ativos mediante a participação de micro-organismos vivos ou por meio dos sistemas catalíticos isolados de tais organismos: as enzimas.

As vantagens do uso dos micro-organismos em química orgânica foram condensadas por D. Perlman como segue:[12]

1. O micro-organismo   está sempre certo.
                                           é seu amigo.
                                           é um colaborador sensível.
2. Não existem micro-organismos estúpidos.
3. Micro-organismos   podem   fazer qualquer coisa.
                                farão
                                mais espertos
4. Micro-organismos são   mais energéticos   que os químicos.
                                    sábios
5. Se você tomar cuidado dos seus amigos micro-organismos, eles irão cuidar do seu futuro (e você será feliz para sempre).

As características úteis das enzimas também têm sido analisadas por Hanson, Rose[13a] e por Whitesides.[13b] Estes métodos bioquímicos foram descobertos por Pasteur[14] ao observar que quando um racemato do ácido tartárico é fermentado por micro-organismos *Penicillium glaucum*, só a forma destrógira é metabolizada, recuperando-se o ácido (−)-tartárico opticamente puro (Figura 9.8).

Este é um exemplo de destruição assimétrica, de modo que um dos enantiômeros se perde durante o processo de resolução. Por outro lado, Greenstein e colaboradores desenvolveram métodos de resolução enzimática de aminoácidos em que ambos os enantiômeros são aproveitados depois da resolução. Por exemplo,[15] quando a mistura racêmica dos derivados acetilados da

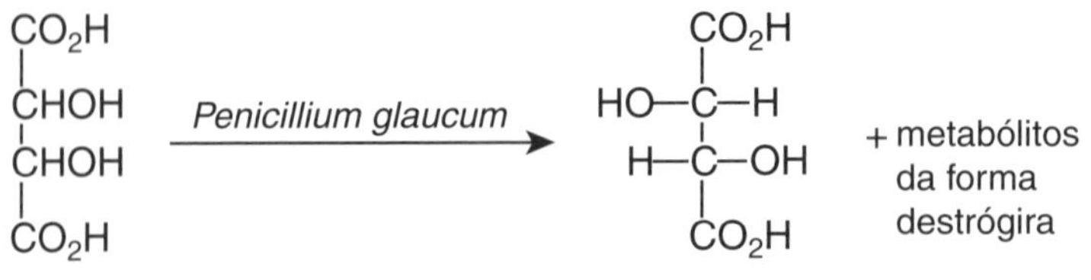

$$\begin{array}{c} CO_2H \\ | \\ CHOH \\ | \\ CHOH \\ | \\ CO_2H \end{array} \xrightarrow{Penicillium\ glaucum} \begin{array}{c} CO_2H \\ | \\ HO-C-H \\ | \\ H-C-OH \\ | \\ CO_2H \end{array} + \text{metabólitos da forma destrógira}$$

(±)   (−)

Figura 9.8

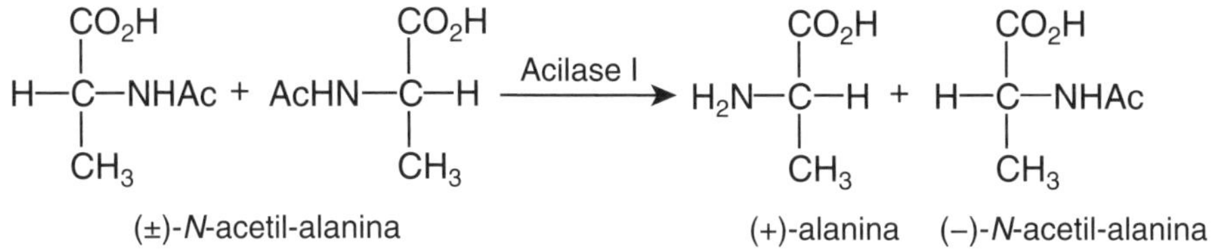

$$\begin{array}{c} CO_2H \\ | \\ H-C-NHAc \\ | \\ CH_3 \end{array} + \begin{array}{c} CO_2H \\ | \\ AcHN-C-H \\ | \\ CH_3 \end{array} \xrightarrow{\text{Acilase I}} \begin{array}{c} CO_2H \\ | \\ H_2N-C-H \\ | \\ CH_3 \end{array} + \begin{array}{c} CO_2H \\ | \\ H-C-NHAc \\ | \\ CH_3 \end{array}$$

(±)-*N*-acetil-alanina   (+)-alanina   (−)-*N*-acetil-alanina

Figura 9.9

(±)-alanina é tratada com a acilase de rins de porco (acilase I), deixando que a reação proceda até que 50% dos grupos acetamido tenham sido hidrolisados, então resulta que o aminoácido acetilado residual é o isômero não natural *D*, enquanto simultaneamente é isolado o aminoácido natural ou *L* hidrolisado (Figura 9.9). Desta maneira, o derivado acetilado é extraído com acetato de etila (para ser posteriormente hidrolisado quimicamente), enquanto o aminoácido livre se recupera mediante a técnica de troca iônica.

Este é um exemplo de *resolução cinética* bioquímica; o primeiro exemplo de resolução cinética química envolveu a descarboxilação parcial do (±)-α-carboxi-canfor na presença do catalisador básico quiral quinina (Figura 9.10).[16] Neste caso, tanto o canfor obtido como o ácido recuperado são opticamente ativos, visto que aquele ainda conserva dois dos três centros de assimetria originais.

Recentemente, Sharpless descreveu um método de resolução cinética de alcoóis alílicos, que envolve a preparação simultânea de intermediários epóxidos opticamente ativos.[17] O racemato dos alcoóis alílicos é tratado com meio equivalente de hidroperóxido de *t*-butilo na presença de tetraisopropóxido de titânio e *D*- ou *L*-tartarato de etila; a grande diferença nas velocidades de reação de um enantiômero sobre o outro faz com que um seja consumido, enquanto o outro permanece inalterado. O enantiômero que é destruído depende do tartarato utilizado, *D*-(−) ou *L*-(+). Por exemplo, ao usar o *L*-(+)-tartarato de dietila com ciclohexilvinilcarbinol racêmico, se recupera o isômero *S* opticamente puro, enquanto o isômero *R* se converte no *eritro*-epoxiálcool, também de alta pureza enantiomérica[17] (Figura 9.11).

Nota: deixar que a reação proceda só até 50% resulta na oxidação exclusiva do enantiômero.

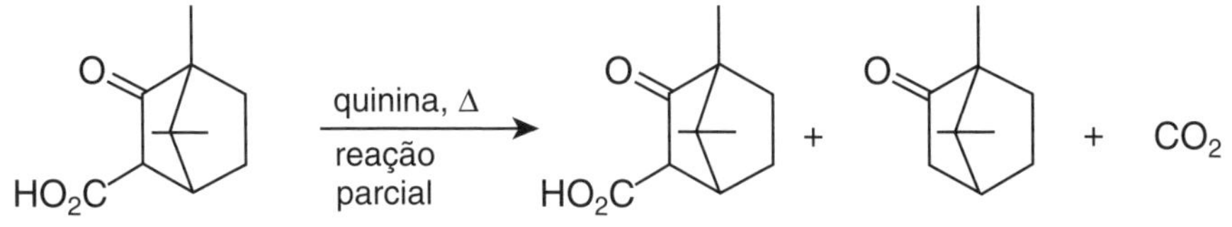

Figura 9.10

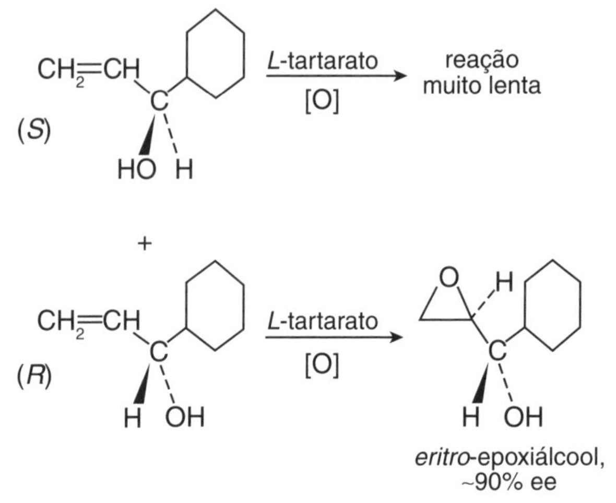

Figura 9.11

[Figura 9.11: Reação de epoxidação com L-tartarato]

(S) CH₂=CH—C(OH)(H)—ciclohexil + L-tartarato [O] → reação muito lenta

(R) CH₂=CH—C(H)(OH)—ciclohexil + L-tartarato [O] → eritro-epoxiálcool, ~90% ee

A resolução de muitos aminoácidos também é possível com a enzima papaína, no meio bifásico etanol-água[18] (Figura 9.12).

Como se observa na Figura 9.12, somente o aminoácido *L* é esterificado, de modo que o *D*-aminoácido se recupera facilmente depois da extração de *L*-Z-AA-OEt com clorofórmio.[18] A resolução enzimática da (*D,L*)-acetil-carnitina com acetilcolina esterase também foi descrita[19] (Figura 9.13).

Outro exemplo interessante é a redução via *Glomerella cingulata* do grupo carboxílico no ácido láctico, o que permite sua resolução.[19] Também de interesse neste método é a disponibilidade de 1,2-propanodióis opticamente ativos (Figura 9.14).

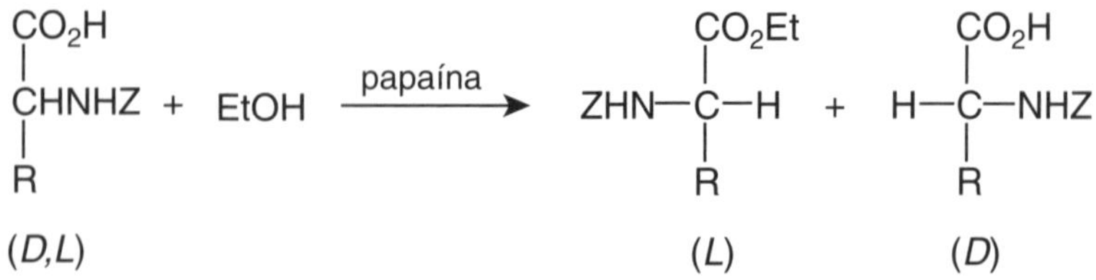

$$\underset{(D,L)}{\underset{|}{\overset{|}{\text{CHNHZ}}} \atop \underset{R}{\overset{CO_2H}{|}}} + \text{EtOH} \xrightarrow{\text{papaína}} \underset{(L)}{\text{ZHN}-\underset{R}{\overset{CO_2Et}{\underset{|}{\overset{|}{\text{C}}}}}-\text{H}} + \underset{(D)}{\text{H}-\underset{R}{\overset{CO_2H}{\underset{|}{\overset{|}{\text{C}}}}}-\text{NHZ}}$$

Figura 9.12

[Figura 9.13: Me₃N⁺—CH(OAc)—CH₂—CO₂⁻ (D,L) → acetilcolina esterase → Me₃N⁺—CH(OH)—CH₂—CO₂⁻ (L-carnitina) + D-acetil-carnitina]

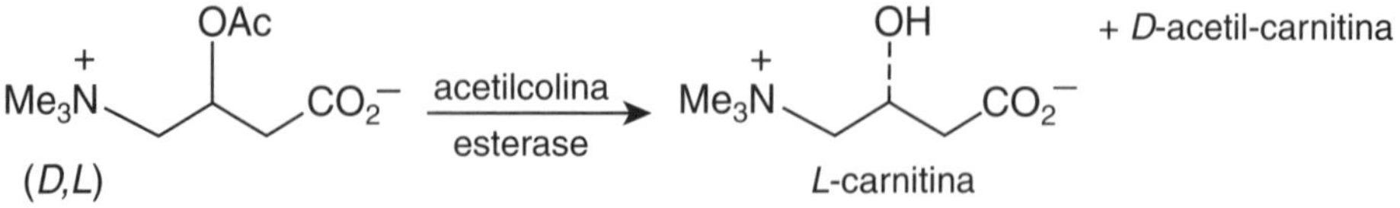

Figura 9.13

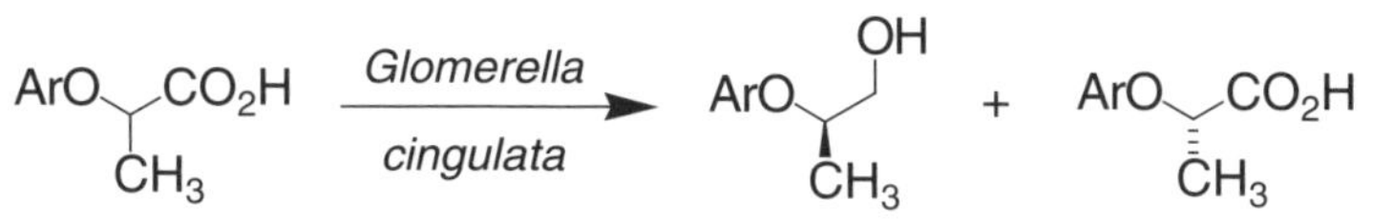

Figura 9.14

Em 1971, C. T. Goodhue e J. R. Schaeffer descobriram a hidroxilação seletiva da metila pro-*S* no ácido isobutírico,[20] obtendo assim o ácido (*S*)-3-hidroxi-2-metil-propiônico (Figura 9.15a). Alguns anos mais tarde, H. Ohta e H. Tetsukawa obtiveram o enantiômero *R*,[21] desta vez mediante a oxidação seletiva do 2-metil-1,3-propano-diol com *Gluconobacter roseus* (Figura 9.15b).

A resolução microbiológica de vários alcoóis racêmicos é possível mediante a hidrólise enantiosseletiva dos ésteres ou amidas derivadas.[22] Um exemplo é apresentado na Figura 9.16.

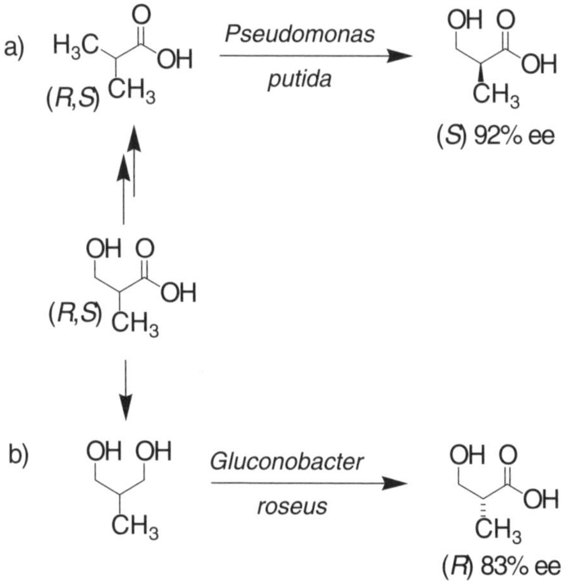

Figura 9.15

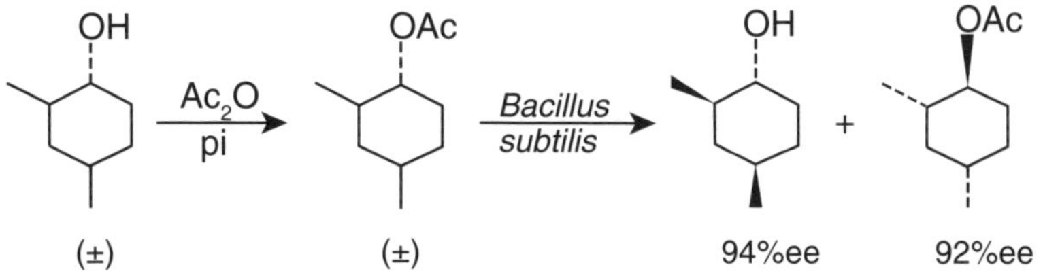

Figura 9.16

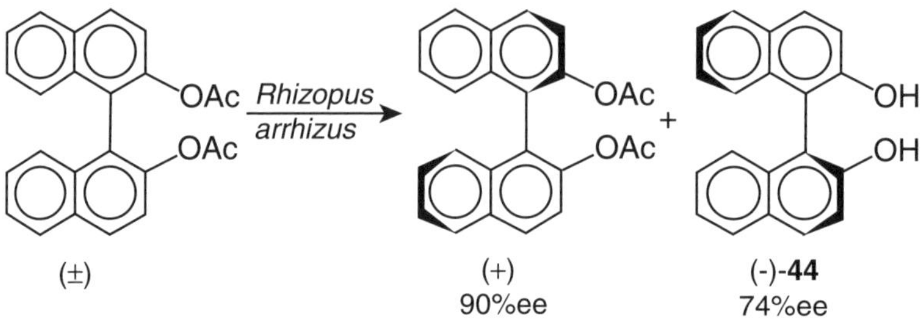

Figura 9.17

Um exemplo muito importante é a resolução do binaftol **44** (2,2'-dihidroxi-1,1'-binaftila), que é um valioso agente auxiliar quiral (*vide infra*) (Figura 9.17).

O último exemplo incluído nesta seção é a interessante e útil resolução de lactonas racêmicas via hidrólise com as enzimas PPL (*pig pancreatic lipase*), HLE (*horse liver esterase*) ou PLE (*pig liver esterase*). O uso destas enzimas comerciais permite o isolamento de ambas as formas enantioméricas de lactonas γ, δ ou ε[24] (Figura 9.18).

9.5 RESOLUÇÃO CROMATOGRÁFICA

É oportuno mencionar que as chamadas "colunas de resolução" consistem de enzimas unidas de forma covalente a polímeros insolúveis em água, ainda que razoavelmente hidrofílicos (p. ex., dextran, poliacrilamidas, etc.). A Figura 9.19 mostra duas sequências utilizadas para a fixação das enzimas ao suporte estacionário.

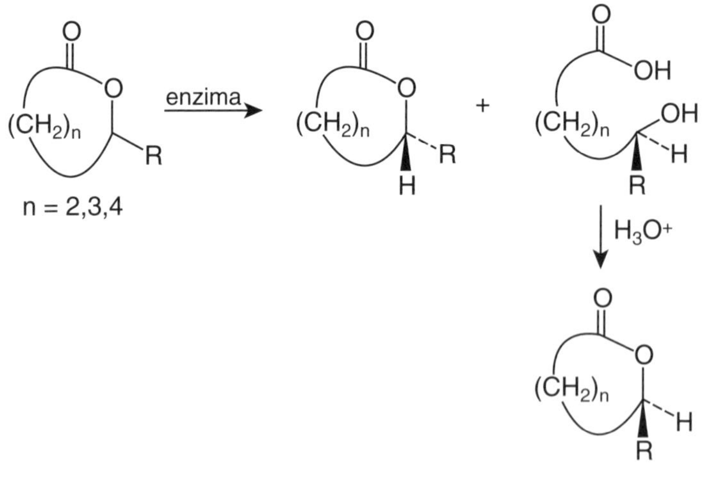

Figura 9.18

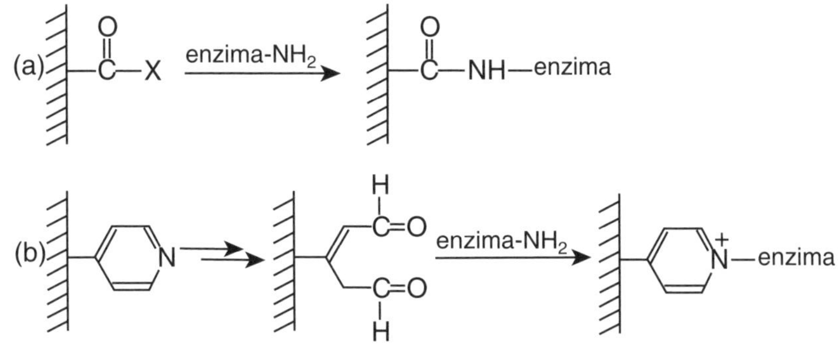

Figura 9.19

Por outro lado, várias fases estacionárias quirais têm tido êxito na resolução preparativa de pares enantioméricos, como a α-metil-dopa, o 5-hidroxi-triptofano, a triiodotiroxina, etc. Por exemplo, complexos de cobre-prolina[25] e de L-valina-(S)-α-feniletilamida[26] têm sido utilizados na resolução de aminoácidos e carboidratos, respectivamente.

REFERÊNCIAS

1. Pasteur, L. *Ann. Chim. Phys.* **1848**, *24*, 442.
2. a) Zaugg, H. E. *J. Am. Chem. Soc.* **1955**, *77*, 2910. b) Para um exemplo recente, veja: Palacios, S. M.; Palacio, M. A. *Tetrahedron: Asymmetry* **2007**, *18*, 1170.
3. Bailey, M. E.; Hass, H. B. *J. Am. Chem. Soc.* **1941**, *63*, 1969.
4. Jamison, M. M.; Turner, E. E. *J. Chem. Soc.* **1942**, 611.
5. Eliel, E. L. *Stereochemistry of Carbon Compounds*, McGraw-Hill: New York, 1962; 49.
    b) Eliel, E.; Wilen, S. H. *Stereochemisty of Organic Compounds*; John Wiley & Sons: New York, 1994; 322. c) Juaristi, E. "*Introduction to Stereochemistry and Conformational Analysis*", Wiley: New York, 1991 & 2000; 146.
6. Wynberg, H. *Topics Stereochem.* **1986**, *16*, 87.
7. (a) Ingersoll, A. W. em *Organic reactions*, vol. 2, Wiley, New York, 1944, capítulo 9. (b) Ver também: Reyes, A.; Juaristi, E. *Synth. Commun.* **1995**, *25*, 1053.
8. (a) Fitzi, R.; Seebach, D. *Angew. Chem., Int. Ed. Engl.* **1986**, *25*, 345. (b) Seebach, D.; Juaristi, E.; Miller, D. D.; Schickli, Ch.; Weber, Th. *Helv. Chim. Acta* **1987**, *70*, 237.
9. Helferich, B.; Portz, W. *Chem. Ber.* **1953**, *86*, 1034.
10. Cram, D. J. et al., *J. Am. Chem. Soc.* **1973**, *95*, 2691, 2692.
11. Sadler, D. E.; Wendler, J.; Olbrich, G.; Schaffner. K. *J. Am. Chem. Soc.* **1984**, *106*, 2064.
12. Perlman, D. *Developm. Indust. Microb.* **1980**, *21*, XV.
13. (a) Hanson, K. R.; Rose, I. A. *Acc. Chem. Res.* **1975**, *8*, 1. (b) Whitesides, G. M.; Wong, C. H. *Angew. Chem., Int. Ed. Engl.* **1985**, *24*, 617. c) Para um exemplo recente, veja: Schoevaart, R; Van Vliet, M. *Pharma Chem* **2009**, *8*, 10.
14. Pasteur, L. *Compt. Rend.* **1858**, *46*, 615.
15. a) Price, V. E.; Greenstein, J. P. *J. Biol. Chem.* **1948**, *175*, 969. b) Para um exemplo recente, veja: Forro, E.; Fulop, F. *Chem. Eur. J.* **2007**, *13*, 6397.
16. Bredig, G.; Fajans, K. *Ber.* **1908**, *41*, 752.
17. a) Sharpless, K. B.; Rossiter, B. E.; Katsuki, T. *J. Am. Chem. Soc.* **1981**, *103*, 464. b) Carlier, P. R.; Mungall, W. S.; Schroeder, G.; Sharpless, K. B. *J. Am. Chem. Soc.* **1988**, *110*, 2978. c) Finn, M. G.; Sharpless, K. B. em *Asymmetric Synthesis*, Vol. 5, Morrison, J. D., ed., Academic Press: New York, 1985; Chapter 8. d) Carlier, P. R.; Sharpless, K. B. *J. Org. Chem.* **1989**, *54*, 4016.

17. Moriniere, J. L.; Danree, B.; Lemoine, J.; Guy, A. *Synth. Commun.* **1988**, *18*, 441.
18. Tsuda, Y.; Kawai, K.; Nakajima, S. *Agric. Biol. Chem.* **1984**, *48*, 1373.
19. Goodhue, C. T.; Schaeffer, J. R. *Biotechnol. Bioeng.* **1971**, *13*, 203.
20. Ohta, H.; Tetsukawa, H. *Chem. Lett.* **1979**, 1379.
21. Oritani, T.; Kudo, S.; Yamashita, K. *Agric. Biol. Chem.* **1982**, *46*, 757.
22. Wu, S. H.; Zhang, L. Q.; Chen, C. S.; Girdaukas, G.; Sih, C. J.*Tetrahedron Lett.* **1985**, *26*, 4323.
23. Blanco, L. ; Guibé-Jampel, E. ; Rousseau, G. *Tetrahedron Lett.* **1988**, *29*, 1915.
24. Oelrich, E.; Preusch, H.; Wilhelm, E. *Journal of HRC and CC* **1980**, *3*, 269.
25. Bretting, H. et al., *Angew. Chem., Int. Ed. Engl.* **1981**, *20*, 693.

CAPÍTULO 10
SÍNTESES ASSIMÉTRICAS VIA UM CATALISADOR QUIRAL

10.1 INTRODUÇÃO

Neste capítulo são apresentados e discutidos os diversos métodos de síntese assimétrica que têm sido desenvolvidos desde que E. Fischer, W. Marckwald e A. McKenzie descobriram os primeiros exemplos, por volta de 1900. É interessante notar que quando o livro clássico *Asymmetric Organic Reactions*, de J. D. Morrison e H. S. Mosher foi publicado em 1971,[1] um só exemplo de utilidade prática havia sido descrito: a hidroboração-oxidação do *cis*-2-buteno com tetrapinanil-diborana (Seção 7.2); os demais exemplos – centenas deles – procediam quase todos com excessos enantioméricos menores que 40-50%.

Nos últimos 30 anos, sem dúvida, surgiram centenas de métodos que originam os produtos quirais com um excesso enantiomérico (ee) na faixa de $\geq 90\%$ e. O objetivo dos próximos capítulos é comentar alguns desses métodos. Especificamente, os Capítulos 11 a 13 referem-se aos métodos "clássicos" de sínteses assimétricas, ou seja, aqueles nos quais um agente auxiliar quiral combina-se com o reagente para dar faces ou ligantes diastereotópicos. A substituição estereosseletiva de um dos ligantes, ou a adição estereosseletiva a uma das faces, conduz, depois da remoção do agente auxiliar, aos produtos quirais.

Sob a categoria de métodos clássicos (Capítulos 11-13) são incluídos também aqueles nos quais dois reagentes pró-quirais combinam-se para gerar compostos quirais racêmicos, ainda que em um processo de alta diastereosseletividade.

O presente capítulo dedica-se à catálise assimétrica, que em muitos casos conduz a excessos enantioméricos muito altos (> 90% ee), tendo a vantagem de que o balanço produto/agente auxiliar é muito bom, ou seja, cada molécula do catalisador quiral produz centenas ou milhares de moléculas quirais.

10.2 HIDROGENAÇÃO CATALÍTICA ASSIMÉTRICA

Há apenas 30 anos, quando a indústria química requeria a preparação de quantidades relativamente grandes de uma substância enantiomericamente pura, recorria-se ao uso de rotas bioquímicas (micro-organismos ou enzimas), pois a única alternativa era a resolução química que, ao envolver recristalizações fracionadas ou procedimentos de reciclagem, em geral resultava em custos elevados.

A fim de substituir os micro-organismos, são necessários catalisadores que atuem sobre reações nas quais é gerado um centro de quiralidade, e que dirijam tal reação de modo que predomine um dos isômeros estereoquímicos. Dois trabalhos desenvolvidos durante o período 1965-1970 permitiram o desenho de catalisadores com tais características:

1. A preparação do cloro-tris(trifenilfosfina)ródio **45** pelo grupo de G. Wilkinson,[2] e o descobrimento de suas estupendas qualidades como catalisador solúvel na hidrogenação *cis-endo* de olefinas (Equação 10.1).

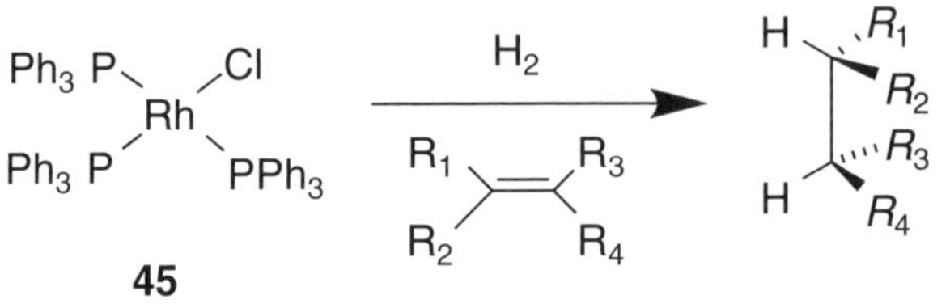

Equação 10.1

2. O desenvolvimento de rotas para a preparação de fosfinas opticamente puras, como a ciclohexil-*o*-anisil-metil-fosfina (CAMP, **46**) descrita por Mislow et al.,[3] e a difenil-*o*-anisil-metil-fosfina (DiPAMP, **47**) descrita por Knowles et al.[4] (Figura 10.1).

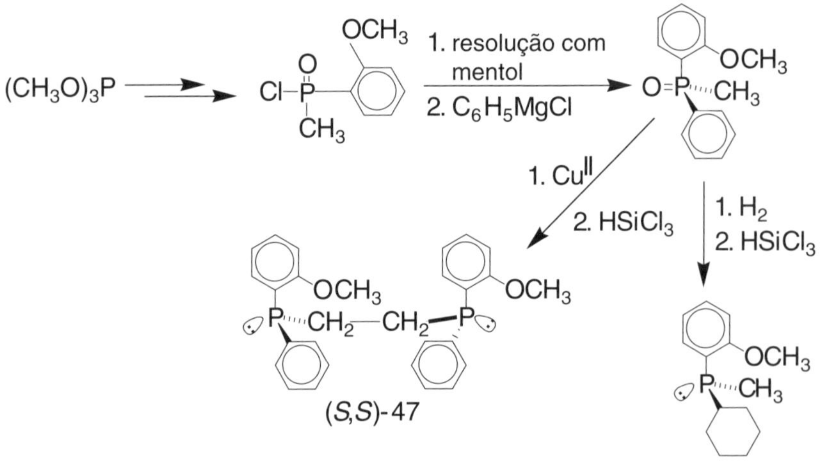

Figura 10.1

Com estes antecedentes, a estratégia seguinte foi substituir a trifenilfosfina no catalisador de Wilkinson por uma fosfina assimétrica, para hidrogenar olefinas pró-quirais (com faces enantiotópicas) (Equação 10.2).

$$R^1CH{=}CR^2R^3 \xrightarrow[ClRhL_3^*]{H_2} R^1CH_2{-}\overset{*}{C}HR^2R^3$$

Equação 10.2

Felizmente, constatou-se que as enamidas são substratos muito bons para estas hidrogenações, que conduzem então à formação dos aminoácidos quirais (Equação 10.3).

$$\underset{NHAc}{RCH{=}C{-}CO_2H} \xrightarrow[ClRhL_3^*]{H_2} \underset{NH_2}{RCH_2{-}\overset{*}{C}H{-}CO_2H}$$

Equação 10.3

Efetivamente, no início dos anos 1970 já estava generalizado o uso da *L*-dopa no tratamento do mal de Parkinson, sendo necessárias grandes quantidades deste aminoácido não natural. A companhia Monsanto decidiu explorar a possibilidade de desenvolver um método de síntese da *L*-dopa, empregando um derivado quiral do catalisador de Wilkinson.

10.3 PRODUÇÃO INDUSTRIAL DA *L*-DOPA[5,6]

A etapa crucial na síntese da *L*-dopa consiste na hidrogenação da enamida pró-quiral **48** para produzir enantiosseletivamente o derivado **49** da fenilalanina (Figura 10.2).

A primeira fosfina quiral empregada foi a metilpropil-fenilfosfina, conseguindo-se uma indução assimétrica de somente 28% ee. Sem dúvida, com a incorporação de um grupo *o*-metoxi-fenil (*o*-anisil) como em PAMP (Figura 10.3) alcançaram-se purezas enantioméricas na faixa de 50-60%. Então, a substituição da fenila por um grupo ciclohexila (PAMP → CAMP) proporcionou o produto desejado com 80-88% ee. Finalmente, a dimerização PAMP→DiPAMP deu a melhor estrutura (Figura 10.3) que já permite a preparação industrial da *L*-dopa, com uma eficiência comparável à observada com enzimas.

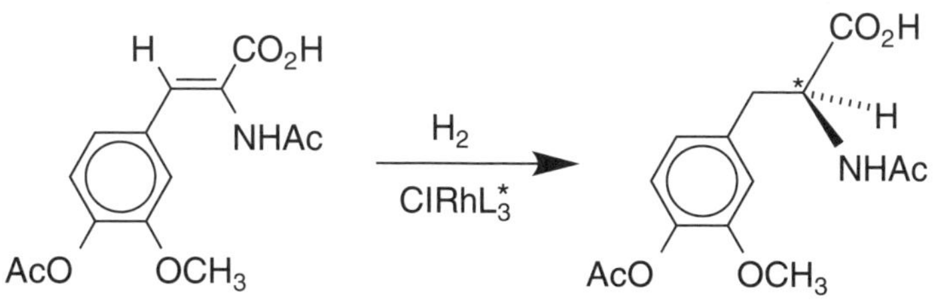

Figura 10.2

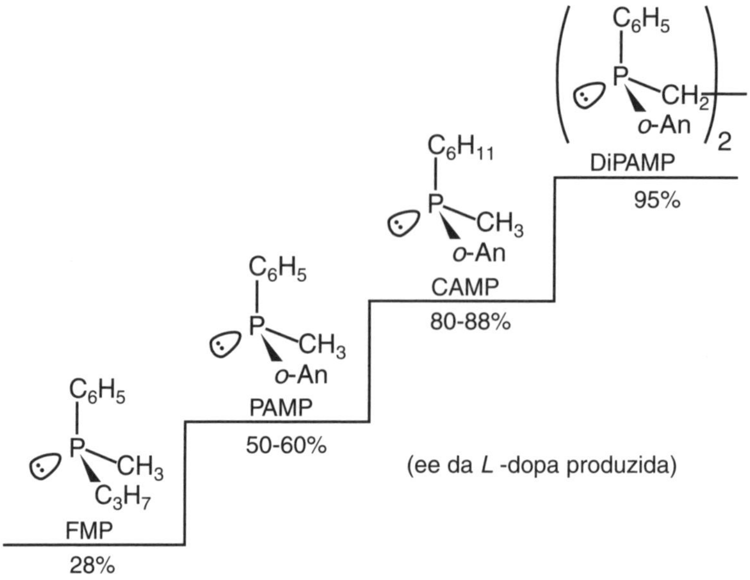

Figura 10.3

Em um exemplo relacionado, a hidrogenação da enamida **50** procede com 92% de enantiosseletividade (Equação 10.4).

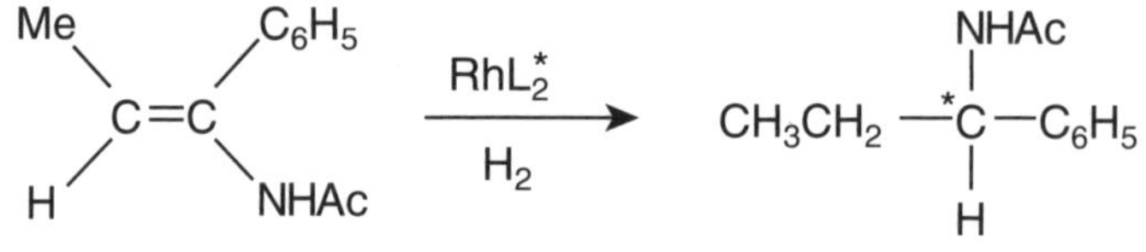

Equação 10.4

Em que L* é o derivado do ácido tartárico.

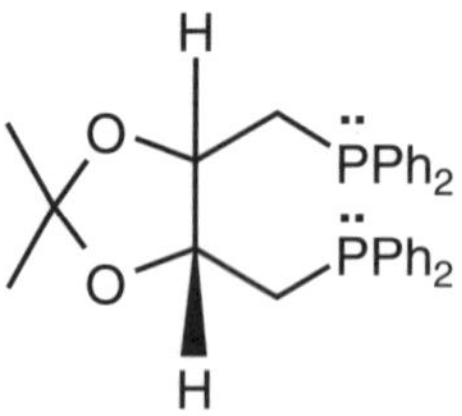

10.4 MECANISMO DA REAÇÃO DE KNOWLES

É óbvio que nesta hidrogenação catalisada pelo derivado de ródio, os ligantes quirais criam um ambiente assimétrico que conduz à adição estereosseletiva de hidrogênio à face enantiotópica posterior da ligação C=C em **48** para formar **49**. Existem vários estudos detalhados do mecanismo desta reação,[7,8] de modo que a hidrogenação assimétrica é agora uma das reações catalíticas mais bem compreendidas.

O mecanismo proposto por Halpern é apresentado na Figura 10.4. Os intermediários **51**, **52** e **54** foram caracterizados por RMN, e o aduto **52** por cristalografia de raios X.

Como mostra a Figura 10.4, o substrato enamida se coordena ao átomo de ródio por meio da ligação C=C e também por meio do átomo de oxigênio do grupo amida. A formação do aduto **52** é rápida, de modo que a adição oxidativa de H_2 (**52** → **53**) é a etapa determinante do ciclo catalítico.

Quando a difosfina unida ao ródio é quiral, então a Figura 10.4 deve ampliar-se para incorporar duas formas diastereoméricas para cada aduto **52**, **53** e **54**. Ainda que o primeiro passo no ciclo (**51** → **52**) seja reversível, as três etapas seguintes são irreversíveis, de modo que a adição oxidativa de H_2 é o passo que determina a enantiosseletividade da reação. Trabalhando a temperaturas baixas de reação, e com DiPAMP como o ligante quiral, Halpern conseguiu observar espectroscopicamente ambas as rotas diastereoméricas, e seus respectivos produtos enantioméricos,[7c] chegando à surpreendente conclusão de que a enantiosseletividade neste sis-

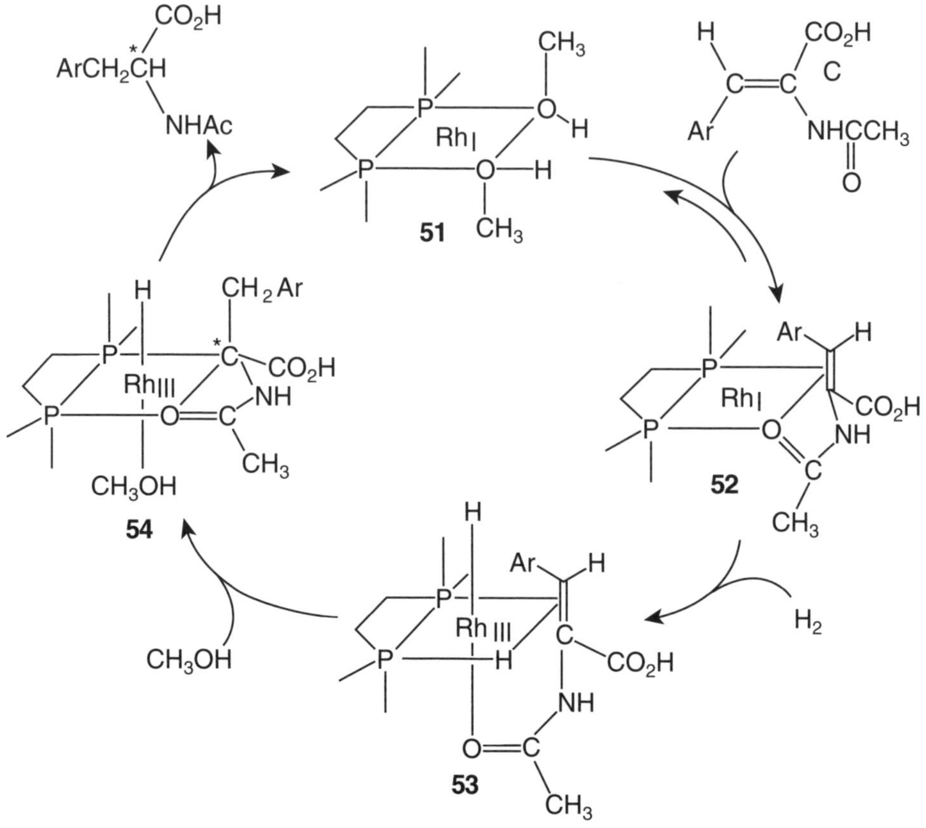

Figura 10.4

tema se origina da maior velocidade de incorporação de H_2 ao diastereômero **52** minoritário, apesar da maior contribuição termodinâmica de seu isômero mais estável, **52'**, no equilíbrio **51** $\rightleftharpoons$ **52 + 52'** (Figura 10.5).

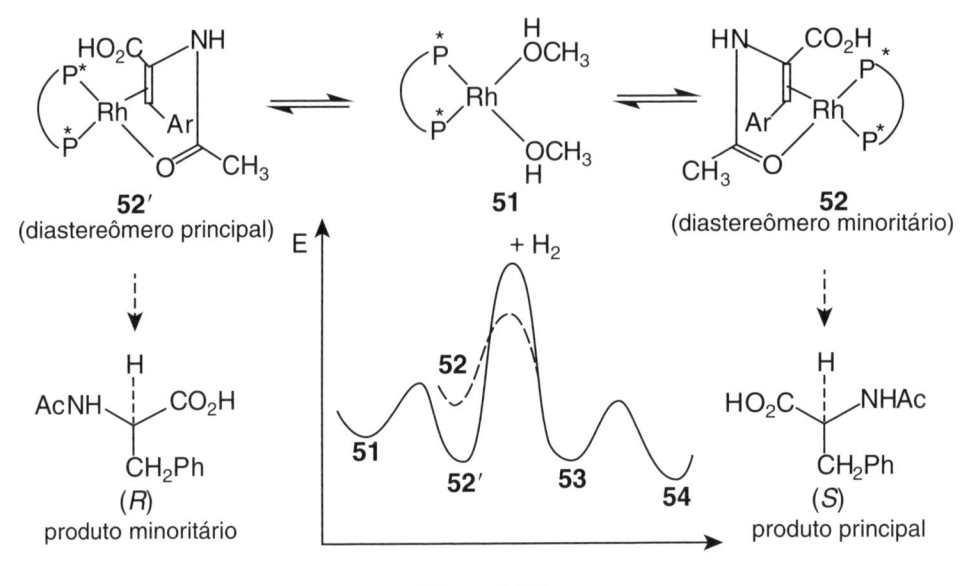

Figura 10.5

Assim, a quiralidade obtida não é determinada pela estabilidade relativa dos complexos que se formam inicialmente, mas sim, pela velocidade relativa na adição de hidrogênio aos complexos diastereoméricos **52** e **52'**.

10.5 SÍNTESE DO FÁRMACO TRIMOPROSTIL VIA CATÁLISE HOMOGÊNEA

Esta é outra aplicação muito interessante de um catalisador quiral de ródio, e se deve ao trabalho de Otsuka et al.,[9] os quais encontraram que vários complexos metálicos de ródio isomerizam com eficiência os substratos alílicos para gerar as olefinas terminais em alto rendimento (Equação 10.5). Parece que o metal facilita o deslocamento [1,3] do hidrogênio.[10]

Equação 10.5

De forma semelhante ao desenvolvimento do catalisador de Knowles (Seção 10.3), foram provados vários ligantes quirais até que se descobriu que a difosfina 2,2'-*bis*(difenilfosfino)-1,1'-binaftila (BINAP)[11] proporcionou um complexo quiral muito reativo, que deu lugar à formação do produto com muito boa estereosseletividade.

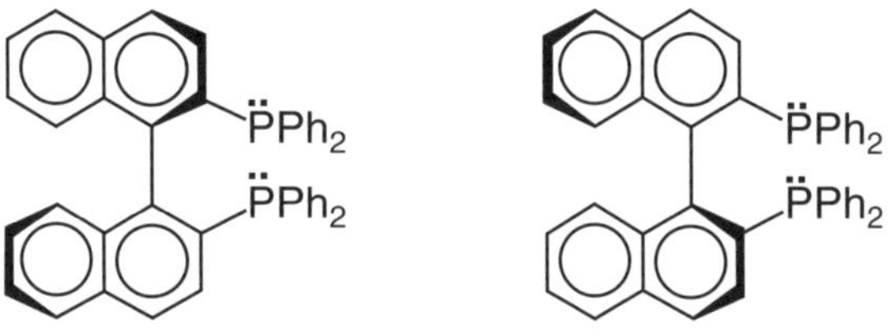

(R_a)-BINAP   (S_a)-BINAP

No exemplo, (*Z*)- e (*E*)-*N*,*N*-dietil-3,7-dimetil-2,6-octadienilamina [(*Z*)- e (*E*)-**55**] foram isomerizadas a (*E*)-dietil-citronelenamina **56** em um rendimento químico de 92% e com uma enantiosseletividade de 96% (Figura 10.6).

A enamina (*S*)-**56** foi convertida na ciclopentenona **57**, que, na sequência, via uma reação de adição de Michael catalisada por níquel, teve uma cadeia quiral incorporada.[12] Várias etapas posteriores proporcionaram o composto trimoprostil, opticamente puro (Figura 10.7).

10.6 SÍNTESE ASSIMÉTRICA CATALÍTICA DO ÁCIDO (*S*)-MÁLICO

Em 1982, H. Wynberg descreveu a síntese assimétrica de várias 2-oxetanonas 4-substituídas, em altos rendimentos químicos e enantioméricos.[13] Um exemplo especialmente interessante é a preparação da 4-triclorometil-2-oxetanona (**58**) a partir de cloral e acetona, em uma reação

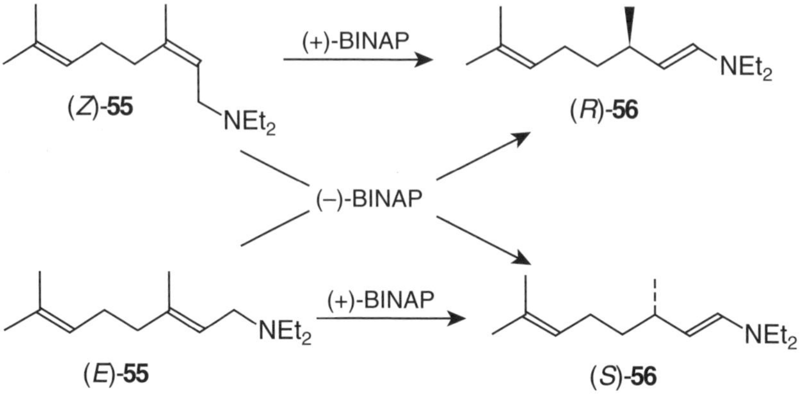

Figura 10.6

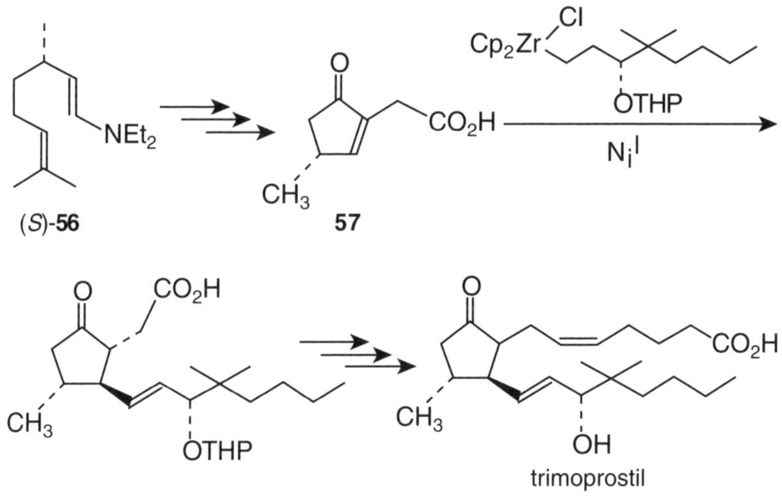

Figura 10.7

catalisada por aminas quirais terciárias. Assim, quando o catalisador é a quinidina, o isômero (S) da oxetanona é isolado, enquanto o uso da quinina conduz ao isômero (R) que pode então converter-se, com inversão de configuração,[14] no ácido (S)-málico (Figura 10.8).

A produção dos enantiômeros com configuração oposta dependendo do catalisador se explica ao notar que a quinina e a quinidina possuem várias configurações opostas, de modo que os estados de transição para cada par são quase enantioméricos.

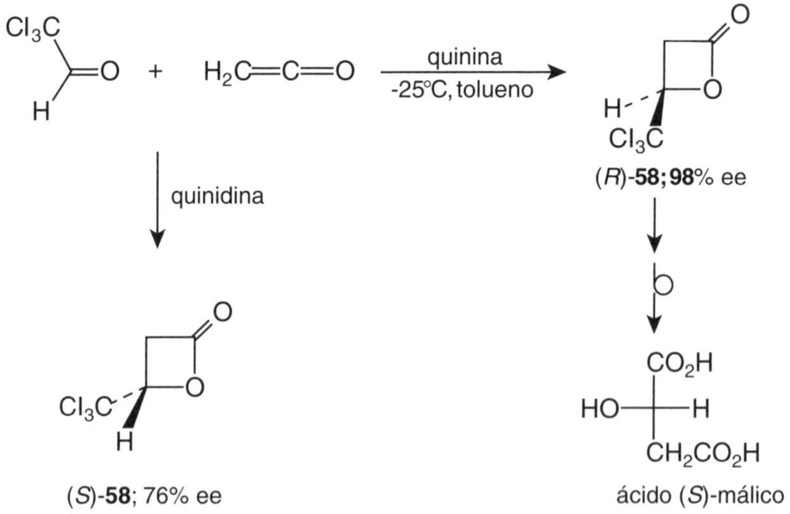

Figura 10.8

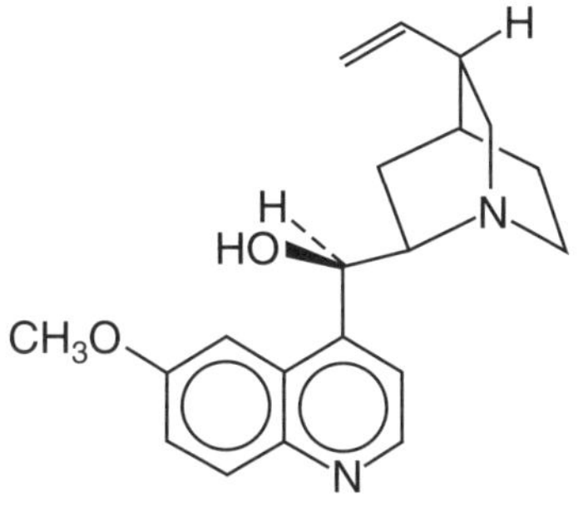

quinina

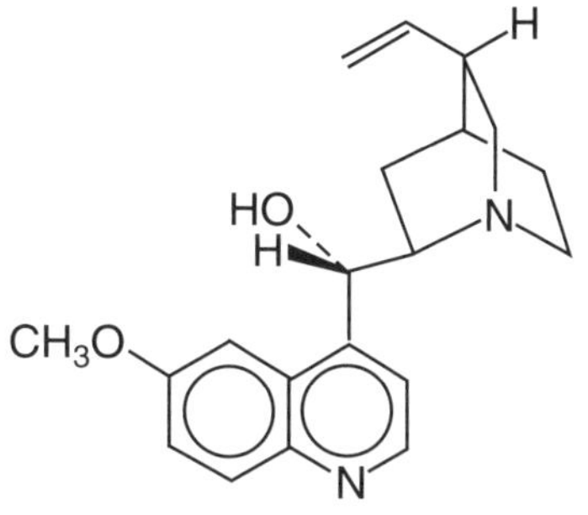

quinidina

10.7 HIDROGENAÇÃO CATALÍTICA HETEROGÊNEA

Em 1961, Hiskey et al.[15] descreveram a síntese assimétrica de aminoácidos mediante a hidrogenação catalítica das bases de Schiff obtidas a partir de α-ceto ácidos e α-metil-benzilamina (Figura 10.9).

Alguns anos mais tarde, Mitsui et al.[16] aplicaram esta metodologia à síntese assimétrica da fenilglicina e propuseram que a estereosseletividade resulta do menor impedimento estérico durante o caminho predominante na hidrogenação (Figura 10.10).

O mecanismo de Mitsui foi posteriormente modificado por K. Harada,[17] a fim de explicar os resultados encontrados ao variar sistematicamente o tamanho dos substituintes na amina auxiliar quiral. O mecanismo de Harada (Figura 10.11) propõe uma conformação distinta, em que

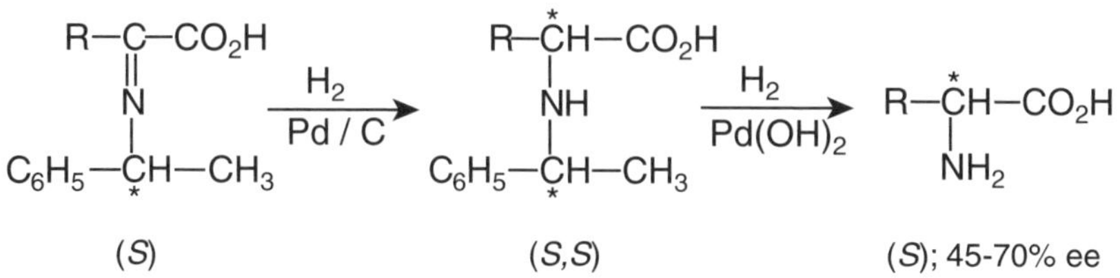

Figura 10.9

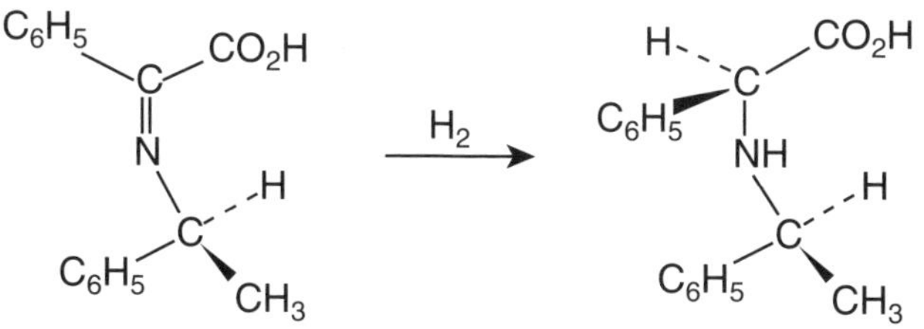

Figura 10.10

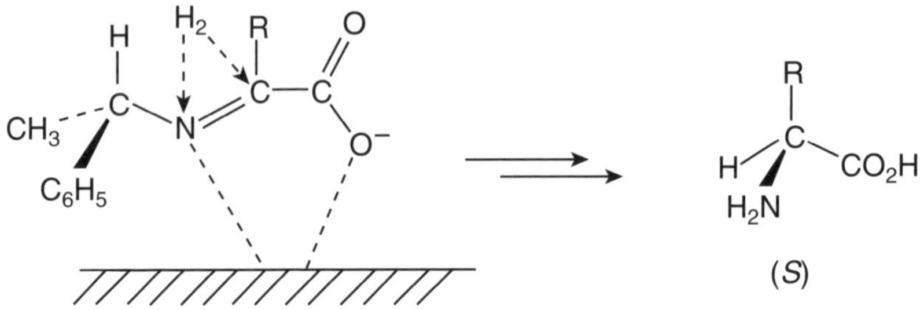

Figura 10.11

o hidrogênio metínico eclipsa a dupla ligação N=C, de modo que os grupos metila e fenila se orientam até as faces diastereotópicas N=C; a adição de hidrogênio procede então predominantemente desde o lado do grupo de menor tamanho: a metila. Harada sugere também a formação de um complexo entre o substrato e o catalisador (Figura 10.11).

10.8 CONDENSAÇÃO ALDÓLICA ASSIMÉTRICA

Várias reações catalisadas por base, como a aldolização, a reação de Michael, etc., são efetuadas na presença de aminas quirais naturais, o que conduz a produtos opticamente ativos. Desta maneira, a tricetona **59** tem sido ciclizada com muito alta estereosseletividade ao composto **60**, na presença de uma quantidade catalítica da (−)-(*S*)-prolina[18] (Figura 10.12).

Na presença de uma amina *aquiral* é obtida uma mistura racêmica de **60** (0% ee); sem dúvida, em um meio quiral as *carbonilas enantiotópicas* mostram um comportamento diferente em sua reatividade.

10.9 REAÇÕES DE MICHAEL ASSIMÉTRICAS

Wynberg estudou a reação de Michael entre vários substratos pró-quirais, a metil-vinilcetona, tendo a quinina como catalisador.[19] Assim, partindo da indanona **61** obteve-se o aduto **62** em 76% ee (Figura 10.13).

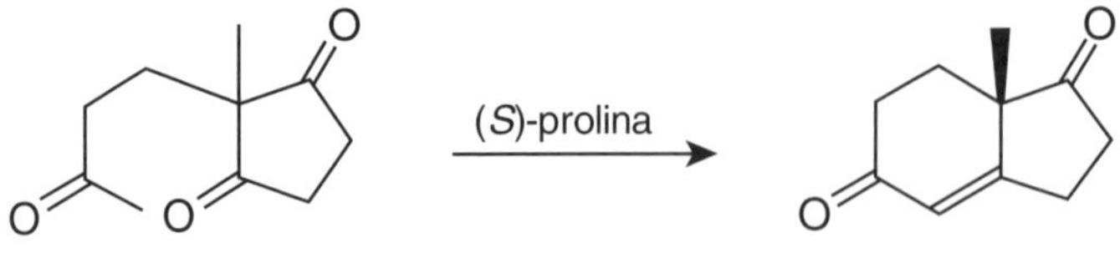

Figura 10.12

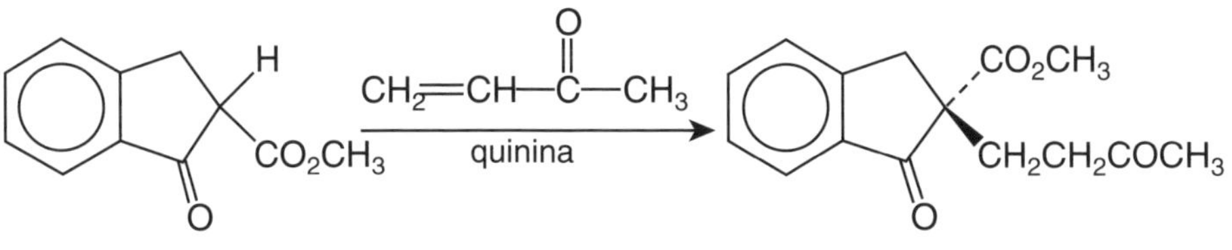

(±)-61 → (quinina, CH₂=CH-C(O)-CH₃) → (S)-62; 76% ee

Figura 10.13

A enantiosseletividade desta reação foi melhorada substancialmente por Cram e Sogah[20] empregando os complexos quirais derivados do sal de potássio de **61** e o éter coroa quiral **63** (Figura 10.14).

Como indica a Figura 10.14, a reação ocorre a –78 °C, proporcionando (R)-**62** em um ee = 99%. Quando a reação é efetuada a 25 °C, então o ee = 67%, ou seja, as temperaturas mais baixas dão lugar a uma maior diastereosseletividade, o que provavelmente se deve a uma maior rigidez no complexo intermediário. A estereoespecificidade nesta reação [**61**-K⁺ + (S,S)-**63**→ (R)-**62**; **61**-K⁺ + (R,R)-**63** → (S)-**62**] foi explicada por Cram em função do impedimento estérico durante o ataque à metil-vinilcetona[20] (Figura 10.15).

O retângulo central representa o plano do anel no substrato, que se orienta paralelamente aos bifenilos próximos; uma das faces enantiotópicas fica então mais acessível para sua adição à dupla ligação.

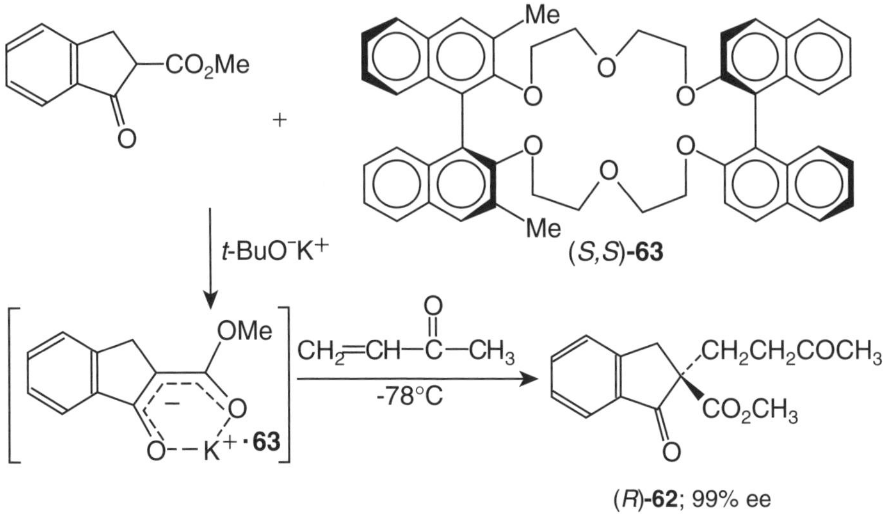

Figura 10.14

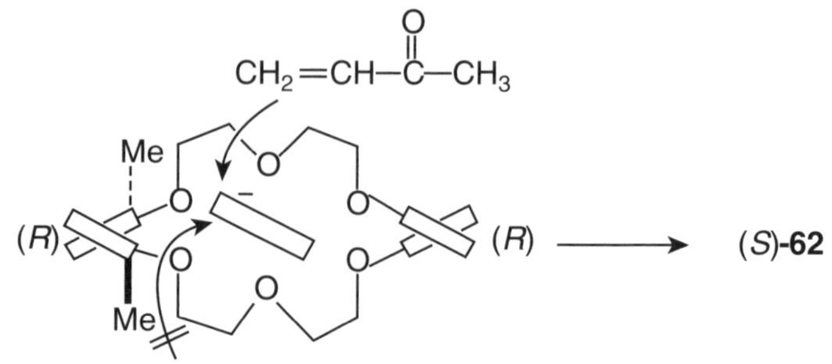

$$CH_2=CH-\overset{\overset{O}{\|}}{C}-CH_3$$

(R) ⇌ (R) ⟶ (S)-62

Figura 10.15

10.10 REAÇÕES DE REFORMATSKY ASSIMÉTRICAS

A síntese de β-hidroxi ésteres opticamente ativos é possível por meio da reação de Reformatsky do bromoacetato de etila com zinco, na presença do catalisador quiral natural esparteína[21] (Figura 10.16).

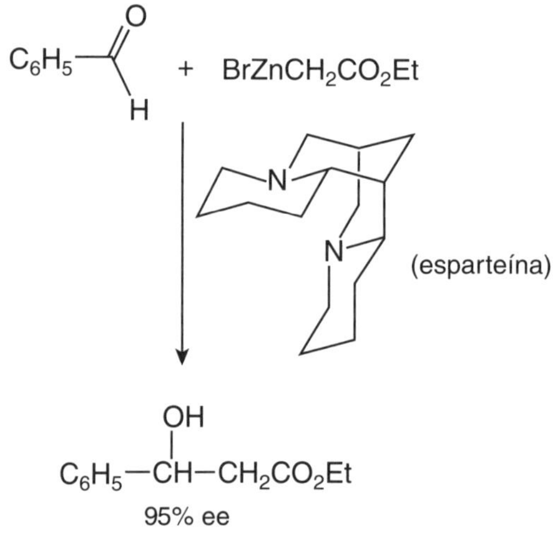

$$C_6H_5-\overset{\overset{O}{\|}}{C}-H + BrZnCH_2CO_2Et$$

(esparteína)

↓

$$C_6H_5-\underset{\underset{}{}}{\overset{\overset{OH}{|}}{C}H}-CH_2CO_2Et$$

95% ee

Figura 10.16

REFERÊNCIAS

1. Morrison, J. D.; Mosher, H. S. *Asymmetric Organic Reactions*, Prentice-Hall: New Jersey, 1971.
2. a) Osborn, J. A.; Jardine, F. H.; Young, J. F.; Wilkinson, G. *J. Chem. Soc. A.*, **1966**, 1711. b) Schrock, R. R.; Osborn, J. A. *J. Am. Chem. Soc.* **1976**, *98*, 2134. c) Para uma revisão recente sobre o catalisador de Wilkinson, veja: Boerner, A.; Holz, J. *Transition Metals for Organic Synthesis*, 2nd Edition, 2004; 3-13.
3. a) Korpian, O.; Lewis, R. A.; Chickos, J.; Mislow, K. *J. Am. Chem. Soc.* **1968**, *90*, 4842. b) Para uma revisão recente sobre a preparação de fosfinas quirais, veja: Imamoto, T. *Organometallic News* **2008**, 102-107.

4. Vineyard, B. D.; Knowles, W. S.; Sabacky, M. J.; Bachman, G. L.; Weinkauff, D. J. *J. Am. Chem. Soc.* **1977**, *99*, 5946.
5. Knowles, W. S. *Acc. Chem. Res.* **1983**, *16*, 106.
6. a) Knowles, W. S. *J. Chem. Educ.* **1986**, *63*, 222. b) Para uma revisão recente, veja: Knowles, W. S. *Adv. Synth. Catal.* **2003**, *345*, 3.
7. (a) Halpern, J. *Science* **1982**, *217*, 401. (b) Halpern, J. *Pure and Appl. Chem.* **1983**, *55*, 99. (c) Landis, C. R.; Halpern, J. *J. Am. Chem. Soc.* **1987**, *109*, 1746.
8. Brown, J. M.; Chaloner, P. A.; Parker, D. *Adv. Chem. Ser.* **1982**, *196*, 355.
9. Tani, K.; Yamagata, T.; Akutagawa, S.; Kumobayashi, H.; Taketomi, T.; Takaya, H.; Miyashita, A.; Noyori, R.; Otsuka, S. *J. Am. Chem. Soc.* **1984**, *106*, 5208.
10. Parshall, G. W. *Homogeneous Catalysis*, Wiley: New York, 1980; capítulo 33.
11. a) Mayashita, A.; Takaya, H.; Tomiumi, K.; Ito, T.; Souchi, T.; Noyori, R. *J. Am. Chem. Soc.* **1980**, *102*, 7932. b) Veja, também: Reetz, M. T. et al. *J. Am. Chem. Soc.* **2005**, *127*, 10305.
12. Parshall, G. M.; Nugent, W. A. *CHEMTECH* **1988**, 184.
13. a) Wynberg, H.; Staring, E. G. J. *J. Org. Chem.* **1985**, *50*, 1977; *J. Am. Chem. Soc.* **1982**, *104*, 166. b) Para exemplos recentes da aplicação de alcaloides da cinchona como organocatalisadores, veja: Poulsen, T. B.; Alemparte, C.; Saaby, S.; Bella, M.; Jørgensen, K. A. *Angew. Chem., Int. Ed.* **2005**, *44*, 2896. c) Wang, Y.; Liu, X.; Deng, L. *J. Am. Chem. Soc.* **2006**, *128*, 3928.
14. Wynberg, H.; Staring, E. G. *J. Chem. Soc., Chem. Commun.* **1984**, 1181.
15. a) Hiskey, R. G.; Northrop, R. C. *J. Am. Chem. Soc.* **1961**, *83*, 4798. b) Para uma revisão sobre aplicações da α-metil-benzilamina em síntese assimétrica, veja: E. Juaristi, J.L. León-Romo, A. Reyes y J. Escalante, *Tetrahedron: Asymmetry*, **10**, 2441-2495 (1999).
16. Kanai, A.; Mitsui, S. *J. Chem. Soc. Jpn.* **1966**, *89*, 183.
17. Harada, K. em *Asymmetric reactions and processes in chemistry*, Eliel, E. L. e Otsuka, S., eds., American Chemical Society, Washington, 1982, capítulo 11.
18. a) Hajos, Z. G.; Parrish, D. R. *J. Org. Chem.* **1974**, *39*, 1615. b) Para exemplos recentes de aplicações da (S)-prolina como organocatalisadores, veja: Mukherjee, S.; Yang, J. W.; Hoffmann, S.; List, B. *Chem. Rev.* **2007**, *107*, 5471.
19. Wynberg, H.; Helder, R. *Tetrahedron Lett.* **1975**, 4057.
20. Cram, D. J.; Sogah, G. D. Y. *J. Chem. Soc., Chem. Commun.* **1981**, 625.
21. a) Guetté, M.; Capillon, J. ; Guetté, J.-P. *Tetrahedron* **1973**, *29*, 3659. b) Para recentes aplicações da esparteína em síntese assimétrica, veja: Schuetz, T. *Synlett* **2003**, 901.

CAPÍTULO 11
SÍNTESES ASSIMÉTRICAS A PARTIR DE SUBSTRATOS QUIRAIS

11.1 INTRODUÇÃO

Na reação entre um substrato pró-quiral e um reagente quiral, a estereosseletividade observada se deve à diferente energia dos estados de transição diastereoméricos. Outro modo de conseguir a indução assimétrica em um substrato aquiral é com a incorporação de um agente auxiliar quiral em tal substrato; os estados de transição na reação com um reagente aquiral são agora diastereoméricos. Ao término da reação, o agente auxiliar quiral deve ser retirado, sem alterar a configuração do novo centro de quiralidade gerado.

11.2 REAÇÕES DE CRAM E PRELOG

A reação de Prelog consiste na adição de nucleófilos, em geral reagentes de Grignard, hidretos metálicos ou alquil lítios, aos ésteres quirais derivados de α-ceto ácidos[1] (Equação 11.1).

Equação 11.1

Na reação de Cram,[2] o nucleófilo é adicionado a uma carbonila adjacente a um centro de quiralidade, gerando um novo centro estereogênico (Equação 11.2).

Equação 11.2

Em ambos os sistemas, a presença do centro de quiralidade no substrato faz com que as faces do grupo carbonila sejam diastereotópicas. Por esta razão, a proporção de ataque pela frente ou por trás do plano do papel é diferente de 50:50.

As reações de Prelog e Cram diferem em dois aspectos importantes: (1) a indução assimétrica é 1,2 no substrato de Cram, R-CO-C*, porém 1,4 no de Prelog, R-CO-CO-O-C*. (2) A remoção do agente auxiliar quiral é difícil no substrato de Cram, porém fácil (mediante uma simples hidrólise) no cetoéster de Prelog.

Como é de se esperar, a maior proximidade do centro assimétrico indutor resulta em um excesso diastereomérico mais alto no produto de Cram (maior indução assimétrica). Por exemplo, quando a cetona **64** foi tratada com metil lítio, o carbinol **65** foi obtido com uma diastereosseletividade de 91%[3] (Equação 11.3).

Equação 11.3

Já o cetoéster **66** conduz à formação do α-hidroxi-ácido **67** de baixa pureza enantiomérica (indução assimétrica 1,4)[4] (Equação 11.4).

Equação 11.4

A estereosseletividade observada nas reações de Cram e de Prelog pode ser explicada com base nos modelos teóricos propostos por estes investigadores.[2,4] A regra de Cram é a seguinte: "O produto diastereomérico que predomina é aquele resultante da adição do grupo entrante desde o lado menos impedido da dupla ligação, na conformação na qual tal dupla ligação está flanqueada pelos dois grupos menos volumosos no carbono assimétrico".[2] Este postulado implica o modelo de um confôrmero (**68**) no qual L, M e S representam os grupos grande, médio e pequeno, respectivamente, no carbono quiral α.

ataque principal

68

11. SÍNTESES ASSIMÉTRICAS A PARTIR DE SUBSTRATOS QUIRAIS

Em 1959 Cram e Kopecky desenvolveram também um modelo de dois confôrmeros, em que o grupo pequeno unido a C* é perpendicular ao plano da carbonila, e a adição do nucleófilo ocorre por esse lado; assim, a estereodiferenciação é o resultado das diferentes interações *gauche* em **69** e **70**[5] (Equação 11.5).

(5)

69
(confôrmero principal)

70
(confôrmero menos abundante)

Equação 11.5

Em 1967, Karabatsos propôs um modelo baseado na conformação de menor energia, em que um ligante do carbono α se encontra eclipsado à ligação C-O da carbonila.[6] Neste modelo, os produtos majoritário e minoritário se originam a partir da adição à face menos impedida das conformações do aldeído ou cetona, em que os grupos médio e grande se eclipsam com a ligação C-O (Equação 11.6).

(6)

(confôrmero principal)   (confôrmero menos abundante)

Equação 11.6

Um ano mais tarde, Felkin e colaboradores observaram que nem o modelo de Cram, nem o modelo de Karabatsos podem ser aplicados às ciclohexanonas, e que nenhum deles explica o efeito do grupo R sobre a magnitude da estereosseletividade. Estes investigadores propuseram um terceiro modelo, que supõe uma interação dominante entre o nucleófilo entrante e o substituinte grande unido ao centro de quiralidade, de modo que o nucleófilo é adicionado antiperiplanarmente a L (Equação 11.7).

(7)

(confôrmero principal)   (confôrmero menos abundante)

Equação 11.7

No modelo de Felkin não é levada em conta a interação entre o oxigênio da carbonila e os ligantes médio e pequeno, de maneira que a estereodiferenciação provém da diferença entre as interações *gauche* de R e tais grupos (R/M, R/S).

Em 1977, Anh e Eisenstein avaliaram os modelos de Cram, de Karabatsos e de Felkin mediante cálculos *ab initio* das estruturas prováveis no estado de transição.[8] Ao nível STO-3G, os confôrmeros de Felkin (Equação 11.7) foram os de menor energia, tendo de fato energias similares de modo que a estereodiferenciação se deve às interações do nucleófilo entrante com os ligantes médio e pequeno, já que de acordo com a trajetória de Bürgi-Dunitz,[9] a adição ocorre a um ângulo O = C ← Nu de ~ 107° e não de 90°.

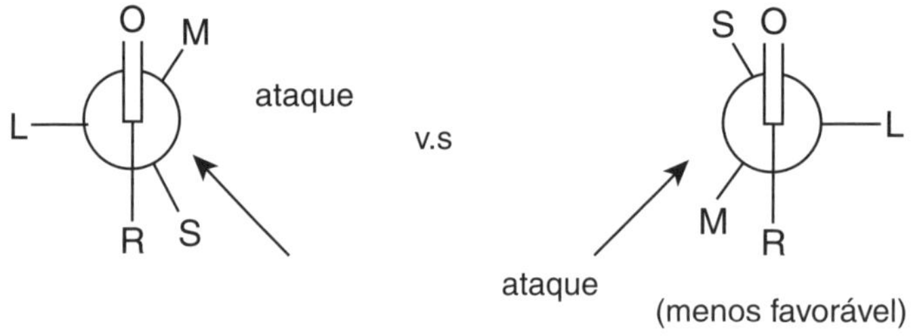

Além disso, Anh e Eisenstein propuseram com base nos argumentos dos orbitais moleculares de fronteira, que o ligante com o orbital σ* de mais baixa energia (e não o mais volumoso) é o que se situa perpendicularmente à carbonila, e antiperiplanarmente ao nucleófilo (Figura 11.1).

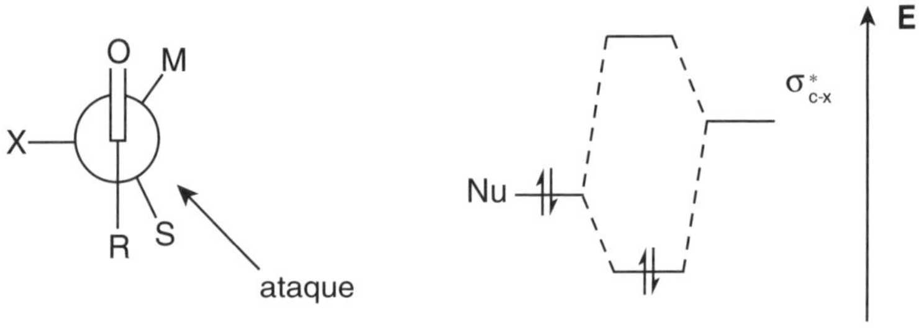

Figura 11.1

Ainda que o modelo de Anh e Eisenstein tenha tido muito êxito e aceitação,[10,11] esta discussão não estaria completa sem apresentar as propostas de Cieplak[12] e de Wintner.[13] Cieplak propõe que a ligação que se forma durante a adição do nucleófilo à carbonila possui um orbital σ* de baixa energia, uma vez que a transferência eletrônica a este orbital estabiliza o estado de transição e facilita a reação. Assim, neste modelo, o nucleófilo se aproxima antiperiplanarmente à ligação σ de energia mais alta, que é o melhor doador. Esta hipótese tem sido criticada por Houk et al.[14] (Figura 11.2).

Por sua vez, Wintner considera que o composto carbonílico não reage em sua conformação basal mais estável senão via o confôrmero eclipsado no qual o grupo menor (S) se eclipsa com R, e os grupos M e L flanqueiam a carbonila. De fato, Wintner prefere empregar orbitais τ (tau) para a dupla ligação C=O, de modo que o nucleófilo se aproxime a partir do lado de M, e antiperiplanarmente a uma ligação τ*[13] (Equação 11.8).

Figura 11.2

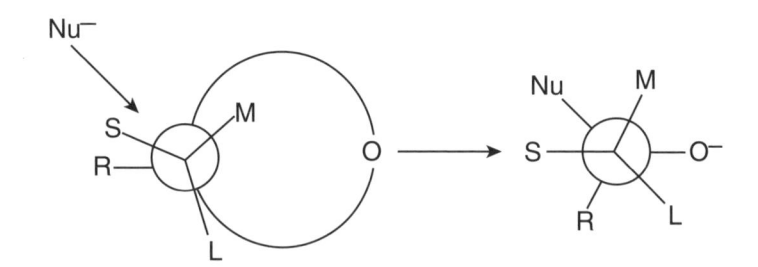

Equação 11.8

11.3 OS OXATIANOS QUIRAIS DE ELIEL:[15] SÍNTESE ASSIMÉTRICA DE ALCOÓIS TERCIÁRIOS QUIRAIS

Em 1971, Eliel e Hartmann descobriram que a reação de 1,3-ditianil lítios de conformação fixa com eletrófilos procede com altíssima estereosseletividade, para dar exclusivamente os produtos de adição equatorial[16] (Equação 11.9).

Equação 11.9

A preferência do carbânion ditianílico para reagir pelo lado equatorial tem um valor termodinâmico de mais de 6 kcal/mol,[17] o que dá lugar a um fator de seletividade maior de 10.000, que se assemelha aos encontrados em reações enzimáticas, pelo que se decidiu aproveitá-la no desenho de uma síntese assimétrica. Com efeito, o emprego de 1,3-oxatiano em vez de 1,3-ditiana permitiu o desenvolvimento de reações eletrofílicas com estereosseletividade similar, o que desembocou na síntese do derivado acilado, o qual reage com reagentes de Grignard, novamente com alta estereosseletividade, para dar principalmente um dos dois possíveis alcoóis terciários (Figura 11.3).

A formação exclusiva do produto equatorial na adição do eletrófilo ao 1,3-oxatianil lítio se deve a um efeito estereoeletrônico: a orientação antiperiplanar dos pares eletrônicos não com-

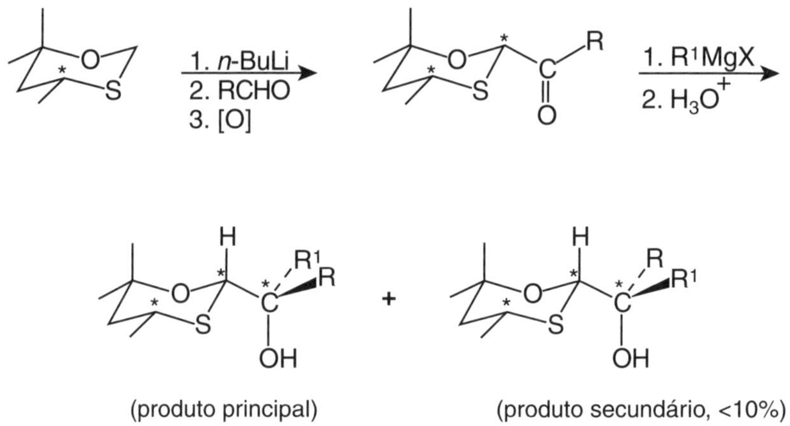

Figura 11.3

partilhados no isômero carbaniônico axial é muito desfavorável, pois leva à formação de orbitais ocupados de antiligantes, de alta energia[18] (Figura 11.4).

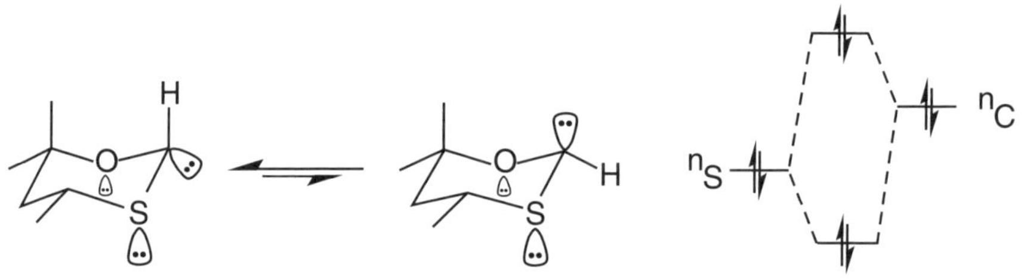

Figura 11.4

Por outro lado, a adição estereosseletiva do reagente de Grignard é explicada com base na formação inicial de um complexo no qual o magnésio (ácido de Lewis duro) se une ao oxigênio da carbonila e ao oxigênio do oxatiano (bases de Lewis duras), em vez de ao enxofre (base suave). A alquilação ocorre então desde o lado menos impedido, H vs. S. Por exemplo, na adição do iodeto de metilmagnésio ao 2-benzoíl-4,6,6-trimetil-1,3-oxatiana:

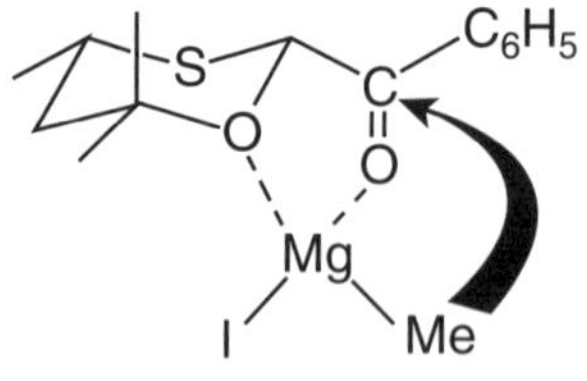

Inicialmente, a 1,3-oxatiana quiral (**71**) foi obtida a partir do ácido 3-tiobenzil-butírico, que se resolveu com brucina conforme a técnica descrita em 1974[19] (Figura 11.5).

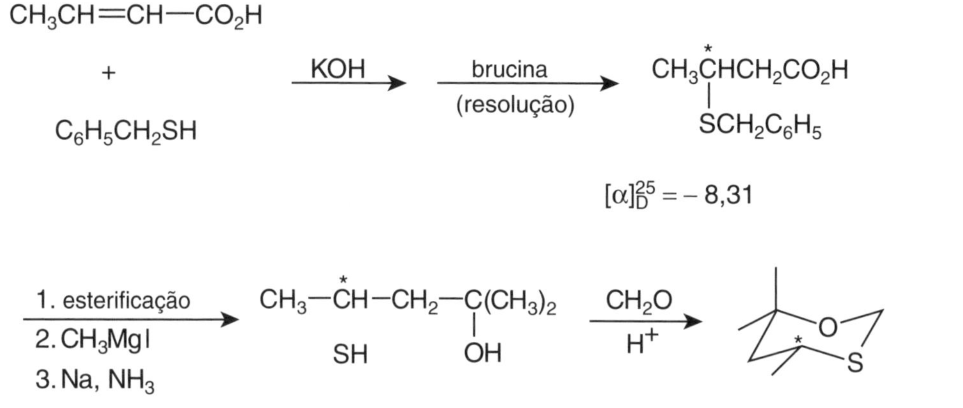

$CH_3CH=CH-CO_2H$

+ $\xrightarrow{KOH}$ $\xrightarrow[\text{(resolução)}]{\text{brucina}}$ $CH_3\overset{*}{C}HCH_2CO_2H$

$C_6H_5CH_2SH$ $\qquad\qquad\qquad\qquad\qquad$ $SCH_2C_6H_5$

$$[\alpha]_D^{25} = -8,31$$

1. esterificação
2. CH_3MgI $\longrightarrow$ $CH_3-\overset{*}{C}H-CH_2-C(CH_3)_2$ $\xrightarrow{CH_2O}{H^+}$ (oxatiana **71**)
3. Na, NH_3 $\qquad\qquad$ SH $\qquad$ OH

$\qquad\qquad\qquad\qquad [\alpha]_D^{25} = +16,6 \qquad\qquad$ **71**; $[\alpha]_D^{25} = -30,4$

Figura 11.5

Sem dúvida, a resolução requerida nesta preparação é muito tediosa: são necessárias sete recristalizações dos sais diastereoméricos. É por esta razão que se decidiu preparar a oxatiana quiral a partir da (+)-pulegona, um produto natural enantiomericamente puro (Figura 11.6).

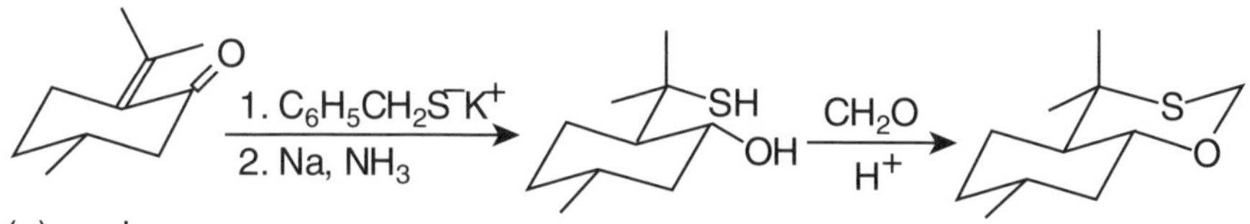

(+) - pulegona $\xrightarrow[\text{2. Na, NH}_3]{\text{1. }C_6H_5CH_2S^-K^+}$ (hidroxitiol) $\xrightarrow{CH_2O}{H^+}$ **72**; $[\alpha]_D^{25} = +15,3$

Figura 11.6

A hidrólise das oxatianas finais conduz então aos α-hidroxi-aldeídos de interesse. Por exemplo, metilação do grupo oxidrila seguida de oxidação produz o éter metílico do ácido atroláctico opticamente puro. Assim, ocorre a redução do produto inicial do diol **73**, que pode converter-se no carbinol terciário correspondente (Figura 11.7). Por outro lado, o hidroxitiol recuperado se converte facilmente na oxatiana inicial (Figura 11.7).

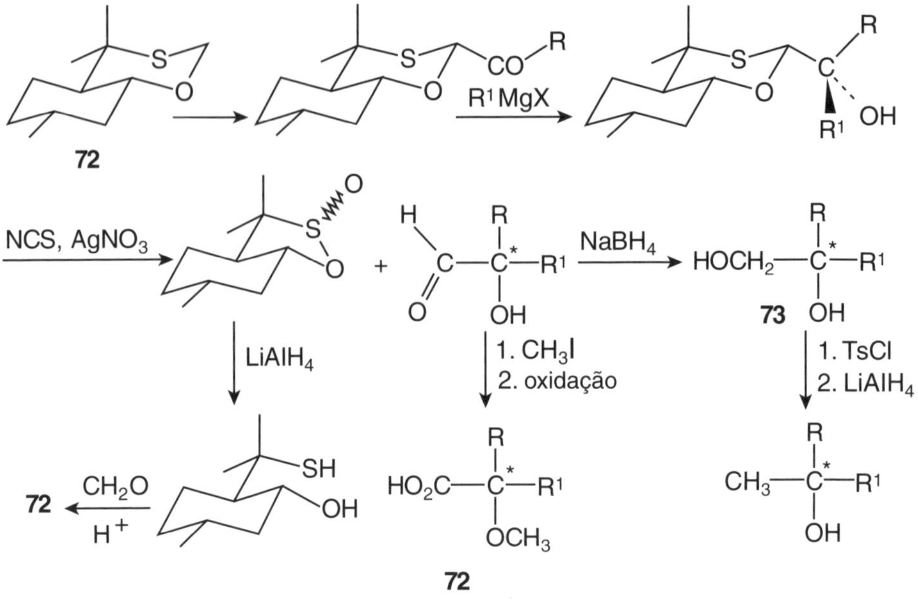

Figura 11.7

11.4 ADIÇÃO DE ENOLATOS QUIRAIS DERIVADOS DA GLICINA A ALDEÍDOS E CETONAS NA PREPARAÇÃO DE AMINOÁCIDOS ENANTIOMERICAMENTE PUROS[20]

Além de seu valor fundamental nos aspectos bioquímicos e fisiológicos, os aminoácidos são importantes para a nutrição humana e animal, e como flavorizantes, adoçantes, agroquímicos, etc. Como resultado, a preparação a nível industrial dos aminoácidos tem um impacto econômico muito significativo. Sem dúvida, o químico que os sintetiza enfrenta o fato de que a maioria dos aminoácidos é biologicamente ativa em uma só forma enantiomérica, uma vez que sua preparação deve conduzir aos enantioméricos puros.[21]

O grupo de Seebach[20] desenvolveu uma síntese enantiosseletiva de aminoácidos, empregando os enolatos quirais de 1,3-dioxolanonas, 1,3-oxazolidinonas e 1,3-imidazolidinonas, os quais se alquilam com grande estereosseletividade para dar os produtos do ataque eletrofílico desde o lado oposto ao grupo *tert*-butila (Figura 11.8).

Quando os acetais foram preparados a partir dos ácidos α-heterossubstituídos **74**, é possível isolar tanto o diastereômero *cis* como o *trans*, e ainda que o centro estereogênico original se perca durante a formação do enolato (carbono tetraédrico → trigonal), o gerado durante a formação do acetal proporciona a quiralidade que induz a diastereosseletividade nas reações com eletrófilos.

A posterior ruptura do acetal produz os ácidos carboxílicos α-substituídos, nos quais a incorporação do eletrófilo procede com retenção ou inversão da configuração, dependendo da configuração (*cis* ou *trans*) do acetal utilizado (Figura 11.8). Visto que esta sequência de reações

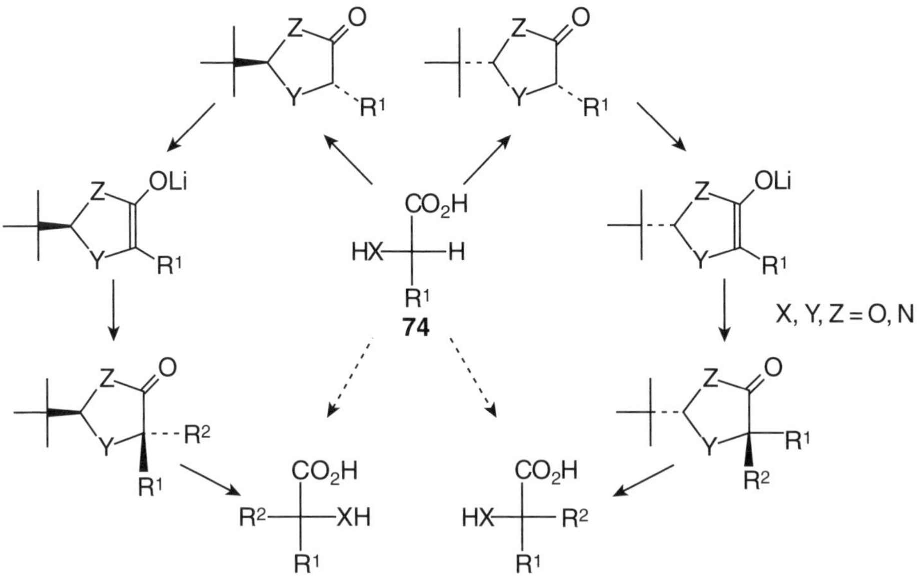

Figura 11.8

ocorre sem usar reagentes auxiliares quirais, a transformação acontece com autorregeneração do centro estereogênico.

A preparação de aminoácidos monossubstituídos foi possível mediante o emprego de qualquer dos enantiômeros da imidazolidinona **75**, obtida da resolução da amina precursora (Figura 11.9). Conforme observado nas Figuras 11.8 e 11.9, este método permite a síntese de α-aminoácidos, mono ou dissubstituídos e com a configuração (R) ou (S).

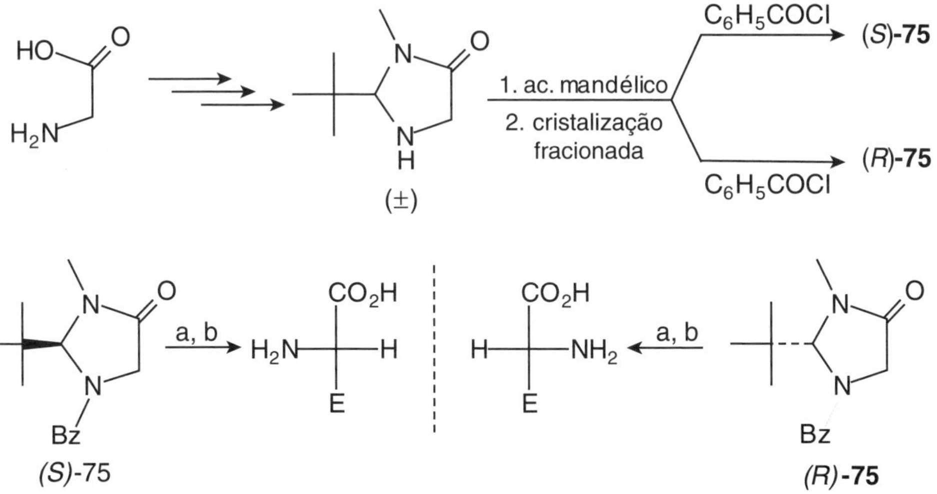

Figura 11.9 a) Adição de E⁺. b) Hidrólise.

A Figura 11.10 reúne vários exemplos da alquilação de (*S*)-**75**, em que é possível observar que os isômeros *trans* predominam em ≥ 95:5, de acordo com a integração em espectros de ^{13}CRMN.

E⁺	Rendimento(%)	ds.(% trans)
CH₃I	90	95
C₆H₅CH₂Br	83	>95
n-BuI	89	>95
i-PrI	27	>95
CH₃COCH₃	89	>95

Figura 11.10

Ainda que seja óbvio explicar as proporções *trans/cis* nos produtos de alquilação em função dos requisitos estéricos do grupo *t*-butila, que impede o acesso à face *cis*, é interessante notar que a imidazolidinona **75**, na qual o grupo *t*-butila foi substituído pelo menor grupo isopropila, também reage com boa seletividade *trans* (Figura 11.11). Este resultado sugere a participação de efeitos estereoeletrônicos que baixam a energia durante o estado de transição, em uma interação $n_N \rightarrow \sigma^*_{C-E}$, da classe sugerida por Cieplak.[12]

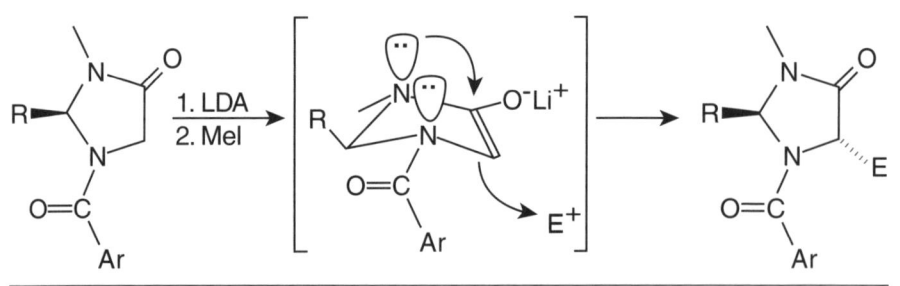

R	Ar	Cor do enolato	*trans/cis*
t-Bu	C₆H₅	Alaranjado	19:1
t-Bu	*p*-CH₃O-C₆H₄	Amarelo	24:1
t-Bu	C₆H₅CH₂O	Amarelado	32:1
i-Pr	*p*-C₆H₅-C₆H₄	Vermelho-escuro	2,8:1
i-Pr	C₆H₅	Alaranjado	6:1
i-Pr	*p*-CH₃O-C₆H₄	Amarelo	9:1

Figura 11.11

Efetivamente, ao variar a substituição na entidade aromática, de modo a incrementar a deslocalização do par eletrônico sobre o nitrogênio, é observada uma diminuição na seletividade *trans*. Em contrapartida, a substituição por grupos doadores de elétrons, como OR, conduz a uma maior seletividade (Figura 11.11).

Mediante a adição de **75** a aldeídos é possível formar quatro diastereômeros. Sem dúvida, quando (*S*)-**75** foi tratado com LiN(*i*-Pr)$_2$/THF a –78°C e então com o aldeído a –100°C, um dos possíveis produtos diastereoméricos se formou com ds ≥ 90% (Figura 11.12).

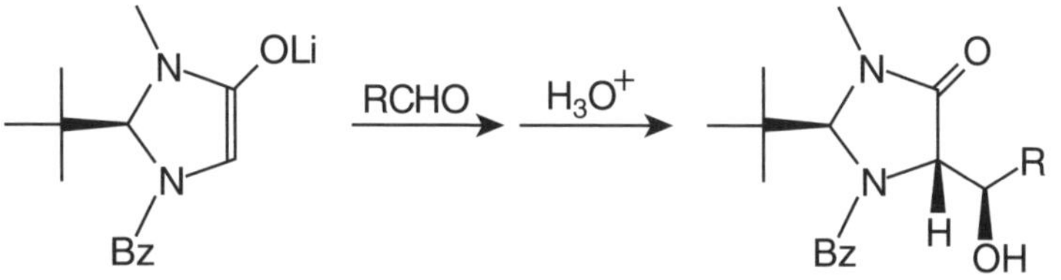

Aldeído	ds(%)	Rendimento isolado
CH$_3$CHO	86	75
(CH$_3$)$_2$CHCHO	95	79
C$_6$H$_5$CHO	92	85
o-CH$_3$-C$_6$H$_4$-CHO	88	81
p-C$_6$H$_5$-C$_6$H$_4$-CHO	93	79

Figura 11.12

A hidrólise dos adutos (Figura 11.12) proporcionou os (2*S*,3*R*)-2-amino-3-hidroxiácidos **76-78** (Figura 11.13).

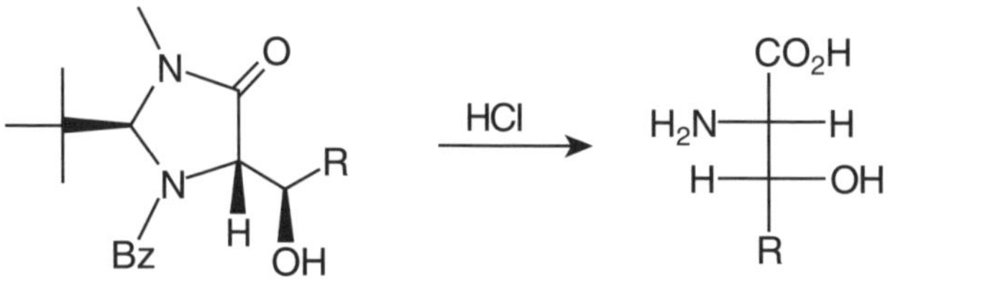

R = CH$_3$
R = (CH$_3$)$_2$CH
R = C$_6$H$_5$

(2*S*,3*R*) - L-*treo*

76, R = CH$_3$
77, R = (CH$_3$)$_2$CH
78, R = C$_6$H$_5$

Figura 11.13

Como era de se esperar, o enolato da imidazolidinona reage com os aldeídos desde o lado oposto ao grupo *t*-butila. Além disso, a configuração relativa *treo* nos produtos implica qualquer das três conformações alternadas mostradas na Figura 11.14 para o estado de transição.

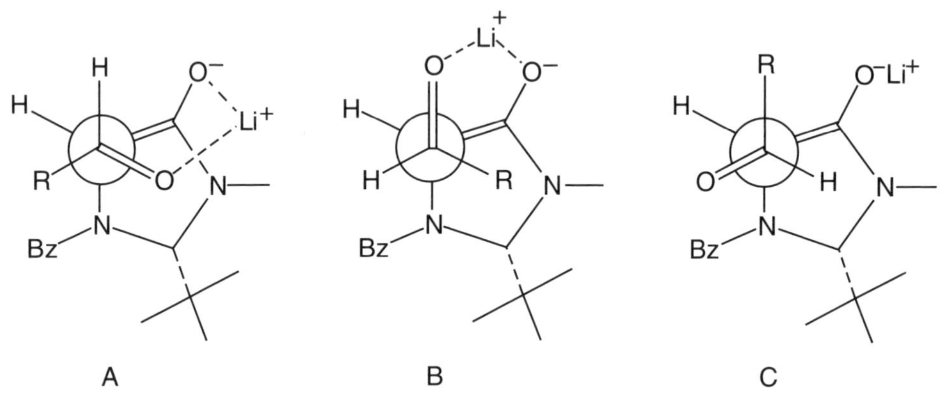

Figura 11.14

É provável que as adições ocorram via a orientação A, que permite a quelação O⁻Li⁺- - -O sem dar lugar a um impedimento estérico como em B.

Nota-se também na Figura 11.14 que as faces que reagem são da mesma configuração (*Si/Si*) pelo que a topicidade relativa é *lk* (Seção 4.7).

O último passo em todas as conversões esquematizadas na Figura 11.8 consiste na hidrólise dos produtos heterocíclicos, com ruptura do anel e geração do ácido carboxílico. Esta hidrólise é efetuada normalmente em condições ácidas.[20a]

REFERÊNCIAS

1. Prelog, V. *Helv. Chim. Acta* **1953**, *36*, 308.
2. Cram, D. J.; Abd Elhafez, F. A. *J. Am. Chem. Soc.* **1952**, *74*, 3210 e 5828.
3. a) Cram, D. J.; Knight, J. D. *J. Am. Chem. Soc.* **1952**, *74*, 5835. b) Para uma discussão da relevância das regras de Cram em síntese assimétrica, veja: Eliel, E. L.; Frye, S. V.; Hortelano, E. R.; Chen, X.; Bai, X. *Pure Applied Chem.* **1991**, *63*, 1591.
4. a) Mckenzie, A.; Müller, H. A. *J. Chem. Soc.* **1909**, *95*, 544. b) Para uma discussão recente sobre estereoindução em síntese assimétrica, veja: Lipkowitz, K. B.; Kozlowski, M. C. *Synlett* **2003**, 1547.
5. Cram, D. J.; Kopecky, K. R. *J. Am. Chem. Soc.* **1959**, *81*, 2748.
6. Karabatsos, G. J. *J. Am. Chem. Soc.* **1967**, *89*, 1367.
7. Chérest, M.; Felkin, H.; Prudent, N. *Tetrahedron Lett.* **1968**, 2199.
8. Anh, N. T.; Eisenstein, O. *Nouv. J. Chem.* **1977**, *1*, 61.
9. Bürgi, H. B.; Dunitz, J. D.; Shefter, E. *J. Am. Chem. Soc.* **1973**, *95*, 5065.
10. Eliel, E. L. em *Asymmetric Synthesis*, vol. 2, Morrison, J. D. Ed., Academic Press, New York, 1983, capítulo 5.
11. a) Lodge, E. P.; Heathcock, C. H. *J. Am. Chem. Soc.* **1987**, *109*, 3353. b) Para uma discussão, veja: Cee, V. J.; Cramer, C. J.; Evans, D. A. *J. Am. Chem. Soc.* **2006**, *128*, 2920.
12. a) Cieplak, A. S. *J. Am. Chem. Soc.* **1981**, *103*, 4540. b) Cieplak, A. S. *Chem. Rev.* **1999**, *99*, 1265.
13. Wintner, C. E. *J. Chem. Educ.* 1987, *64*, 587.
14. a) Rozeboom, M. D.; Houk, K. N. *J. Am. Chem. Soc.* **1982**, *104*, 1189. b) Para discussões recentes, veja: *Chem. Rev.* Thematic issue, Gung, B. W.; le Noble, W. eds. **1999**, *99*, 1067-1480.
15. a) Eliel, E. L.; Koskimies, J. K.; Lohri, B.; Frazee, W. J.; Morris-Natschke, S.; Lynch, J. E.; Soai, K. em *Asymmetric reactions and processes*, Eliel, E. L.; Otsuka, S. eds., American Chemical Society: Washington, 1982. b) Bai, X.; Eliel, E. L. *J. Org. Chem.* **1992**, *57*, 5166. c) Alvarez-Wright, M. T.; Satici, H.; Eliel, E. L.; White, P. S. *J. Indian Chem. Soc.* **1999**, *76*, 617.

16. Eliel, E. L.; Hartmann, A. A. *J. Am. Chem. Soc.* **1971**, *93*, 2572.
17. Abatjoglou, A. G.; Eliel, E. L.; Kuyper, L. F. *J. Am. Chem. Soc.* **1977**, *99*, 8262.
18. Lehn, J. M.; Wipff, G. *J. Am. Chem. Soc.* **1976**, *98*, 7498. Cuevas, G.; Juaristi, E. *J. Am. Chem. Soc.* **1997**, *119*, 7545.
19. Hagberg, C. E.; Allenmark, S. *Chem. Scripta* **1974**, *5*, 13.
20. a) Seebach, D.; Juaristi, E.; Miller, D. D.; Schickli, C.; Weber, T. *Helv. Chim. Acta* **1987**, *70*, 237. b) Veja também: Juaristi, E.; Seebach, D. "Enantioselective Synthesis of α-Substituted and α,β-Disubstituted β-Amino Acids via Chiral Derivatives of 3-Aminopropionic Acid", em *Enantioselective Synthesis of β-Amino Acids*, E. Juaristi, E., ed., Wiley-VCH Publishers: New York, 1997; capítulo 13, 261-277. c) Juaristi, E. "1-Benzoyl-2(*S*)-*tert*-butyl-3-methyl-perhydropyrimidin-4-one", em *Handbook of Reagents for Organic Synthesis. Chiral Reagents for Asymmetric Synthesis,* L. A. Paquette, ed., Wiley: Chichester (2003); 53-56.
21. Existem vários métodos para a preparação de aminoácidos de alta pureza enantiomérica: (a) Schoellkopf, U. *Topics Curr. Chem.* **1983**, *109*, 65. (b) Seebach, D.; Imwinkelried, R.; Weber, T. em *Modern Synthetic Methods 1986*, Scheffold, R. ed., Springer-Verlag, Berlin, 1986, pp. 125-260. c) Hughes, A. B., ed., *Amino Acids, Peptides and Proteins in Organic Chemistry, Vol. 1,* Wiley-VCH: Weinheim, 2009.

CAPÍTULO 12

REAÇÕES ASSIMÉTRICAS ENTRE SUBSTRATO AQUIRAL E REAGENTE QUIRAL

12.1 INTRODUÇÃO

A maneira mais comum de gerar um centro quiral em uma molécula aquiral é com o emprego de reagentes quirais e substratos contendo ligantes ou faces enantiotópicas. Muitos exemplos são apresentados nas compilações de Morrison,[1] e aqui são descritos apenas os principais trabalhos dos investigadores mais conhecidos na área.

12.2 SÍNTESE DE COMPOSTOS ENANTIOMERICAMENTE PUROS VIA ORGANOBORANAS QUIRAIS

Na década de 1950, H. C. Brown descobriu que a adição de borana às moléculas orgânicas insaturadas – reação de hidroboração – conduz à formação das organoboranas,[2] o que por sua vez facilita a síntese de uma grande variedade de compostos orgânicos[3] (Figura 12.1).

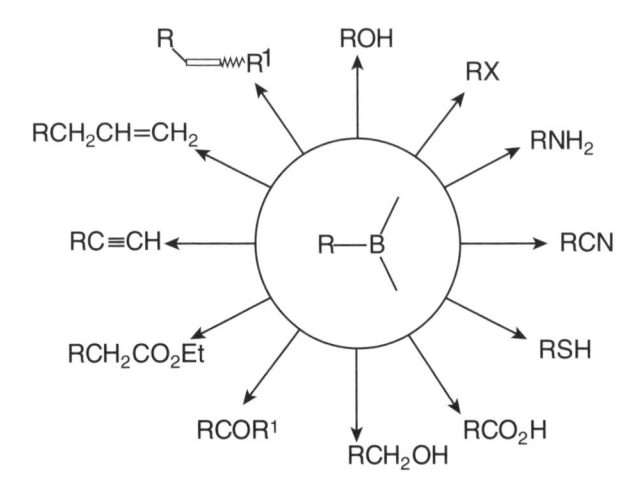

Figura 12.1

Uma característica das reações das organoboranas é que o grupo orgânico no boro normalmente se transfere a outros elementos com retenção de configuração; desta maneira, o emprego de organoboranas quirais tem permitido o desenvolvimento de várias sínteses enantiosseletivas. Por exemplo, a hidroboração de (+)- e (−)-α-pineno dá o correspondente dipinanil-borana (**79**), o qual, ao reagir com o *cis*-2-buteno, produz 2-butanol opticamente ativo[4] (Figura 12.2).

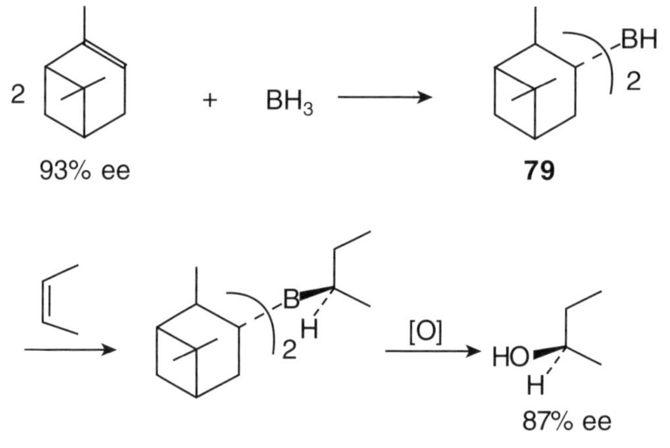

Figura 12.2

O intermediário quiral 2-butil-dipinanil-borana se converte também em 2-amino-butano com retenção da configuração,[5] e em 2-iodo-butano com inversão de configuração[6] (Figura 12.3).

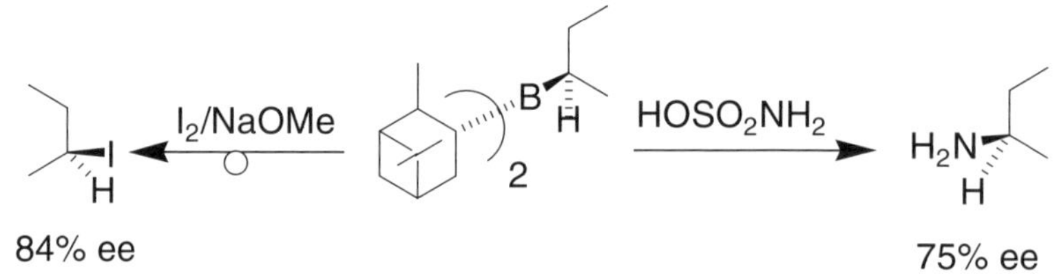

Figura 12.3

A redução assimétrica de cetonas pró-quirais foi então estudada por M. M. Midland e A. Kazubski, os quais prepararam o boroidreto quiral **80**, como mostra a Figura 12.4.[7]

Midland et al. também descobriram que vários deutério-aldeídos são reduzidos com a organoborana **81**, obtida da reação entre α-pineno e 9-BBN, para dar os alcoóis primários deuterados enantiomericamente puros[8] (Figura 12.5a). O reagente **81** ("alpino-borana") também é muito efetivo na redução de cetonas acetilênicas[9] (Figura 12.5b). A redução de cetonas não acetilênicas exigiu o uso de soluções muito concentradas dos reagentes,[10] ou a presença de um substituinte α-bromo[11] ou α-ceto éster[12] (Figura 12.5c-e).

Em uma aplicação desta metodologia assimétrica, Midland e colaboradores desenvolveram posteriormente a síntese enantiosseletiva do japanoluro[13] (Figura 12.6).

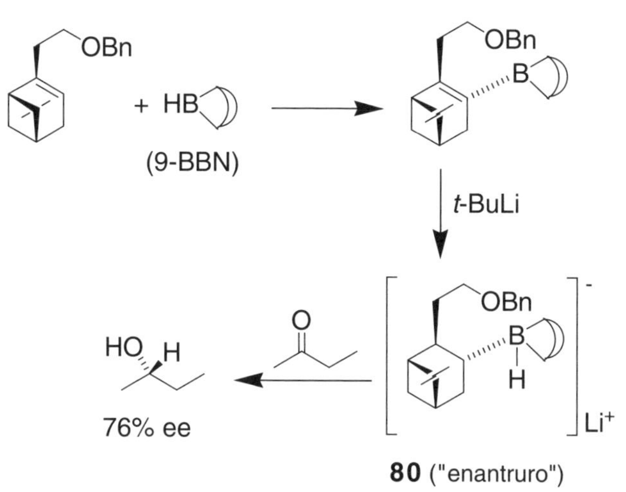

12. REAÇÕES ASSIMÉTRICAS ENTRE SUBSTRATO AQUIRAL E REAGENTE QUIRAL

Figura 12.4

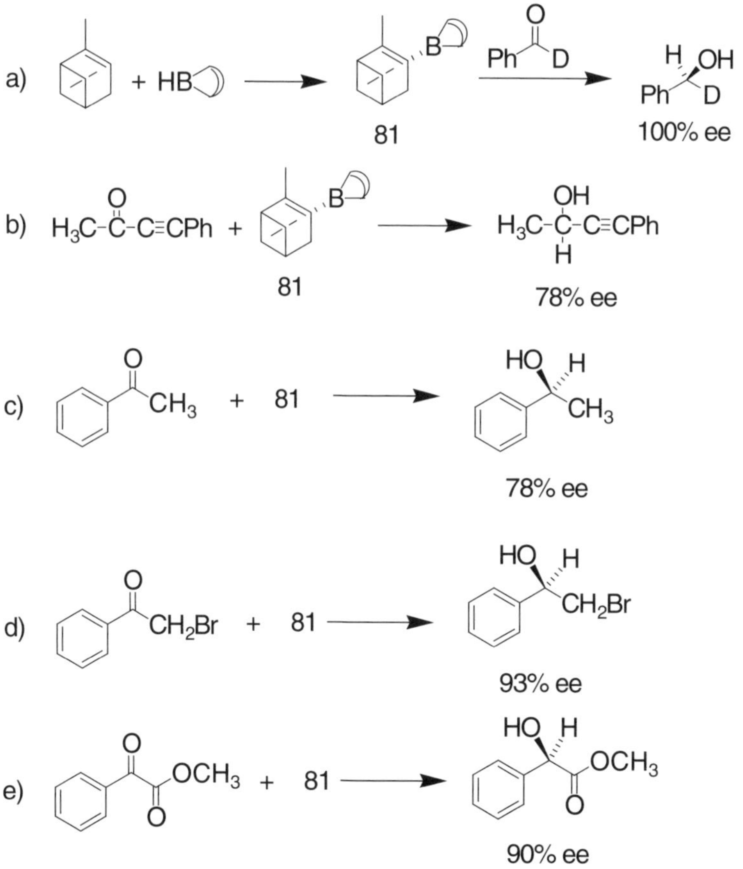

80 ("enantruro")

76% ee

a) 81 → 100% ee

b) 81 → 78% ee

c) + 81 → 78% ee

d) + 81 → 93% ee

e) + 81 → 90% ee

Figura 12.5

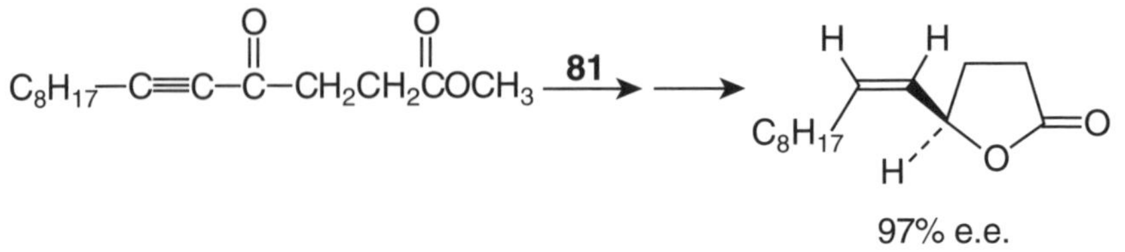

$C_8H_{17}-C\equiv C-\overset{O}{\overset{\|}{C}}-CH_2CH_2\overset{O}{\overset{\|}{C}}OCH_3 \xrightarrow{\textbf{81}}$

97% e.e.

Figura 12.6

Outra aplicação interessante é a descrita por W. S. Johnson et al.,[14] os quais utilizaram a redução assimétrica com alpino-borana para obter o intermediário opticamente ativo que foi então convertido no corticoide **82** enantiomericamente puro (Figura 12.7).

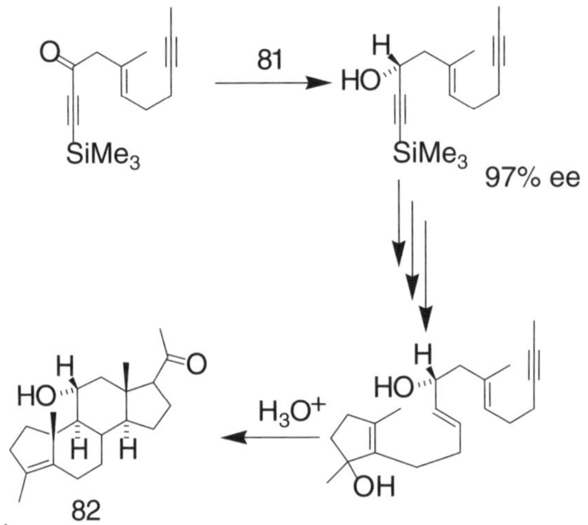

Figura 12.7

Cabe assinalar que a redução de compostos carbonílicos com alpino-borana se dá via um mecanismo cíclico:

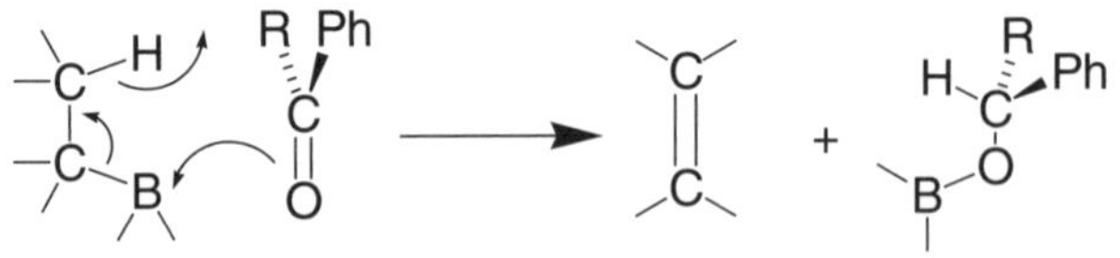

A formação enantiosseletiva de ligações carbono-carbono ocorre mediante o uso da alil-diisopinanil-borana **83**, que é preparada conforme a sequência de reações descrita na Figura 12.8.[15]

A organoborana **83** reage facilmente com aldeídos para gerar alcoóis homoalílicos de alta pureza enantiomérica[15] (Figura 12.9).

Esta reação supostamente procede por meio de um estado de transição cíclico, em que está envolvida uma conformação de cadeira, como mostrado em **84** e **85**:

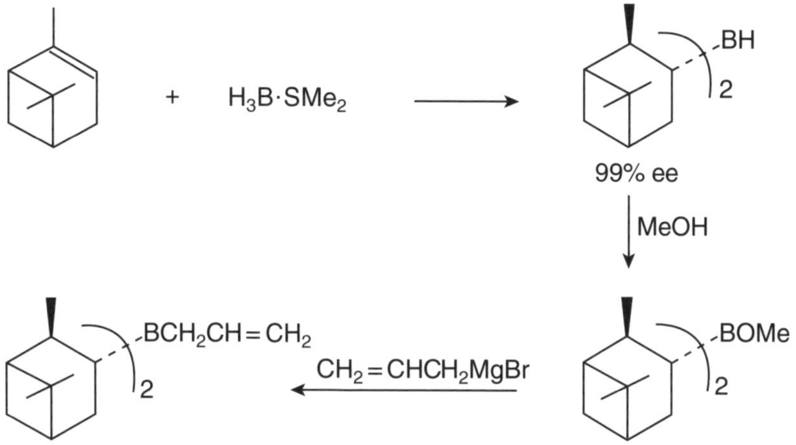

83, 99% ee

Figura 12.8

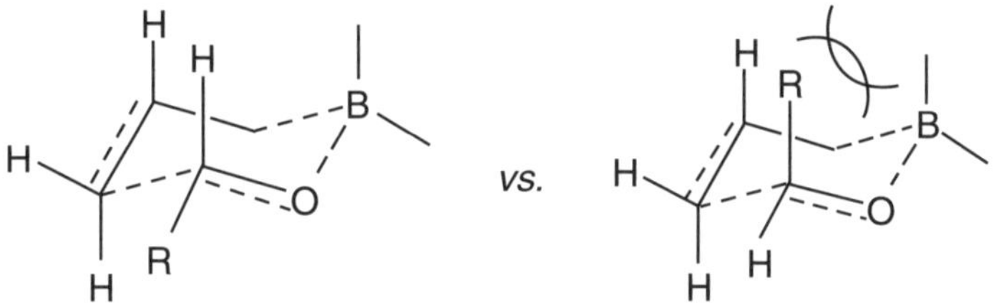

84 **85**

O grupo R ocupa uma posição equatorial em **84**, porém axial em **85**. Os autores sugerem então que o estado de transição **84** é mais estável e, portanto, conduz ao produto majoritário. Em sua síntese assimétrica de 1961,[4] Brown e Zweifel usaram α-pineno de 93% ee. (Figura 12.2). Em 1977, Brown e Yoon[16] melhoraram o método de preparação da dipinanil-borana (**79**,

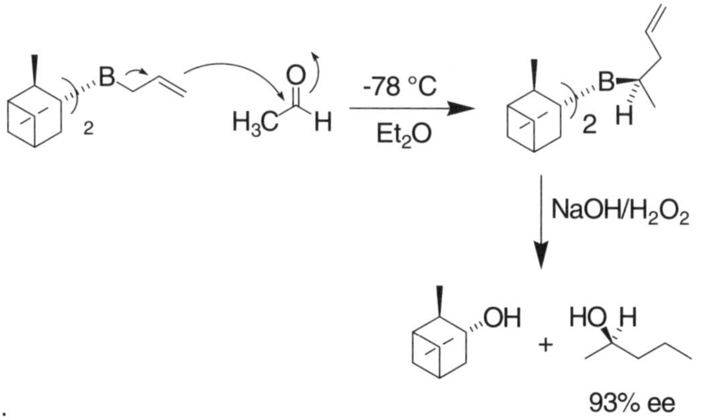

Figura 12.9

100% ee), o que permitiu incrementar a pureza enantiomérica dos produtos de hidroboração de *cis*-alquenos (Figura 12.10).

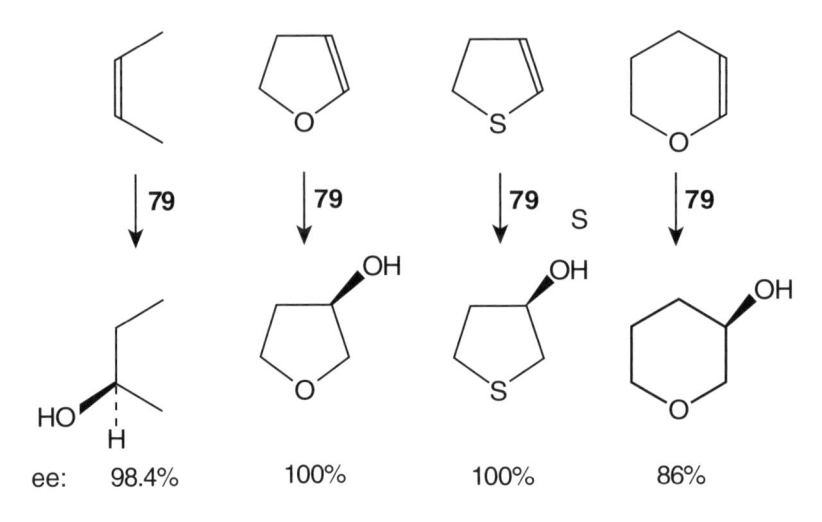

Figura 12.10

Uskokovic e colaboradores utilizaram **79** na síntese de loganina (**86**)[17] (Figura 12.11).

Figura 12.11

Assim, Uskokovic empregou **79** na síntese de prostaglandinas.[18] A Figura 12.12 mostra a etapa crítica inicial.

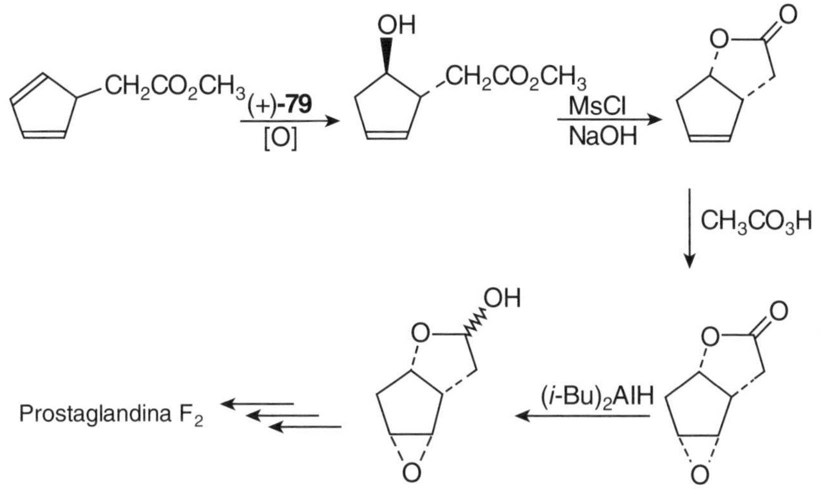

Figura 12.12

12.3 REDUÇÃO ASSIMÉTRICA COM DERIVADOS QUIRAIS DO HIDRETO DE LÍTIO E ALUMÍNIO

Bothner publicou em 1951 que a redução da metil-etil-cetona com o reagente preparado a partir de $LiAlH_4$ e (+)-canfor produz metil-etil-carbinol opticamente ativo.[19] Posteriormente, Portoghese descobriu em 1962 que a atividade óptica encontrada no experimento anterior na realidade provinha de pequenas quantidades de (+)-isoborneol, presente como contaminante no meio de reação, e que a redistribuição dos grupos alcoxi e hidreto no reagente redutor impedem a indução assimétrica devido à maior reatividade do $LiAlH_4$[20] (Figura 12.13).

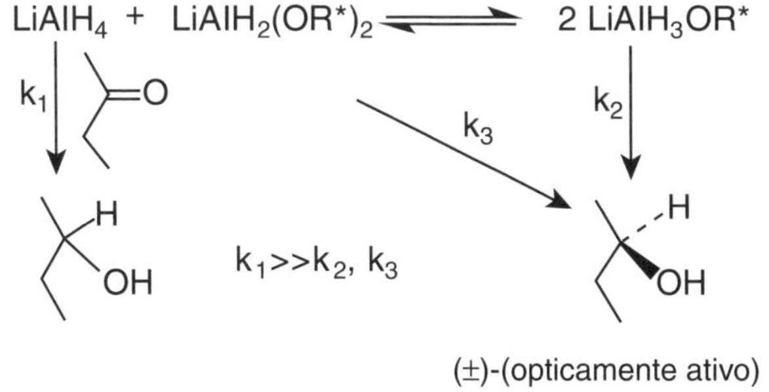

Figura 12.13

Com a intenção de frear a reação de desproporcionamento, Haller e Schneider usaram *cis*-pinanodiol como modificador quiral, esperando que o ligante bidentado desse um reagente menos suscetível à dissociação. Com efeito, uma série de benzil-alquil-cetonas foi reduzida com ee = 20-30%.[21]

cis-pinanodiol

Excessos enantioméricos de até 70% foram obtidos por Landor et al.[22] na redução da acetofenona com $LiAlH_4$ + **87** (→**88**):

87   **88**

Os melhores resultados foram obtidos por Noyori et al.[23] empregando o binaftol **89**, de modo que ee = 90-100% na redução de várias cetonas.

(R_a) **89**

Os resultados estereoquímicos foram interpretados em função dos modelos diastereoméricos **90** e **91**. Empregando a acetofenona como substrato, argumenta-se que **90** é mais favorável que **91** devido à interação estérica repulsiva entre o grupo fenila e o sistema binaftilo em **91**, o que resulta na formação seletiva do álcool de configuração (*R*) (Figura 12.14).

Suda e colaboradores[24] estudaram a redução de uma série de substratos pró-quirais com derivados de $LiAlH_4$ e o (R_a)-2,2'-diamino-6,6'-dimetil-bifenila (**92**). Em alguns casos observou-se indução assimétrica de até 54% ee.

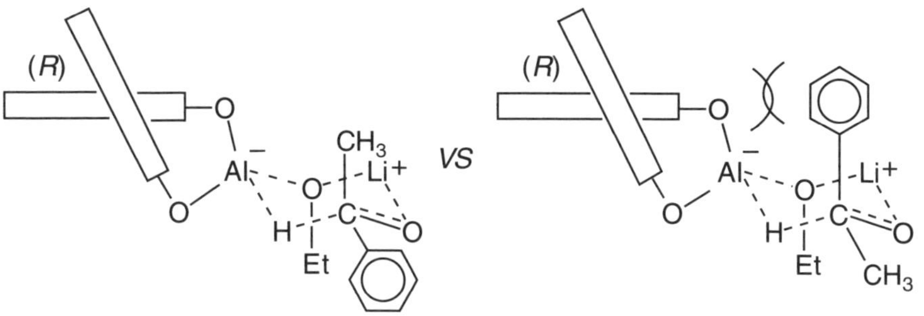

90   vs   **91**

Figura 12.14

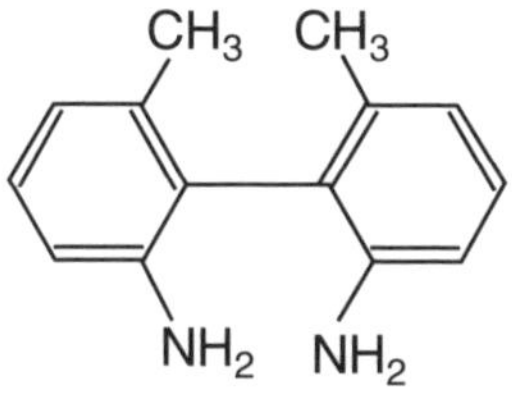

92

Por outro lado, Mukaiyama e Asami investigaram várias (*S*)-2-aminometil-pirrolidinas derivadas da (*S*)-prolina como modificadores do LiAlH$_4$.[25] O derivado **93** foi o mais efetivo, reduzindo a propiofenona com um rendimento químico de 90% e com ee = 96%.

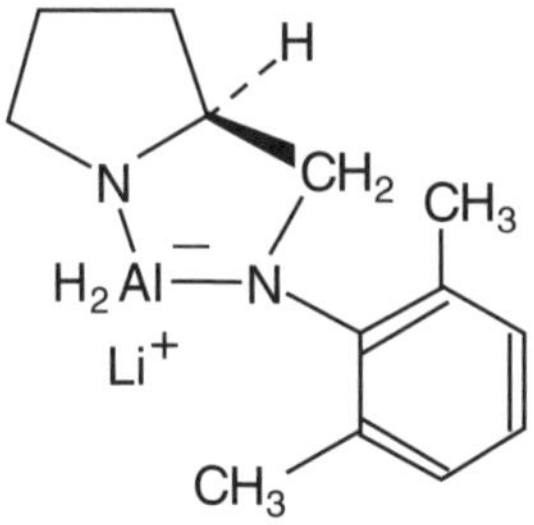

93

O hidreto de lítio e alumínio também tem sido modificado com amino alcoóis quirais. Assim, em 1967 Cervinka e Belovsky obtiveram 48% ee na redução da acetofenona com LiAlH$_4$-quinina.[26]

quinina:

Vigneron e Jacquet examinaram a (−)-N-metil-efedrina como agente indutor de quiralidade no LiAlH$_4$ modificado, conseguindo excessos enantioméricos de aproximadamente 90% na redução de alquilfenonas e outras cetonas acetilênicas.[27]

As oxazolinas quirais também têm sido empregadas como modificadores de LiAlH$_4$,[28] com resultados satisfatórios.

Um dos reagentes mais interessantes é o obtido por Yamaguchi e Mosher com o álcool Darvon (**94**).[29] Com este reagente, a redução da acetofenona com o reagente obtido imediatamente depois de misturar 2,3 equivalentes de **94** e um equivalente de LiAlH$_4$ produziu 68% ee do (R)-metilfenil-carbinol. Inesperadamente, quando o reagente anterior foi aquecido a refluxo durante 10 minutos e permaneceu em repouso durante toda a noite, obteve-se 66% do isômero (S).

94

12.4 ADIÇÕES ASSIMÉTRICAS A COMPOSTOS CARBONÍLICOS α,β-INSATURADOS[30]

A adição de nucleófilos à dupla ligação carbono-carbono de compostos carbonílicos α,β-insaturados é um método útil em síntese e é conhecida como adição 1,4-conjugada ou ainda como reação de Michael. Nesta seção são apresentadas várias reações assimétricas dentro desta categoria.

Muitos estudos foram motivados pelos trabalhos prévios de Hashimoto, Yamada e Koga na adição 1,2 às aldiminas quirais (**95**), que deram lugar à formação da fenil-glicina em alto excesso enantiomérico[31] (Figura 12.15).

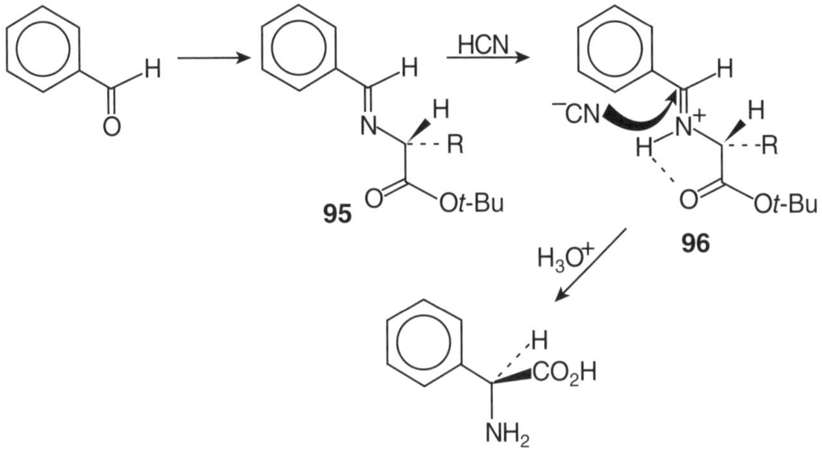

Figura 12.15

Buscou-se então ampliar a aplicação desta metodologia em adições 1,4 em substratos nos quais a conformação da entidade quiral se mantém rígida durante a etapa de adição (compare-se **96** e **97**).

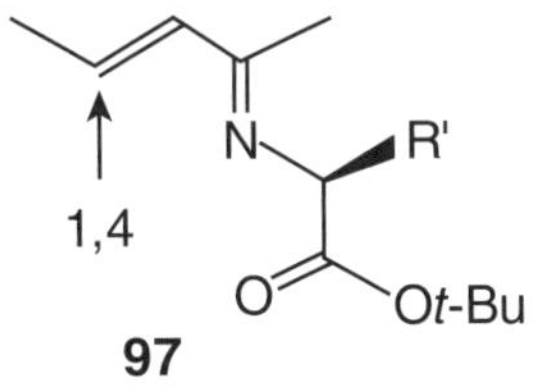

Com esta ideia, foram preparadas várias aldiminas α,β-insaturadas, a partir da reação entre o crotonaldeído e os ésteres de aminoácidos opticamente puros. A adição de reagentes de Grignard ocorreu via 1,4 como se esperava[32] (Figura 12.16).

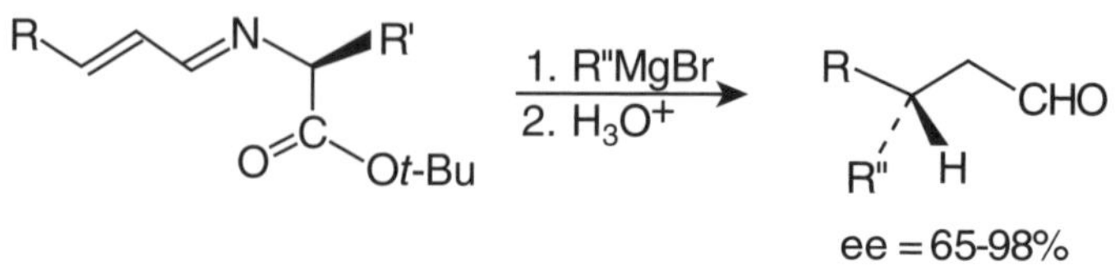

Figura 12.16

ee = 65-98%

Um mecanismo que está de acordo com os resultados observados é o esquematizado em **98**: espera-se que o reagente de Grignard forme primeiramente um ciclo e então o grupo R do reagente de Grignard migra ao carbono β desde o lado menos impedido para gerar a magnésio-enamina **99**, que gera depois da hidrólise ácida o aldeído β-substituído (**100**) com a configuração apresentada (Figura 12.17).

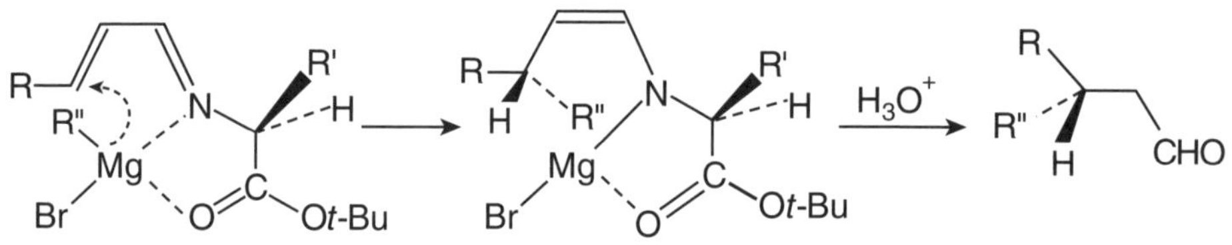

Figura 12.17

A efedrina também tem sido utilizada como agente auxiliar quiral e agente ligante em adições 1,4. Mukaiyama e Iwasawa prepararam as amidas α,β-insaturadas **101**, que proporcionaram os ácidos alcanoícos β-substituídos **102**[33] (Figura 12.18).

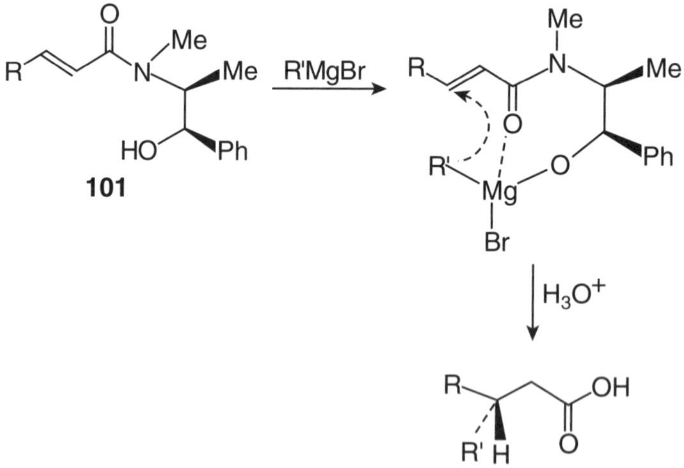

Figura 12.18

Um método alternativo para a indução assimétrica 1,4- consiste na adição conjugada de nucleófilos quirais. Assim, Yamada relatou um ee = 59% na reação do acrilato de metila com a enamina quiral **103**, que foi obtida a partir da ciclohexanona e do éster *t*-butílico da *L*-prolina[34] (Figura 12.19).

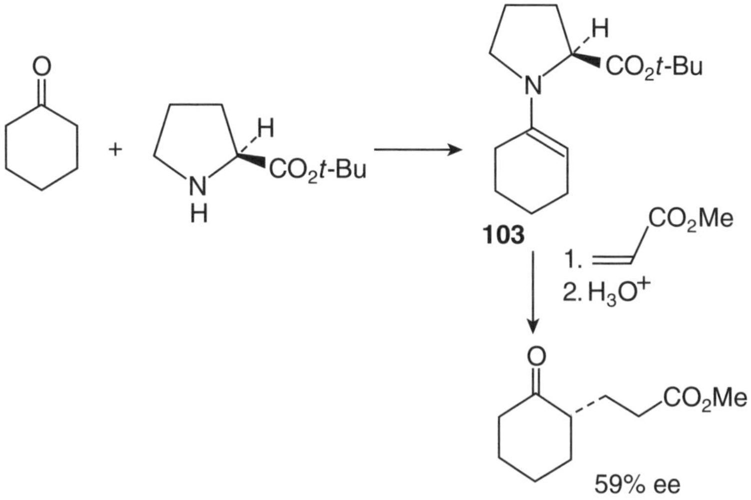

Figura 12.19

Por outro lado, os organocupratos reagem de forma eficiente em adições 1,4. Os derivados quirais R(Z*)CuLi dão assim lugar à formação de ligações C–C com indução assimétrica muito alta (Figura 12.20).[35]

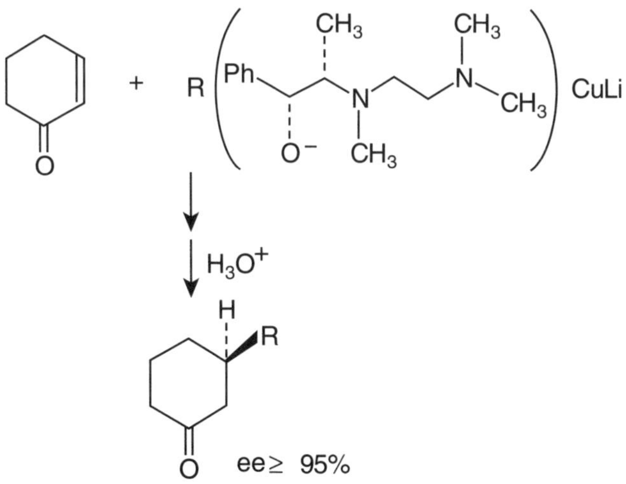

Figura 12.20

REFERÊNCIAS

1. a) Morrison, J. D. ed., *Asymmetric Synthesis*, Vols. 2 y 3, Academic Press: Orlando, 1983. b) Paquette, L. A. ed., *Handbook of Reagents for Organic Synthesis. Chiral Reagents for Asymmetric Synthesis,* Wiley: Chichester (2003).
2. a) Brown, H. C. *Hydroboration*, Benjamin: New York, 1963. b) Veja também: Clay, J. M. *Name Reactions for Functional Group Transformations*, Li, J. J.; Corey, E. J., eds., Wiley: New York, 2007;183-188.
3. Brown, H. C. *Organic Syntheses via Boranes*, Wiley: New York, 1975.
4. Brown, H. C.; Zweifel, G. *J. Am. Chem. Soc.* **1961**, *83*, 486.
5. Verbit, L.; Heffron, P. J. *J. Org. Chem.* **1967**, *32*, 3199.
6. Brown, H. C.; de Lue, N. R.; Kabalka, G. W.; Hedgecock, H. C. *J. Am. Chem. Soc.* **1976**, *98*, 1290.
7. Midland, M. M.; Kazubski, A. *J. Org. Chem.* **1982**, *47*, 2495.
8. Midland, M. M.; Greer, S.; Tramontano, A.; Zderic, S. A. *J. Am. Chem. Soc.* **1979**, *101*, 2352.
9. Midland, M. M.; McDowell, D. C.; Hatch, R. L.; Tramontano, A. *J. Am. Chem. Soc.* **1980**, *102*, 867.
10. Brown, H. C.; Pai, G. G. *J. Org. Chem.* **1982**, *47*, 1606.
11. Brown, H. C.; Pai, G. G. *J. Org. Chem.* **1983**, *48*, 1784.
12. Brown, H. C.; Pai, G. G.; Jadhav, P. K. *J. Am. Chem. Soc.* **1984**, *106*, 1531.
13. Midland, M. M.; Nguyen, N. H. *J. Org. Chem.* **1981**, *46*, 4107.
14. Johnson, W. S.; Frei, B.; Gopalan, A. S. *J. Org. Chem.* **1981**, *46*, 1513.
15. a) Brown, H. C.; Jadhav, P. K. *J. Am. Chem. Soc.* **1983**, *105*, 2092. b) Para um exemplo recente de alilação assimétrica via organoboranas quirais, veja: Canales, E.; Prasad, K. G.; Soderquist, J. A. *J. Am. Chem. Soc.* **2005**, *127*, 11572. c) Veja também: Stork, G.; Zhao, K. *J. Am. Chem. Soc.* **1990**, *112*, 5875.
16. Brown, H. C.; Yoon, N. M. *Israel J. Chem.* **1977**, *15*, 12.
17. Partridge, J. J.; Chadha, N. K.; Uskokovic, M. R. *J. Am. Chem. Soc.* **1973**, *95*, 535.
18. Partridge, J. J.; Chadha, N. K.; Uskokovic, M. R. *J. Am. Chem. Soc.* **1973**, *95*, 7171.
19. Bothner-By, A. *J. Am. Chem. Soc.* **1951**, *73*, 846.
20. Portoghese, P. S. *J. Org. Chem.* **1962**, *27*, 3359.
21. Haller, R.; Schneider, H. J. *Chem. Ber.* **1973**, *106*, 1312.
22. Landor, S. R.; Miller, B. J.; Tatchell, A. R. *J. Chem. Soc. C* **1967**, 197.
23. Noyori, R.; Tomino, I.; Nishizawa, M. *J. Am. Chem. Soc.* **1979**, *101*, 5843.
24. Suda, H.; Motor, M.; Fujii, M.; Kanok, S.; Yoshida, H. *Tetrahedron Lett.* **1979**, 4565.
25. Mukaiyama, T.; Asami, M. *Chem. Lett.* **1977**, 783. Asami, M.; Mukaiyama, T. *Heterocycles* **1979**, *12*, 499.
26. Cervinka, O.; Belovsky, O. *Collect. Czech. Chem. Commun.* **1967**, *32*, 3897.
27. Vigneron, J. P.; Jacquet, I. *Tetrahedron Lett.* **1976**, 939.
28. Meyers, A. I.; Kendall, P. M. *Tetrahedron Lett.* **1974**, 1337.
29. a) Yamaguchi, S.; Mosher, H. S. *J. Org. Chem.* **1973**, *38*, 1870. b) Para uma revisão recente, veja: Daverio, P.; Zanda, M. *Tetrahedron: Asymmetry* **2001**, *12*, 2225.
30. a) Tomioka, K.; Koga, K. em *Asymmetric Synthesis*, Vol. 2, Morrison, J. D., ed., Academic Press: Orlando, 1983, capítulo 7. b) Perlmutter, P. *Conjugate Addition Reactions in Organic Synthesis*, Pergamon: Oxford, 1992.
31. Hashimoto, S.; Yamada, S.; Koga, K. *J. Am.Chem. Soc.* **1976**, *98*, 7450.
32. Hashimoto, S.; Yamada, S.; Koga, K. *Chem. Pharm. Bull.* **1979**, *27*, 771.
33. Mukaiyama, T.; Iwasawa, N. *Chem. Lett.* **1981**, 913.
34. Yamada, S.; Hiroi, K.; Achiwa, K. *Tetrahedron Lett.* **1969**, 4233.
35. a) Nakagawa, Y.; Kanai, M.; Nagaoka, Y.; Tomioka, K. *Tetrahedron* **1998**, *54*, 10295. b) Para uma revisão de reações organocatalíticas assimétricas de adição conjugada, veja: Tsogoeva, S. B. *Eur. J. Org. Chem.* **2007**, 1701.

CAPÍTULO 13
MÉTODOS MISCELÂNEOS PARA O CONTROLE DA ESTEREOQUÍMICA

13.1 INTRODUÇÃO

Um dos problemas mais difíceis na síntese de moléculas orgânicas complexas é o controle da estereoquímica relativa de seus componentes. Efetivamente, uma molécula com n centros de quiralidade pode existir em 2^n formas estereoméricas. Por exemplo, a eritronolida A (**104**), componente do importante antibiótico eritromicina A, possui 10 centros estereogênicos e pode existir em até 1024 estruturas estereoisoméricas.[1]

104

A fim de realizar com sucesso a síntese de compostos como **104**, os químicos devem controlar a configuração de cada centro de quiralidade gerado.

Os Capítulos 10-12 consideram reações que, comumente, geram produtos com um só centro de quiralidade; neste capítulo serão apresentados alguns métodos empregados para controlar a configuração relativa de moléculas com dois ou mais centros de quiralidade.

13.2 ESTEREOCONTROLE MEDIANTE A CONDENSAÇÃO ALDÓLICA[2,3]

Durante os últimos 15 ou 20 anos, vários grupos de pesquisa nos Estados Unidos, no Japão e na Alemanha têm reexaminado uma das reações orgânicas mais antigas: a adição aldólica[4] (Equação 13.1).

Equação 13.1

Este processo oferece vantagens interessantes; em síntese: (1) Gera-se uma nova ligação carbono-carbono. Estas reações são relevantes em comparação com aquelas que simplesmente envolvem a conversão de um grupo funcional em outro, uma vez que permitem a construção de moléculas grandes a partir de segmentos. (2) A condensação aldólica fornece um produto com dois grupos funcionais, úteis em modificações sintéticas subsequentes. (3) Como observado na Equação 13.1, na reação são gerados dois novos centros de quiralidade. Se um dos reagentes é quiral, o produto aldólico contém três centros estereogênicos, pelo que esta condensação mostra potencial na preparação de compostos polifuncionais com muitos centros de quiralidade, como **104**, sempre que for possível controlar a estereoquímica no processo.

Neste sentido, Dubois e colaboradores foram os primeiros a mostrar que na reação de um enolato de lítio com um aldeído, existe uma predisposição dos enolatos *cis* para dar os aldois *eritro* (Equação 13.2), enquanto os enolatos *trans* tendem a dar os aldois *treo* (Equação 13.3).[5]

Equação 13.2

Equação 13.3

Heathcock et al. constataram que quando o substituinte R é grande, a estereosseletividade obtida é muito alta. Assim, o enolato de lítio que se forma a partir da cetona **105** (enolato *cis*) reage com benzaldeído para dar *exclusivamente* o aldol *eritro* **106**[6] (Figura 13.1).

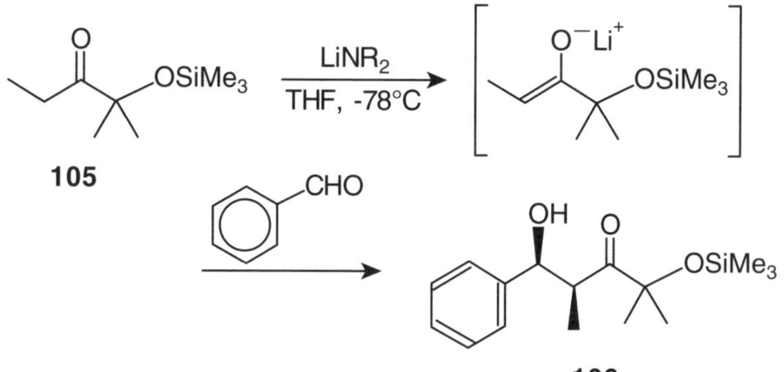

Figura 13.1

Assim, o enolato *trans* obtido a partir do propionato de 2,4,6-trimetilfenila se condensa com o isobutiraldeído para proporcionar seletivamente o *treo*-β-hidroxi éster **107**[7] (Figura 13.2).

A estereosseletividade observada nas condensações aldólicas mostradas nas Figuras 13.1 e 13.2 é explicada mediante o estado de transição proposto por Zimmerman e Traxler para reações semelhantes.[8] Tal hipótese baseia-se no conceito de que a nova ligação carbono-carbono está formada parcialmente no estado de transição da reação, de modo que existem cargas negativas parciais em cada um dos dois oxigênios, que tendem a orientar-se na direção do cátion. Esta interação eletrostática no estado de transição favorece a formação do produto *eritro* a partir do enolato *cis*, já que desta maneira a distância entre R e R' é máxima (Figura 13.3a). Pelo contrário, o ordenamento que conduz ao produto *treo* é desfavorável, pois dá lugar a um impedimento estérico entre R e R'[8] (Figura 13.3b).

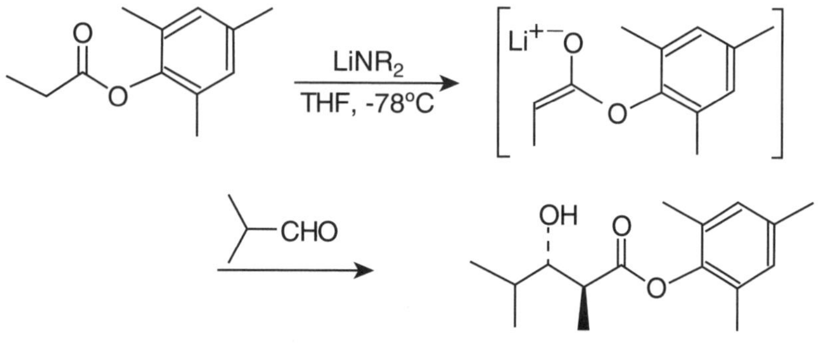

Figura 13.2

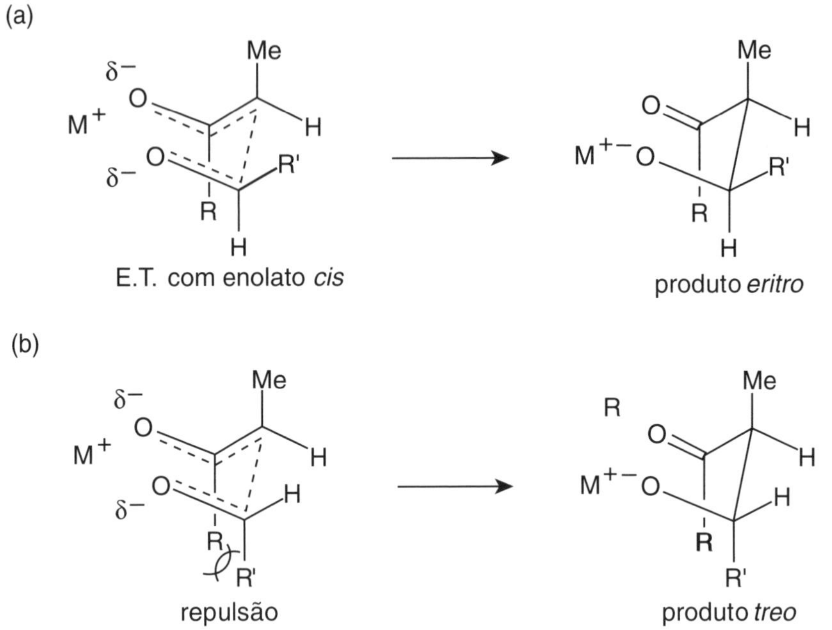

(a)

E.T. com enolato *cis*   produto *eritro*

(b)

repulsão   produto *treo*

Figura 13.3

Os produtos **106** e **107** são intermediários úteis, pois permitem o surgimento da forma *treo* ou *eritro* em sistemas β-hidroxicarbonílicos e também porque podem ser convertidos em outros derivados. Por exemplo, os aldóis **106** podem transformar-se facilmente em *eritro*-β-hidroxiácidos[6] (Equação 13.4), *eritro*-β-hidroxialdeídos[9] (Equação 13.5) ou *eritro*-β-hidroxicetonas[10] (Equação 13.6).

Da mesma maneira, os aldóis *treo* **107** são precursores de uma grande variedade de compostos *treo*-β-hidroxi-carbonílicos.

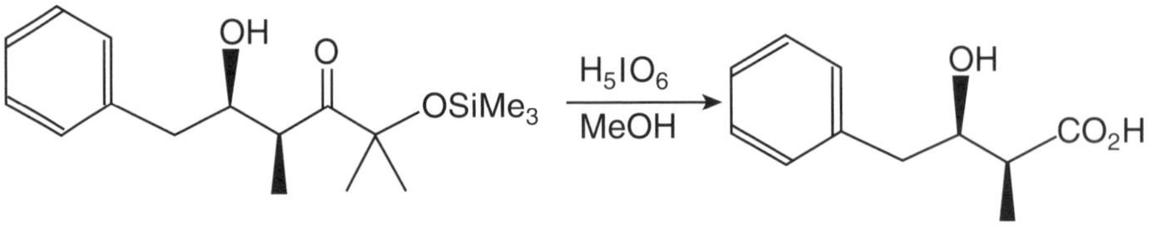

Equação 13.4

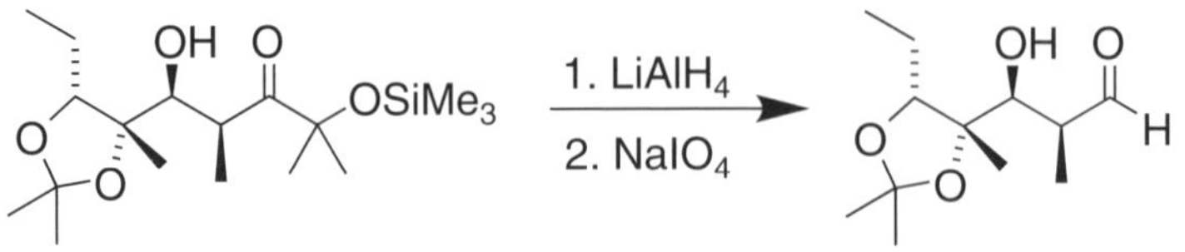

Equação 13.5

13. MÉTODOS MISCELÂNEOS PARA O CONTROLE DA ESTEREOQUÍMICA

Equação 13.6

Os grupos de Masamune e de Evans utilizam enolatos de boro. Por exemplo, o enolato *cis* **108** conduz ao derivado **109** de alta pureza estereoquímica[11] (Equação 13.7).

(7)

109

Equação 13.7

Por outro lado, o enolato *trans* **110** dá lugar ao produto aldol *treo*[12] (Equação 13.8).

110

Equação 13.8

Como se deduz da Figura 13.3, os exemplos discutidos são o resultado da estereosseleção *cinética*. Visto que a condensação aldólica pode ser reversível, é também possível induzir a equilibração *eritro* ⇌ *treo* (Equação 13.9) com controle termodinâmico.

(*eritro*)   (*treo*)

(9)

Equação 13.9

A velocidade desta equilibração depende de vários fatores, incluindo a natureza do cátion M^+. Em geral, os cátions que se associam fortemente aos átomos de oxigênio no aldolato (B, Al e Li) o estabilizam e retardam a retroaldolização. Pelo contrário, a retroaldolização é facilitada por cátions mais dissociáveis (K, Na e R_4N).

Observa-se que geralmente os isômeros *treo* são mais estáveis que suas contrapartes *eritro* (por exemplo, Equação 13.10). Assim, a equilibração pode ser empregada em algumas ocasiões para conseguir uma estereosseleção *treo*.[13]

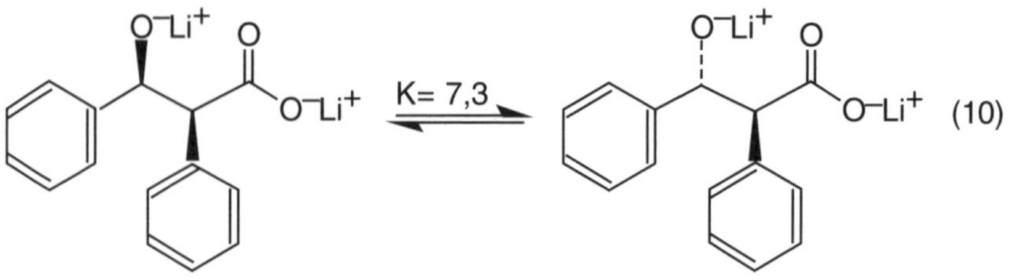

Equação 13.10

De um maior grau de complexidade são as reações em que o aldeído inicial é quiral. Como o produto contém três centros de quiralidade, podem ser esperados oito estereoisômeros; quatro destes isômeros são mostrados na Figura 13.4 e os outros quatro isômeros são suas imagens em um espelho (seus enantiômeros). Dois dos produtos são *eritro* e dois são *treo*.

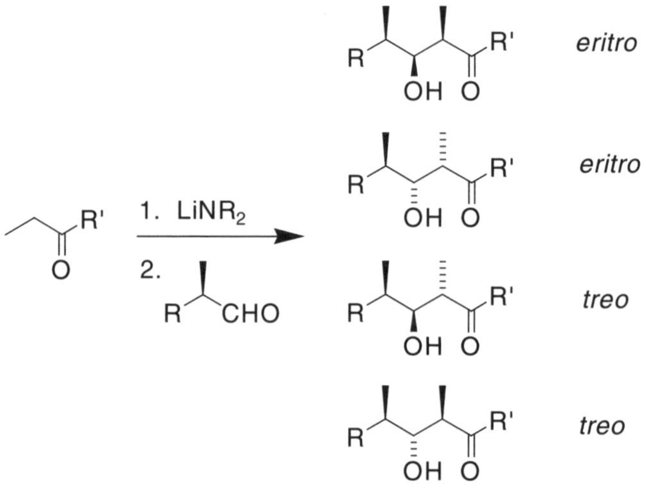

Figura 13.4

Ao empregar um reagente seletivo para gerar o produto *eritro* ou o produto *treo* é possível obter seletivamente dois dos quatro estereoisômeros. Por exemplo, a adição do enolato *cis* da cetona **105** ao aldeído quiral **111** gera uma mistura 2:1 dos dois aldóis *eritro*[9] (Equação 13.11).

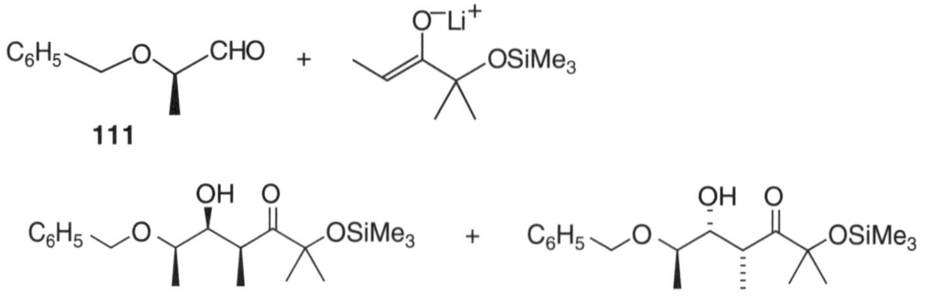

Equação 13.11

A proporção 2:1 é consequência da diferença intrínseca em velocidades de reação quando o enolato da cetona **107** ataca as duas faces diastereotópicas do aldeído. Esta indução assimétrica pode ser aproveitada no que tem-se denominado *dupla estereodiferenciação*.[14]

Desta maneira, quando qualquer dos reagentes em uma condensação aldólica é quiral, então mostrará seletividade entre suas faces diastereotópicas. Assim, as Equações 13.12 e 13.13 são exemplos em que um aldeído quiral dá lugar a uma preferência diastereofacial de 5:1 e um enolato quiral mostra também uma seletividade 5:1, conforme indicado.

Equação 13.12

Equação 13.13

Considere-se agora a reação entre o aldeído quiral empregado na primeira reação e o enolato quiral da segunda: como indicado na Equação 13.14, um dos aldóis *eritro* predominará significativamente sobre o segundo, pois ambos os reagentes quirais induzem o mesmo sentido de quiralidade nos centros estereogênicos gerados. Em uma primeira aproximação, os aldóis *eritro* foram produzidos em uma relação de 25:1.

5x5 = 25   1x1 = 1

Equação 13.14

Em contraste, ao permitir que o mesmo enantiômero do aldeído reaja com o enantiômero oposto do enolato, a estereosseletividade observada será pior que em uma reação ante um enolato aquiral, uma vez que agora os dois reagentes quirais induzem configurações opostas nos dois novos centros de quiralidade (Equação 13.15).

Equação 13.15

Um exemplo da estereodiferenciação dupla na condensação aldólica é mostrado nas equações 13.16 e 13.17. A condensação apresentada na equação 13.16 representa uma combinação desfavorável de cetona e aldeído: os dois aldóis *eritro* se formam em uma relação 2:1. Sem dúvida, quando o enantiômero oposto do aldeído é utilizado, ambos os reagentes promovem o mesmo sentido de quiralidade nos novos centros estereogênicos; assim, os produtos *eritro* são obtidos em uma relação maior que 30:1 (Equação 13.17).

Equação 13.16

Equação 13.17

13. MÉTODOS MISCELÂNEOS PARA O CONTROLE DA ESTEREOQUÍMICA

Em algumas ocasiões, a seletividade diastereofacial do enolato domina a indução proveniente do aldeído quiral. Assim, Seebach et al.[15] constataram que a combinação (*R*)-**112**/(*R*)-**113** conduz ao produto **114** com uma diastereosseletividade de 96%, em um processo que envolve indução *lk*-1,3 por parte do centro de quiralidade no enolato, topicidade relativa *lk* na reação entre as duas faces trigonais, e indução *lk*-1,2 pelo centro de quiralidade no aldeído (Figura 13.5).

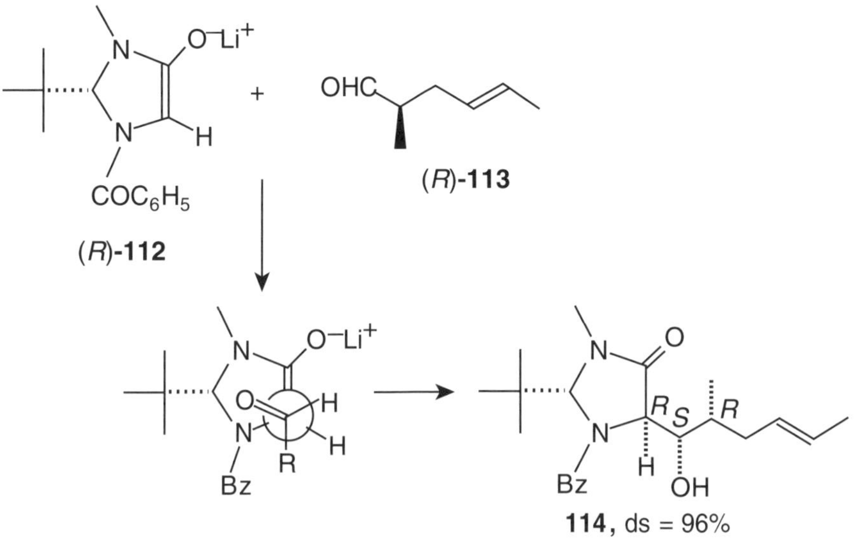

Figura 13.5

Por outro lado, o produto **115** foi obtido a partir da combinação (*S*)-**112**/(*R*)-**113** com 93% ds (Equação 13.18). É claro que a estereoindução devida ao centro estereogênico do aldeído é mais baixa que a induzida pelo centro estereogênico do enolato.

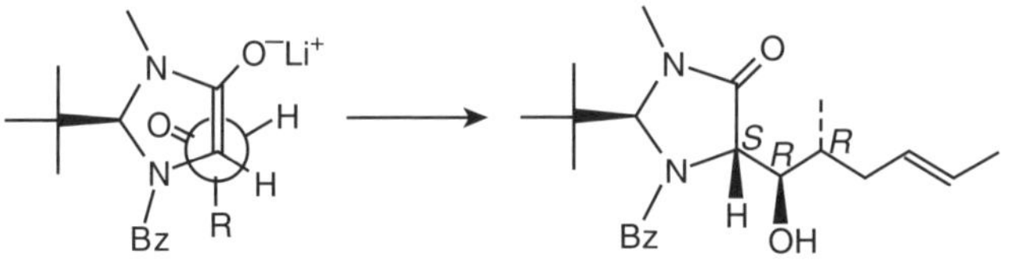

(18)

Equação 13.18

13.3 ESTEREOQUÍMICA DA ADIÇÃO DE DITIANIL LÍTIOS A CICLOHEXANONAS[16,17]

A adição de carbânions a cetonas é um dos métodos mais comuns para a introdução da estereoquímica das moléculas. Esta seção apresenta alguns estudos relacionados com o curso da adição de compostos organometálicos a ciclohexanonas, para dar alcoóis isoméricos (Equação 13.19).

Equação 13.19

Já ficou estabelecido que o impedimento estérico provocado pelos hidrogênios axiais em $C_{3,5}$ favorece o ataque do nucleófilo pelo lado equatorial:[18]

Sem dúvida, é óbvio também que outros fatores conduzem a uma preferência pelo ataque axial. A natureza desta segunda influência não está bem definida, sugerindo-se que a estabilidade termodinâmica dos produtos,[19] a tensão torsional gerada durante o ataque equatorial,[20] a forma dos orbitais de fronteira,[21] a dureza *vs.* moleza do nucleófilo,[22] e a importância das interações estabilizantes de dois elétrons[23] são responsáveis pela proporção inesperadamente alta de adição a partir do lado axial.

Ao estudar a estereoquímica da adição de 1,3-ditianil lítios a 4-*t*-butil-ciclohexanona,[16,17] descobriu-se que ela depende em alguns casos do *controle cinético ou termodinâmico* na reação.

Assim, o 1,3-ditianil lítio é adicionado a 4-*t*-butil-ciclohexanona com muito pouca estereosseletividade, em uma reação que procede sob controle cinético, já que a proporção dos produtos se mantém constante com o passar do tempo (Equação 13.20).

(49:51)

Equação 13.20

Em contraste, a adição de 2-fenil-1,3-ditianil lítio é muito estereosseletiva sob condições de controle termodinâmico (Figura 13.6). Assim, no solvente THF, a proporção **116/117** é igual a 79:21 a tempo "zero", 86:14 a t = 1,5 h. e 100:0 depois de quatro horas.

Figura 13.6

A Figura 13.7 apresenta um diagrama energético que está de acordo com os dados experimentais.

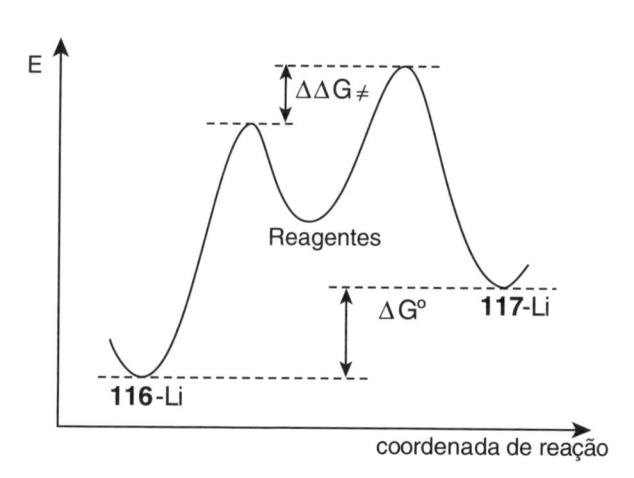

Figura 13.7

A proporção 79:21 obtida sob controle cinético (t = 0) indica uma $\Delta\Delta G^{\neq} = 0,8$ kcal/mol, enquanto a relação >100:1 entre os alcoóxidos **116**-Li e **117**-Li sugere que $\Delta G° \geq 3,0$ kcal/mol. A maior estabilidade de **116**-Li deve-se a fatores estéricos e/ou eletrostáticos, já que o átomo de lítio poderia estar estabilizado mediante a associação com os átomos de enxofre; tal interação não é possível em **117**-Li, pois conduz a uma forte repulsão estérica entre a fenila e o anel do ciclohexano.

116-Li vs **117-Li**

REFERÊNCIAS

1. Woodward, R. B. et al., *J. Am. Chem. Soc.* **1981**, *103*, 3210, 3213, 3215.
2. (a) Heathcock, C. H. em *Asymmetric reactions and processes in chemistry*, Eliel, E. L.; Otsuka, S. eds., American Chemical Society, Washington, 1982, Capítulo 4. (b) Juaristi, E.; Beck, A. K.; Hansen, J.; Matt, T.; Mukhopadhyay, T.; Simson, M.; Seebach, D. *Synthesis* **1993**, 1271. c) Veja também: Muñoz-Muñiz, O.; Quintanar-Audelo, M.; Juaristi, E. *J. Org. Chem.* **2003**, *68*, 1622.
3. a) Heathcock, C. H. em *Asymmetric synthesis*, vol. 3, J. D. Morrison, ed., Academic Press, Orlando, 1984, capítulo 2. b) Mahrwald, R., ed., *Modern Aldol Reactions*, Wiley-VCH: Weinheim, 2004. c) Um campo em crescimento é o das reações aldólicas organocatalíticas assimétricas: Mukherjee, S.; Yang, J. W.; Hoffmann, S.; List, B. *Chem. Rev.* **2007**, *107*, 5471.
4. Kane, R. *J. Prakt. Chem.* **1938**, *15*, 129. (O nome da reação deriva do produto representativo mais simples, do tipo aldeído – álcool).
5. Dubois, J. E.; Fellman, P. *Tetrahedron Lett.* **1975**, 1225.
6. Heathcock, C. H. et al., *J. Org. Chem.* **1980**, *45*, 1066.
7. Pirrung, M. C.; Heathcock, C. H. *J. Org. Chem.* **1980**, *45*, 1727.
8. a) Zimmerman, H.; Traxler, M. *J. Am. Chem. Soc.* **1957**, *79*, 1920. b) Carey, F. A.; Sundberg, R. J. *Advanced Organic Chemistry, Part A: Structure and Mechanisms*, 5th Ed. Springer: 2007; 687.
9. Heathcock, C. H. et al., *J. Org. Chem.* **1980**, *45*, 3846.
10. White, C. T.; Heathcock, C. H. *J. Org. Chem.* **1981**, *46*, 191.
11. a) van Horn, D. E.; Masamune, S. *Tetrahedron Lett.* **1979**, 2229. b) Veja também: Anaya de Parrodi, C.; Clara-Sosa, A.; Pérez, L.; Quintero, L.; Marañón, V.; Toscano, R. A.; J.A.S. Rojas-Lima, J. A. S.; Juaristi, E. *Tetrahedron: Asymmetry*, **12**, 69-79 (2001).
12. Evans, D. A.; Nelson, J. V.; Vogel, E.; Taber, T. R. *J. Am. Chem. Soc.* **1981**, *103*, 3099.
13. Mulzer, J.; Segner, J.; Brüntrup, G. *Tetrahedron Lett.* **1977**, 4651.
14. a) Masamune, S.; Ali, A.; Smitman, D. L.; Garvey, D. S. *Angew. Chem., Int. Ed. Engl.* **1980**, *19*, 557. b) Veja, também: Ishihara, K.; Hattori, K.; Yamamoto, H. "Highly stereoselective synthesis of β-amino esters via double stereodifferentiation" em *Enantioselective Synthesis of β-Amino Acids*, Juaristi, E., ed., Wiley: New York, 1997; 159-185.
15. Seebach, D.; Juaristi, E.; Miller, D. D.; Schickli, C.; Weber, T. *Helv. Chim. Acta* **1987**, *70*, 237.
16. Juaristi, E.; Eliel, E. L. *Tetrahedron Lett.* **1977**, 543.
17. Juaristi, E.; Cruz-Sánchez, J. S.; Ramos-Morales, F. R. *J. Org. Chem.* **1984**, *49*, 4912.
18. Kamernitskii, A. V.; Akhrem, A. A. *Tetrahedron* **1962**, *18*, 708.
19. Dauben, W. G.; Fonken, G. J.; Noyce, D. S. *J. Am. Chem. Soc.* **1956**, *78*, 2579.
20. Cherest, M. *Tetrahedron* **1980**, *36*, 1593.
21. Klein, J. *Tetrahedron* **1974**, *30*, 3349.
22. Maroni-Barnaud, Y.; Roux-Schmitt, M. C.; Seyden-Penne, J. *Tetrahedron Lett.* **1974**, 3129.
23. a) Cieplak, A. S. *J. Am. Chem. Soc.* **1981**, *103*, 4540. b) Anh, N. T. *Frontier Orbitals*, Wiley: New York, 2007.

CAPÍTULO 14
ANÁLISE CONFORMACIONAL

14.1 INTRODUÇÃO

As *conformações* são arranjos não idênticos dos átomos em uma molécula, que se obtêm por rotação em torno de uma ou mais ligações simples. Tal rotação normalmente requer menos de 10 kcal/mol, logo, sendo rápida à temperatura ambiente. Em contraste, para a interconversão das *configurações* moleculares são necessárias energias maiores que 20 kcal/mol; ela não ocorre, a não ser que se forneça calor (veja Capítulo 1).

A molécula da água não dá lugar à isomeria conformacional, pois os giros em torno das ligações simples O-H produzem arranjos idênticos à molécula inicial.

A molécula mais simples que dá lugar à isomeria conformacional é o peróxido de hidrogênio: a rotação sobre a ligação O-O produz arranjos distintos da molécula; ou seja, em princípio um número infinito de confôrmeros.

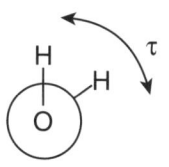

O ângulo definido pelas duas ligações O-H é o ângulo diedral τ, que identifica cada isômero conformacional.* Como será abordado mais adiante, algumas conformações são muito mais estáveis que as demais (os estudos conformacionais não são tão laboriosos como poderia parecer a partir do que foi exposto no parágrafo anterior).

Por *análise conformacional* entende-se o estudo das propriedades físicas (por exemplo, o conteúdo energético) e químicas (por exemplo, sua reatividade relativa) dos confôrmeros de

---

* O ângulo diedral é semelhante ao que se encontra entre as pastas de um livro: zero quando está fechado, > 0° ao abri-lo.

uma molécula. Assim, a análise conformacional completa a análise estrutural de uma molécula, ou seja, a descrição da conectividade, configuração e conformação de seus átomos componentes.

14.2 DESENVOLVIMENTO DA ANÁLISE CONFORMACIONAL

Em 1874 Le Bel e van't Hoff propuseram a geometria tetraédrica do carbono. Em 1884, Baeyer sugeriu que os cicloalcanos devem sofrer tensão angular, pois os ângulos da ligação C-C-C internos são diferentes a 109,2°, o ângulo exigido pela distribuição tetraédrica esperada; ou seja, que tal tensão decresce na série ciclopropano → ciclobutano ciclopentano e depois aumenta proporcionalmente ao número de membros no composto cíclico.[1]

Alguns anos mais tarde Sachse[2] notou que o ciclohexano pode adotar conformações não planares, especialmente a chamada conformação cadeira, livre de tensão angular, em que as duas ligações restantes de cada carbono ocupam posições axiais e equatoriais. As ligações C-H axiais estão em destaque no seguinte desenho:

Ainda que estas ideias não tenham sido aceitas inicialmente e a imagem de um ciclohexano plano tenha persistido por algum tempo (não era possível, por exemplo, isolar o bromociclohexano axial do isômero conformacional equatorial), estas contribuições foram fundamentais no desenvolvimento da análise conformacional (com Sachse podendo ser considerado o fundador da análise conformacional).

Em 1943 Kohlrausch e Hassel demonstraram experimentalmente (mediante estudos estruturais cristalográficos de raios X) a existência de ligações equatoriais e axiais na forma cadeira do ciclohexano,[3] e só em 1950 Barton demonstrou a importância das consequências químicas da disposição equatorial ou axial dos substituintes em moléculas cíclicas.[4]

Agora, as ideias de Barton foram devidamente aceitas e serviram para impulsionar todas as áreas da química orgânica, em especial a química dos produtos naturais e a química dedicada ao estudo dos mecanismos de reação.

Por estas contribuições, Barton e Hassel receberam o prêmio Nobel de química em 1969.

14.3 CONFORMAÇÃO DE MOLÉCULAS ACÍCLICAS

Ainda que em princípio exista um número infinito de conformações geradas por rotação em torno da união carbono-carbono em etano, Pitzer demonstrou em 1936 que, na realidade, esta rotação não é livre, sendo que existe uma barreira energética de aproximadamente 3,0 kcal/mol.[5] Esta barreira resulta do eclipsamento entre os três pares de hidrogênios quando o ângulo diedral (τ) é 0, 120 ou 240°; a energia associada com tal eclipsamento é denominada *tensão torsional* ou *tensão de Pitzer* (Figura 14.1).

Enquanto as *conformações eclipsadas* correspondem a máximos energéticos, as *conformações alternadas* (τ = 60, 180 ou 300°) estão associadas com o mínimo energético. As três conformações eclipsadas são equivalentes e isoenergéticas, da mesma forma que as três conformações alternadas são equivalentes (Figura 14.2).

Como resultado de sua maior estabilidade, as conformações alternadas predominam no equilíbrio conformacional do etano (Equação 14.1).

Equação 14.1

Posto que a diferença em energia livre conformacional (ΔG) neste equilíbrio é de 3,0 kcal/mol, a equação de Gibbs indica que a constante de equilíbrio é $K = e^{-\Delta G°/RT} > 100$; ou seja, mais de 99% das moléculas de etano existem em conformações alternadas e menos de 1% corres-

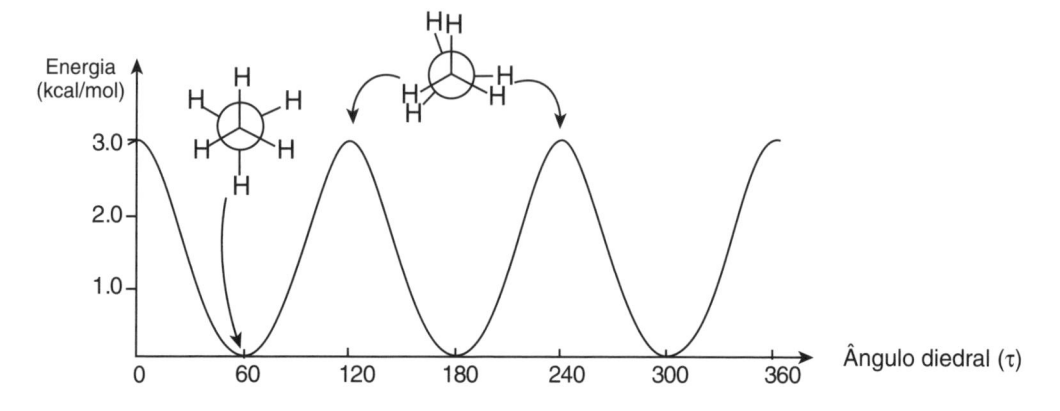

Figura 14.1

a) conformação
alternada,
τ = 60, 180, 300°

b) conformação
eclipsada,
τ = 0, 120, 240°

Figura 14.2

pondem a conformações eclipsadas. Esta situação normalmente se repete nas estruturas mais elaboradas, como as cadeias de hidrocarbonetos, de modo que, no geral, são considerados só os confôrmeros alternados.

Cabe assinalar que não se sabe com certeza a razão da instabilidade do confôrmero eclipsado em relação ao alternado. Estima-se que a repulsão do tipo van der Waals em etano eclipsado pode explicar um máximo de 0,5 kcal/mol com base no tamanho estérico do hidrogênio e na distância que os separa.

dH/H = 2,3 Å
rH ≈ 1,2 Å

Por outro lado, é pouco provável que a repulsão interatômica do tipo eletrostático seja a responsável, já que as ligações C-H estão pouco ionizadas.

Talvez o melhor argumento para explicar a tensão de Pitzer seja com base na repulsão estereoeletrônicas estabilizadas dois orbitais-dois elétrons[6]

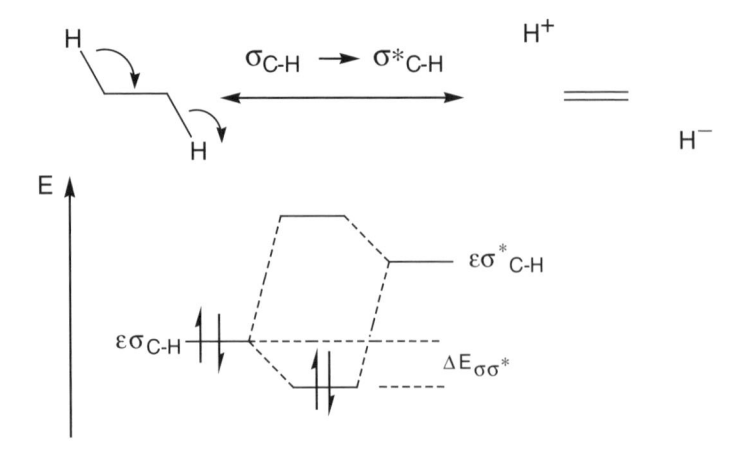

$\sigma_{C-H} \rightarrow \sigma^*_{C-H}$

H^+

H^-

$\varepsilon\sigma_{C-H}$

$\varepsilon\sigma^*_{C-H}$

$\Delta E_{\sigma\sigma^*}$

O estudo conformacional da molécula de *n*-butano proporciona a curva de energia *vs*. o ângulo torsional que se apresenta na Figura 14.3.

Na figura é possível observar agora vários máximos energéticos (barreiras rotacionais) e conformações preferenciais, que correspondem a confôrmeros alternados. Daquelas, a conformação eclipsada menos estável envolve um par CH_3/CH_3 e dois pares H/H; esta conformação *sin*-periplanar contém aproximadamente 6 kcal/mol. A segunda barreira corresponde ao eclipsamento 2 CH_3/H + H/H e está situado a quase 3 kcal/mol acima do confôrmero mais estável: o *anti*-periplanar. Finalmente, as conformações *gauche* excedem em aproximadamente 0,8 kcal/mol a energia da forma *anti*.

Conhecendo $\Delta G°(gauche \rightleftharpoons anti) = 0{,}38$ kcal/mol*, é possível conhecer a proporção K a certa temperatura, empregando novamente a equação de Gibbs, $\Delta G° = -RT \ln K$, em que R = 1.987 cal/mol°K. Assim, na Equação 14.2, K = 2 à temperatura ambiente (25°C).

Equação 14.2

A Tabela 14.1 reúne algumas relações entre $\Delta G°$ e K, a uma temperatura de 25°C (298°K).

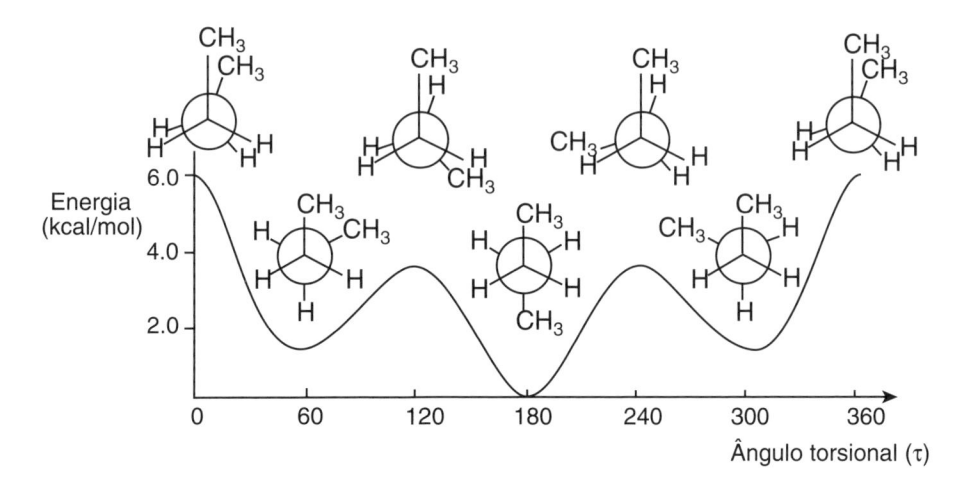

Figura 14.3

---

* Note que existem duas conformações gauche enantioméricas e só uma anti; assim, o termo $\Delta S°$ favorece aquelas, enquanto $\Delta H°$ a: $\Delta G° = \Delta H° - T\Delta S° = 08$ (298) (1.987)ln 2 = 0,38 kcal/mol.

Tabela 14.1 Proporções de isômeros em equilíbrio a uma temperatura de 25°C

% do isômero mais estável	K	$\Delta G°_{25°C}$ (kcal/mol)
50	1,0	0,0
55	1,22	0,12
60	1,50	0,24
70	2,33	0,50
75	3,0	0,65
85	5,67	1,03
90	9,0	1,30
95	19,0	1,75
99	99,0	2,72
99,9	999,0	4,09

14.4 CONFORMAÇÕES DO CICLOHEXANO

Além da conformação "cadeira", o anel do ciclohexano pode adotar conformações "barco" ou "barco torcido":[7]

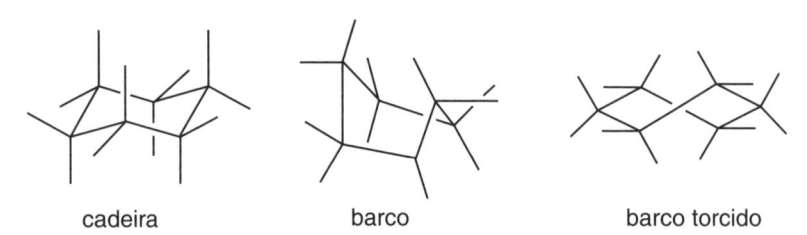

cadeira   barco   barco torcido

Estas três conformações estão livres de tensão angular, já que conservam ângulos de ligação ≈ 109°; sem dúvida, a conformação cadeira do ciclohexano evita as interações repulsivas do tipo van der Waals ou de Pitzer (eclipsamento de ligações C-H), sendo sua energia muito mais baixa (aproximadamente 5,5 kcal/mol) do que a das conformações barco ou barco torcido. Portanto, pode-se esperar que o ciclohexano e a maioria de seus derivados existam na forma de cadeira.

Da mesma maneira que o etano existe em três conformações alternadas que são interconvertíveis por rotação da ligação C-C, o ciclohexano existe em duas conformações cadeira que se interconvertem rapidamente à temperatura ambiente mediante giros das ligações C-C. Neste processo a forma cadeira se transforma em conformações flexíveis (barco e barco torcido), que conduzem a outra cadeira. De tal modo, os substituintes axiais passam à posição equatorial e vice versa[7] (Figura 14.4).

A energia de ativação para o processo de interconversão cadeira → barco é de aproximadamente 10,5 kcal/mol,[8] equivalente a cerca de 100.000 inversões por segundo à temperatura ambiente (Figura 14.5).

Figura 14.4

Considerando que a velocidade de inversão do anel em ciclohexanos monossubstituídos também é desta ordem de magnitude, não é estranho que em princípio fosse difícil observar (para não dizer isolar), por exemplo, clorociclohexano axial e clorociclohexano equatorial (Equação 14.3). Sem dúvida, a interconversão destes confôrmeros é suficientemente lenta a –150°C (vida média ≈ 350 horas), de modo que sua separação é factível a esta temperatura.[9]

Equação 14.3

A observação espectroscópica (p.ex., infravermelho, ressonância magnética nuclear) de ambos os confôrmeros à baixa temperatura permite também estabelecer a constante de equilíbrio, K, e a diferença em energia livre de Gibbs, $\Delta G°_X = -RT \ln K$ (Equação 14.4).

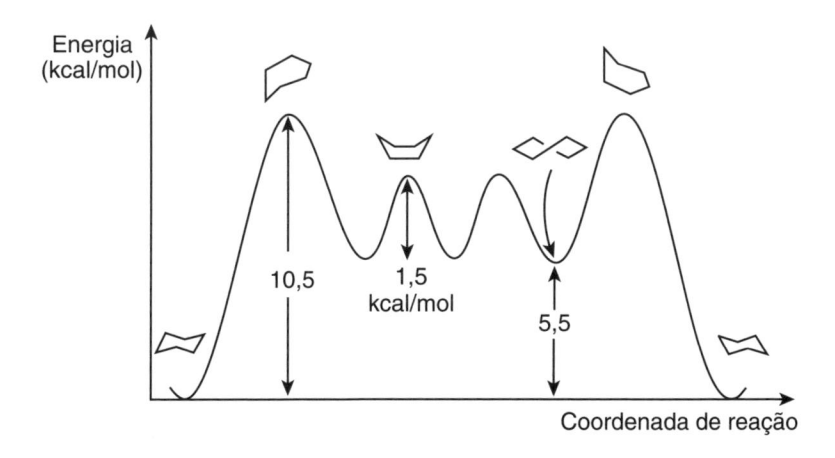

Figura 14.5

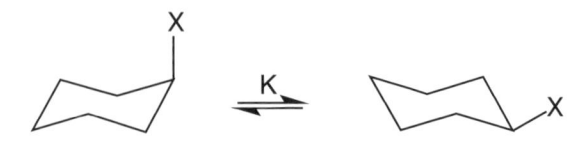

Equação 14.4

Assim, constatou-se que para a maioria dos substituintes X, $\Delta G°$ na Equação 14.4 é negativa (Tabela 14.2),[10] ou seja, existe uma preferência pela conformação equatorial.

A maior estabilidade da conformação equatorial é explicada geralmente em termos estéricos: nesta conformação, a distância entre X e os hidrogênios *sin*-diaxiais é menor que entre substituintes 1,2-diequatoriais:[11]

Como verificado na Tabela 14.2, os valores A na série $CH_3 \rightarrow CH_2CH_3 \rightarrow CH(CH_3)_2$ aumentam ligeiramente, porém ao passar a $C(CH_3)_3$ ocorre um brusco aumento no predomínio do confôrmero equatorial. A partir do uso de modelos, fica evidente que o grupo *t*-butilo axial não pode evitar a presença de uma metila "dentro" do anel, sofrendo uma forte repulsão estérica (Figura 14.6).

A preferência do grupo *t*-butila pela posição equatorial é tão grande que este grupo efetivamente "ancora" no ciclohexano em uma só conformação (Equação 14.5).

Equação 14.5

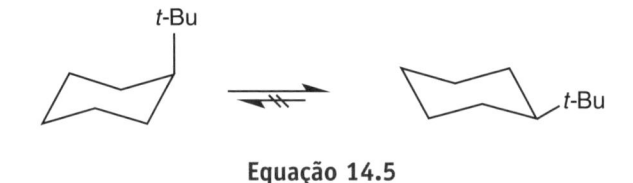

Tabela 14.2 Preferência conformacional (valor A) de vários substituintes em ciclohexanos monossubstituídos, a 25°C

X	$-\Delta G°$ (kcal/mol)	X	$-\Delta G°$ (kcal/mol)
F	0,25	SH	1,0
Cl	0,4	CH_3	1,74
Br	0,5	CH_3CH_3	1,8
I	0,4	*i*-Pr	2,1
OH	0,7	*t*-Bu	4,9
OCH_3	0,8	C_6H_5	2,9
OCH_2CH_3	0,9	$C \equiv N$	0,2

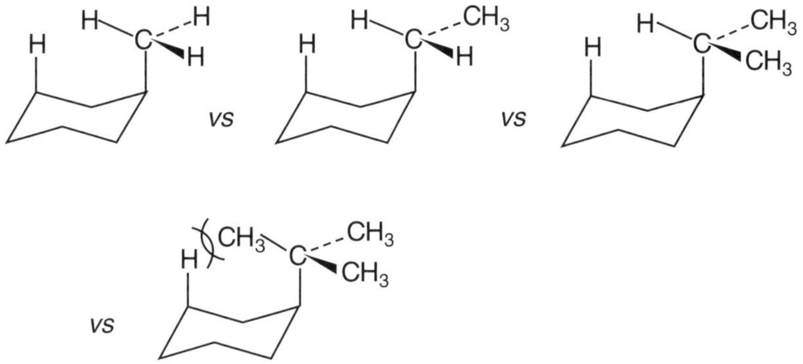

Figura 14.6

Dois grupos metila *sin* em posições 1,3 também fixam a conformação do anel do ciclohexano, pois a interação *sin*-diaxial é de muita energia (> 5 kcal/mol) (Equação 14.6).

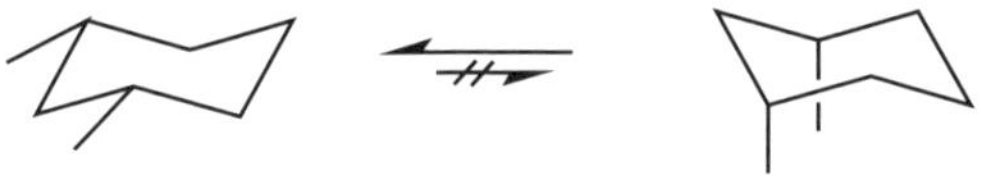

Equação 14.6

Finalmente, em um anel de *trans*-decalina, a conectividade dos dois anéis do ciclohexano impede sua inversão (Equação 14.7).

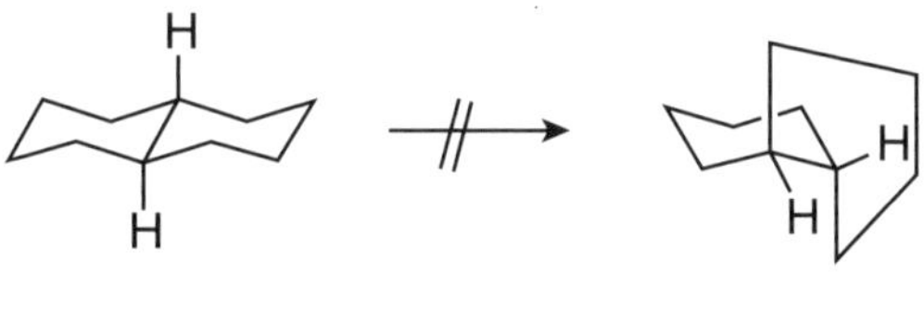

Equação 14.7

Em contraste, a *cis*-decalina se inverte rapidamente à temperatura ambiente, com uma energia de ativação de aproximadamente 12 kcal/mol[12] (Equação 14.8).

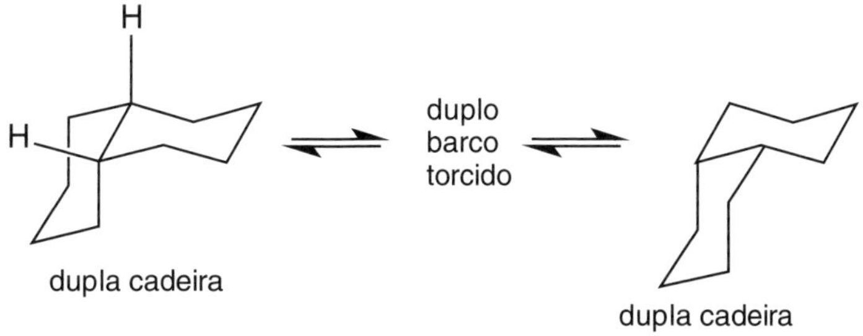

dupla cadeira   duplo barco torcido   dupla cadeira

Equação 14.8

14.5 CONFORMAÇÃO DE OUTROS CICLOALCANOS

a. *Ciclopropano*
A geometria do ciclopropano conduz a uma molécula plana que apresenta seis eclipsamentos entre ligações C-H, assim, espera-se que a tensão torsional de Pitzer (ver anteriormente) alcance as 6 kcal/mol.

b. *Ciclobutano*
A fim de minimizar a tensão torsional que seria gerada a partir do eclipsamento de oito ligações C-H, esta molécula se dobra ligeiramente, à custa de uma maior tensão angular.

c. *Ciclopentano*[13]
Existem duas conformações preferidas neste anel de cinco membros: a meia cadeira e a de sobre, nas quais também são evitados, dentro do possível, os eclipsamentos entre ligações C-H, que seriam observados se a molécula fosse plana (livre de tensão angular, porém com 10 kcal/mol de tensão torsional).

meia cadeira   sobre

Na conformação de sobre, o metileno situado fora do plano tem suas ligações C-H alternadas com relação às ligações vizinhas. Como mostrado na Equação 14.9, esta estrutura do ciclopentano é dinâmica: mediante giros sucessivos das ligações C-C, se formam cinco confôrmeros distintos, em que quatro carbonos residem no plano, porém o quinto fica fora de tal plano. Este movimento sincronizado de cima para baixo dos cinco carbonos é denominado pseudorrotação.

Equação 14.9

d. *Cicloheptano*
Ainda que este anel de sete membros exista em um equilíbrio conformacional entre quatro formas simétricas, constata-se que a conformação de energia mínima é a de cadeira torcida (Figura 14.7).

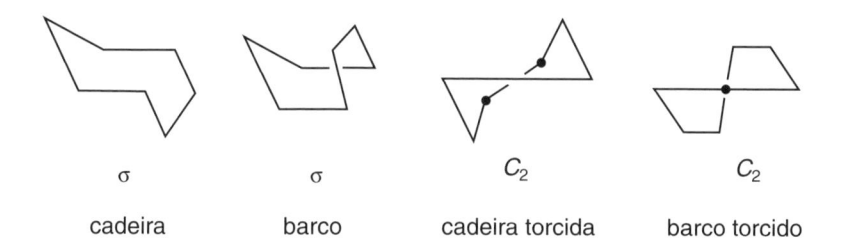

cadeira   barco   cadeira torcida   barco torcido

Figura 14.7

Em cicloheptanos monossubstituídos, o substituinte ocupa diferentes posições no equilíbrio, porém prefere a orientação pseudoequatorial:

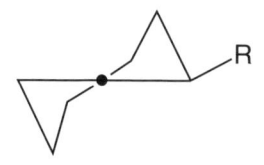

e. *Ciclooctano*
A conformação de mínima energia no anel de oito membros é a cadeira-barco, que, sem dúvida, incorpora dois segmentos de etano eclipsados. Menos favoráveis são os confôrmeros de cadeira-cadeira (com quatro segmentos de etano eclipsados) ou de barco-barco (que sofre repulsão transanular) (Figura 14.8).

cadeira-barco   cadeira-cadeira   barco-barco

Figura 14.8

f. *Cicloalcanos maiores*[14]

O estudo conformacional dos anéis maiores de seis membros é difícil porque as barreiras conformacionais são muito baixas e não é fácil "congelar" os diferentes confôrmeros à baixa temperatura. Além disso, a escassa simetria presente nos confôrmeros torna os espectros dos equilíbrios envolvidos muito complexos. Isto é particularmente válido para os cicloalcanos com mais de oito membros.

REFERÊNCIAS

1. a) Baeyer, A. *Ber.* **1885**, *18*, 2269. b) Carey, F. A.; Sundberg, R. J. *Advanced Organic Chemistry, Part A: Structure and Mechanisms*, 5th Ed. Springer: 2007; 161-166.
2. Sachse, H. *Ber.* **1890**, *23*, 1363; *Z.Physik. Chem.* **1892**, *10*, 203.
3. Hassel, O. *Quart. Rev.* **1953**, *7*, 221.
4. Barton, D. H. R. *Experientia* **1950**, *6*, 316.
5. a) Kemp, J. D.; Pitzer, K. S. *J. Chem. Phys.* **1936**, *4*, 749. b) Ver também: Pitzer, R. M. *Acc. Chem. Res.* **1983**, *16*, 207.
6. Para uma interpretação baseada em efeitos eletrônicos, veja: a) Weinhold, F. *Nature* **2001**, *411*, 539. b) Pophristic, V.; Goodman, L. *Nature* **2001**, *411*, 565. c) Veja também: Juaristi, E.; Cuevas, G. *Acc. Chem. Res.* **2007**, *40*, 961.
7. a) Eliel, E.; Wilen, S. H. *Stereochemisty of Organic Compounds*; John Wiley & Sons: New York, 1994; 686-690. b) Smith, M. B.; March, J. *March's Advanced Organic Chemistry*, 6th Edition, Wiley: Hoboken, 2007; 203-208.
8. Anet, F. A. L.; Bourn, A. J. R. *J. Am. Chem. Soc.* **1967**, *89*, 760.
9. Jensen, F. R.; Bushweller, C. H. *J. Am. Chem. Soc.* **1969**, *91*, 3223.
10. a) Hirsch, J. A. *Top. Stereochem.* **1967**, *1*, 199. b) Bushweller, C. H. em *Conformational Behavior of Six-Membered rings*, Juaristi, E., ed., VCH Publishers: New York, 1995; capítulo 2.
11. No entanto, o componente entrópico de ΔG pode ter um papel significativo: Juaristi, E.; Labastida, V.; Antúnez, S. *J. Org. Chem.* **1991**, *56*, 4802.
12. Bass, J. M. A.; van der Graaf, B.; Tavernier, D.; Vanhee, P. *J. Am. Chem. Soc.* **1981**, *103*, 5014.
13. Fuchs, B. *Top. Stereochem.* **1978**, *10*, 3.
14. a) Anet, F. A. L. em *Dynamic NMR Spectroscopy*, Jackman, L. M.; Cotton, F. A. eds., Wiley: New York, 1975; capítulo 14. b) Dale, J. *Acta Chem. Scand.* **1973**, *27*, 1115. c) Dale, J. *Stereochemistry and Conformational Analysis*, Verlag Chemie: Deerfield Beach, 1978.

CAPÍTULO 15

ANÁLISE CONFORMACIONAL DE 1,3-DIOXANOS MONOSSUBSTITUÍDOS

15.1 INTRODUÇÃO

O fato de muitos compostos cíclicos importantes, como os carboidratos, os alcaloides, etc., possuírem heteroátomos além dos elementos carbono e hidrogênio, tem motivado o estudo conformacional de diversos compostos heterocíclicos.

Em princípio, a semelhança entre o ciclohexano e os anéis heterocíclicos de seis membros surgiu ao observar que a forma mais estável em ambos os casos é a conformação cadeira e que as barreiras de inversão são comparáveis.[1] Sem dúvida, uma análise mais profunda revela diferenças importantes entre os sistemas carbocíclicos e heterocíclicos:[2]

1. As longitudes de ligação C-X são geralmente distintas das distâncias C-C. Assim, C-O (1,43 Å) e C-N (1,47 Å) são mais curtas que C-C (1,54 Å), enquanto C-S (1,82 Å) é mais larga. Ainda que as diferenças em ângulos de ligação sejam pouco importantes entre carbono, oxigênio e nitrogênio, o ângulo C-S-C ≈ 100° desvia-se bastante do ângulo ideal sp^3 de 109°.

2. A presença de heteroátomos em uma molécula dá lugar a momentos dipolares. Um só dipolo no composto não afeta significativamente sua conformação, porém, quando existe mais de um heteroátomo no anel, as interações dipolo-dipolo de fato afetam a conformação molecular. Além disso, tais interações são influenciadas pelo solvente (sendo inversamente proporcionais à constante dielétrica do meio), de modo que a conformação pode trocar dependendo do solvente.

3. Os raios de van der Waals para o oxigênio, nitrogênio e enxofre são diferentes daquele do carbono. Além disso, o carbono possui quatro ligantes, enquanto o nitrogênio só três; por outro lado, o oxigênio e quase sempre o enxofre só dois. A ausência de ligantes faz com que as interações estéricas até estes átomos diminuam, já que um par eletrônico gera repulsões estéricas menores que as causadas por um átomo de hidrogênio.

4. Outros fatores podem ser determinantes; por exemplo, em um heterociclo contendo um grupo hidroxila, a formação de uma ponte de hidrogênio intramolecular pode alterar sua conformação. Assim, a inversão do nitrogênio tem um papel importante na análise conformacional dos heterociclos que possuem nitrogênio.

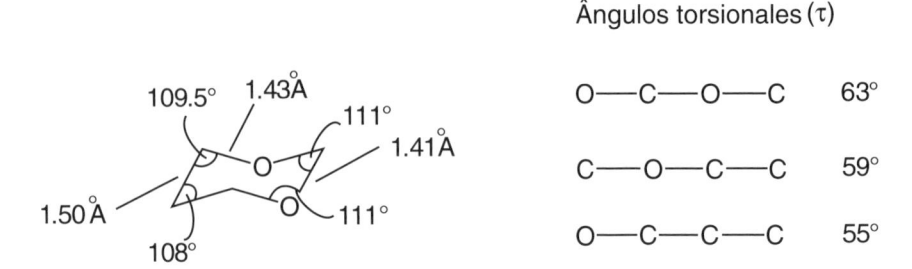

15.2 1,3-DIOXANO[3]

Um estudo por raios X do 2-*p*-clorofenil-1,3-dioxano[4] revelou os dados estruturais reunidos na Figura 15.1.

A molécula está, pois, ligeiramente situada na região O-C-O ($\tau = 63°$) e localizada na região C-C-C ($\tau = 55°$). A barreira para a inversão do anel é ligeiramente menor que no ciclohexano ($\Delta G = 9,5$ kcal/mol *vs.* 10,5 kcal/mol).[1] A forma de bote torcido é 7,1 kcal/mol menos estável que a forma cadeira.[5]

15.3 1,3-DIOXANOS 2-SUBSTITUÍDOS[3]

A preferência pela posição equatorial dos grupos metila, etila e isopropila neste sistema é muito maior que no ciclohexano (Figura 15.2).

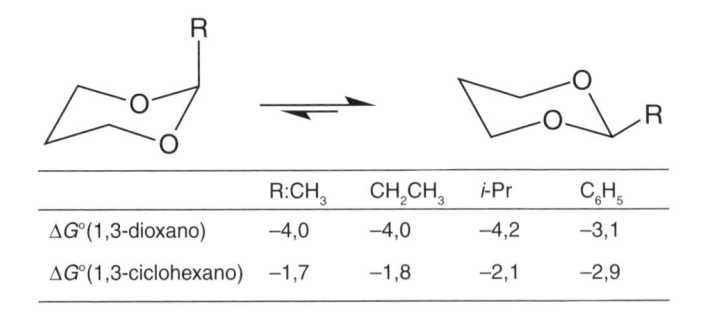

	R:CH_3	CH_2CH_3	*i*-Pr	C_6H_5
$\Delta G°$(1,3-dioxano)	−4,0	−4,0	−4,2	−3,1
$\Delta G°$(1,3-ciclohexano)	−1,7	−1,8	−2,1	−2,9

Figura 15.2

Este resultado se explica com base na maior repulsão estérica entre o substituinte axial em C(2) e os hidrogênios axiais em C(4,6), que é muito maior nos dioxanos do que nos ciclohexanos devido à diferença em longitudes de ligação:

Surpreendentemente, $\Delta G°(C_6H_5)$ é igual para 2-fenil-1,3-dioxano e fenilciclohexano. Isto indica que uma fenila axial em C(2) do 1,3-dioxano não é tão desfavorável como se esperaria em vista dos $\Delta G°$(Me), $\Delta G°$(Et) e $\Delta G°$(*i*-Pr), já que parte da repulsão estérica no fenil ciclohexano axial se deve à interação com os hidrogênios equatoriais em C(2,6); tal interação não existe no caso do 2-fenil-1,3-dioxano:

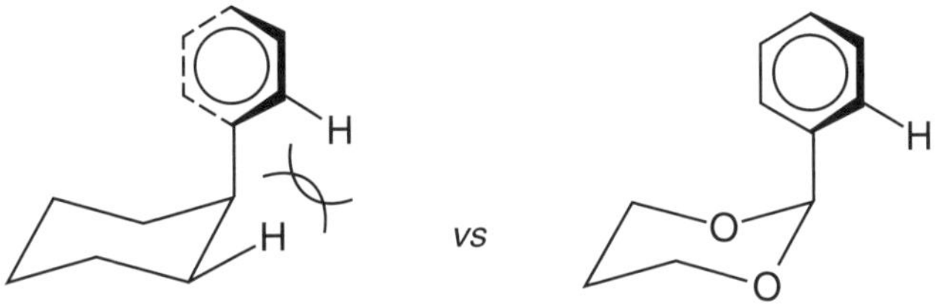

A análise conformacional de 1,3-dioxanos substituídos pode ser realizada tanto no sistema flexível, como em modelos de conformação fixa. Por exemplo, para substituintes em C(5), a Figura 15.3 apresenta o sistema móvel (a) e os *modelos anancoméricos* (b), em que R' é um substituinte que efetivamente fixa o anel em uma só conformação; a equilibração dos modelos diastereoméricos é possível então mediante catálise ácida (H⁺).

a.

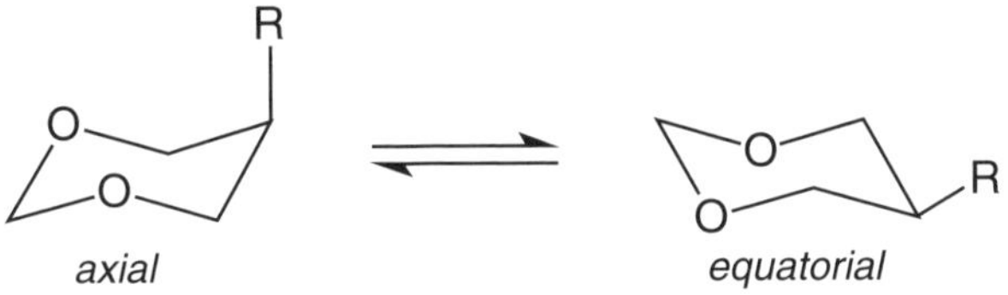

axial ⇌ equatorial

ou

b.

cis ⇌ trans (H⁺)

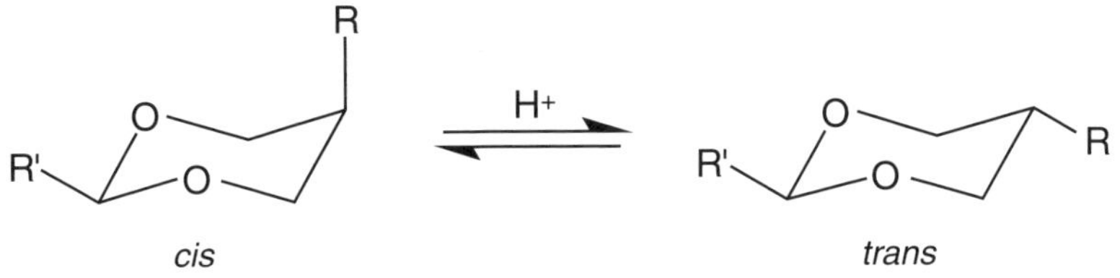

Figura 15.3

Alguns catalisadores que permitem a equilibração dos 1,3-dioxanos são o trifluoreto de boro ou o ácido poliestirensulfônico (Amberlyst).

BF$_3$
(ácido de Lewis)

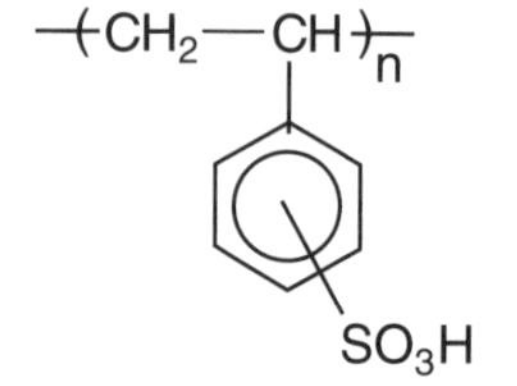

$-(CH_2-CH)_n-$ com anel aromático e SO$_3$H
(ácido de Bronsted)

O mecanismo da equilibração catalisada por ácido é apresentado na Figura 15.4 e alguns resultados do estudo conformacional de 1,3-dioxanos 5-substituídos são reunidos na Figura 15.5. O fato mais sobressalente dos resultados mostrados nesta figura é a menor preferência pela posição equatorial dos substituintes com relação aos valores correspondentes no ciclohexano.

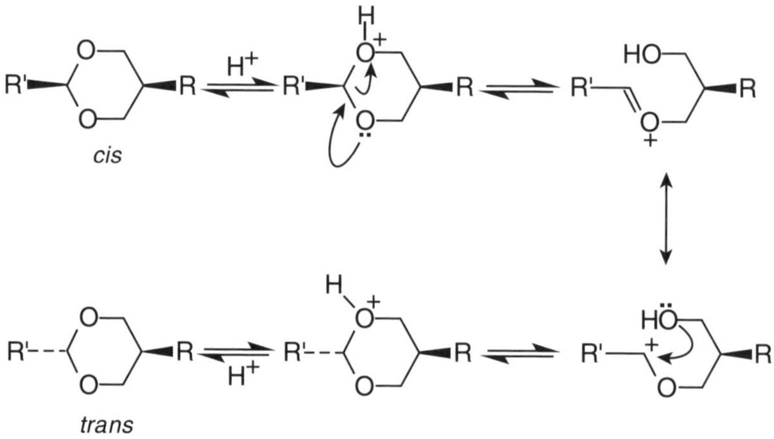

Figura 15.4

Destaca-se assim a importância da repulsão estérica entre o substituinte axial no ciclohexano e os hidrogênios *sin*-diaxiais:

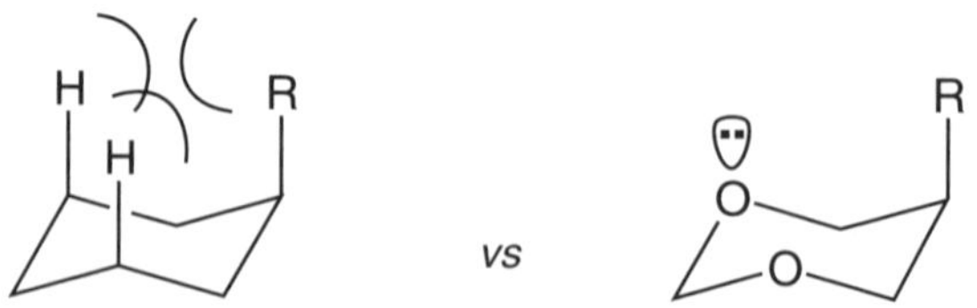

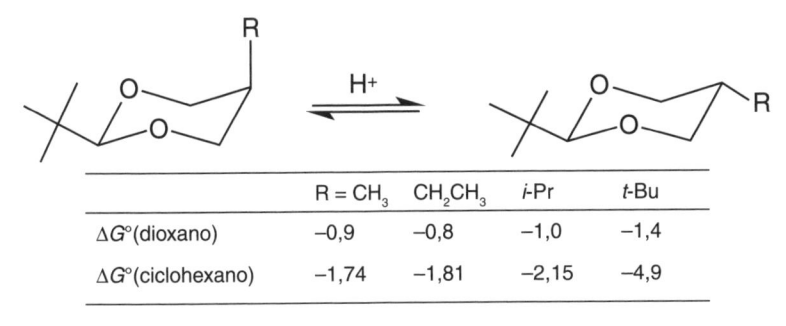

	R = CH$_3$	CH$_2$CH$_3$	i-Pr	t-Bu
ΔG°(dioxano)	–0,9	–0,8	–1,0	–1,4
ΔG°(ciclohexano)	–1,74	–1,81	–2,15	–4,9

Figura 15.5

15.4 EQUILÍBRIOS CONFORMACIONAIS EM 1,3-DIOXANOS COM SUBSTITUINTES POLARES EM C(5)

No Capítulo 14 foi mencionado que os substituintes axiais em ciclohexanos monossubstituídos são menos estáveis que os equatoriais; as únicas exceções parecem ser o acetato e o cloreto de ciclohexil-mercúrio.[6]

Outras exceções a esta regra têm surgido em sistemas nos quais as interações dipolo-dipolo dominam o equilíbrio conformacional; por exemplo, o isômero diaxial do *trans*-1,2-dibromo-ciclohexano predomina nos solventes pouco polares[7] (Figura 15.6).

Em 1,3-dioxanos com substituintes polares em C(5), a interação entre o dipolo do anel e o dipolo gerado por um grupo eletronegativo normalmente aumenta a preferência do substituinte pela conformação equatorial, na qual a repulsão dipolo-dipolo é menor (Figura 15.7). Sem dúvida, esta regra não se aplica para X = F, CN, OH (em solventes pouco polares), SOCH$_3$ e SO$_2$CH$_3$[8] (Figura 15.7).

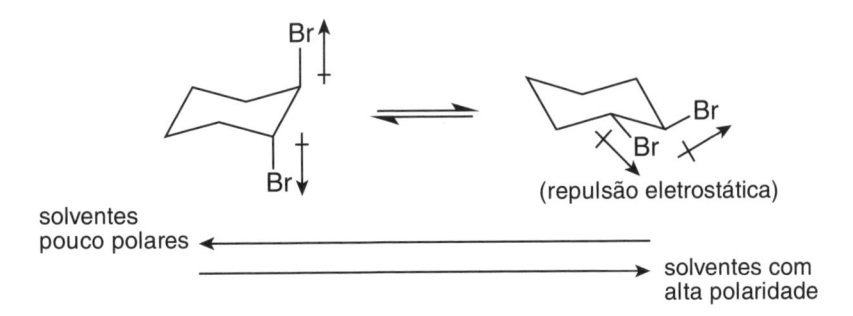

Figura 15.6

(desfavorável) vs (favorável)

X	Solvente	$\Delta G°$ (kcal/mol)
F	C_6H_{12}	0,21
	CH_3CN	1,22
Cl	CCl_4	−1,40
	CH_3CN	−0,25
CN	CH_3CN	0,55
OH	C_6H_{12}	0,90
	DME	−0,50
SCH_3	C_6H_{12}	−1,82
$S(O)CH_3$	$CHCl_3$	0,82
$SO2CH_3$	$CHCl_3$	1,19

Figura 15.7

O efeito do solvente se destaca nestes exemplos. Assim, o grupo OH adota a conformação axial em ciclohexano ($\Delta G° = 0,9$ kcal/mol), porém a orientação equatorial em dimetoxietano ($\Delta G° = -0,5$ kcal/mol). Estudos de infravermelho sugerem que em solventes não polares o isômero *cis* se estabiliza pela formação de uma ponte de hidrogênio *intramolecular*:

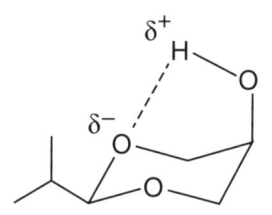

Já em solventes polares a formação de pontes de hidrogênio é *intermolecular*, e aqui o impedimento estérico dá como resultado uma maior estabilidade do isômero *trans*:

O predomínio das formas axiais com X = F e CN tem sido explicado em função do *efeito gauche atrativo*,[9] em que grupos pequenos e muito eletronegativos preferem a conformação *gau-*

che em vez da *anti*, pois a atração núcleo/elétron domina a repulsão elétron/elétron e a repulsão dipolo/dipolo (Equação 15.1).

gauche   anti

Equação 15.1

(Deve-se observar que os segmentos O-C-C-X são *gauche* no isômero *cis* e *anti* no isômero *trans*). Nestes sistemas (X = F, CN) também se nota que $\Delta G°$ se faz mais positiva nos solventes de maior constante dielétrica (maior polaridade), em que o efeito da repulsão dipolo/dipolo se atenua.

Visto que o grupo SMe prefere a posição equatorial por 1,82 kcal/mol no ciclohexano, os argumentos do tipo estérico sugeriam uma maior preferência equatorial ($-\Delta G°$) para o sulfóxido correspondente, S(O)Me, em que cada enantiômero do diastereômero axial está confinado a uma só conformação, o que conduz a uma menor entropia:

Um valor ainda maior de $-\Delta G°$ é esperado para a sulfona, X = SO_2CH_3, em que um dos ligantes no enxofre forçosamente se localiza sobre o anel:

Experimentalmente, sem dúvida, o grupo metilsulfinila mostra uma preferência axial de 0,82 kcal/mol e, o grupo metilsulfonila, uma preferência ainda maior de 1,19 kcal/mol. Para este isômero, o espectro de ^{1}H RMN mostra uma constante de acoplamento entre H(5) e o grupo metila, o que indica um ordenamento em W entre os prótons acoplados, $J = 1,4$ Hz, o que é possível somente se o grupo metila apontar para dentro do anel:

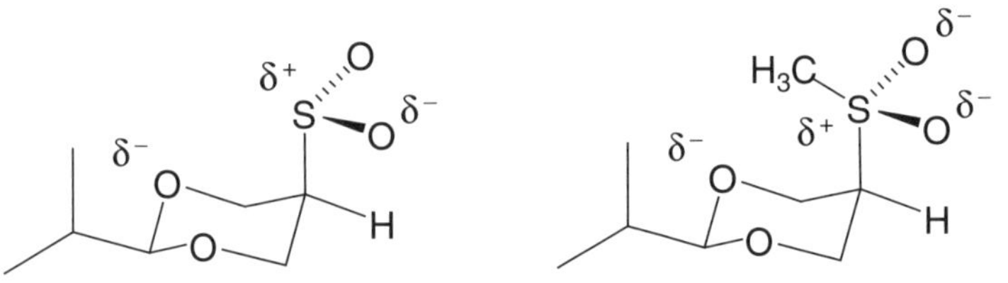

Figura 15.8

A explicação mais razoável ao predomínio axial dos grupos S(O)CH$_3$ e SO$_2$CH$_3$ é do tipo eletrostático: como mostrado na Figura 15.8, a parte positiva do substituinte dipolar axial interatua de forma favorável com os oxigênios, parcialmente negativos, do anel.

15.5 COMPORTAMENTO CONFORMACIONAL DOS GRUPOS *t*-BUTIL-TIO, *t*-BUTIL-SULFINILO E *t*-BUTIL-SULFONILO EM C(5)[10]

A equilibração dos sulfetos (*cis*-**118** ⇌ *trans*-**118**), dos sulfóxidos (*cis*-**119** ⇌ *trans*-**119**) e das sulfonas (*cis*-**120** ⇌ *trans*-**120**) ocorreu em CHCl$_3$ mediante BF$_3$. Os valores correspondentes nas diferenças de energia livre conformacional são mostrados na Figura 15.9, que inclui os valores para **121**-**123**.

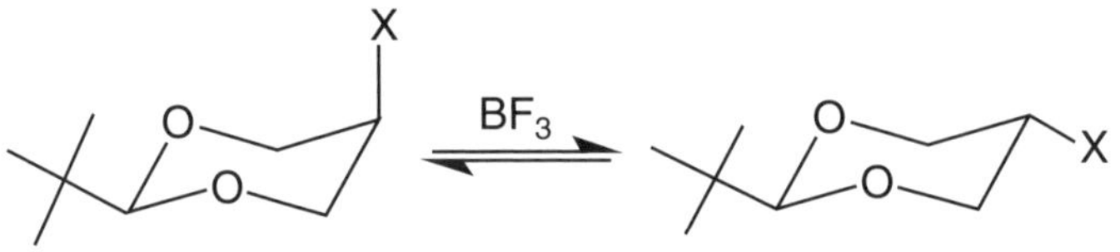

1,4-Dioxano	X	ΔG°(kcal/mol)
118	S-*t*-Bu	−1,90
119	SO-*t*-Bu	+0,10
120	SO2-*t*-Bu	−1,14
121	SMe	−1,73
122	SOMe	+0,82
123	SO$_2$Me	+1,19

Figura 15.9

No caso dos sulfetos **118** e **121**, os valores de ΔG° são muito similares. Parece muito razoável que tanto a metila como a *t*-butila orientem-se para fora do anel do 1,4-dioxano, fazendo com que as interações estéricas sejam comparáveis.

cis-121   vs   *cis*-118

Em contrapartida, ao passar do grupo metila ao *t*-butila nas sulfonas se observa um efeito muito forte: a preferência pela posição axial do análogo com metila (1,19 kcal/ mol) se inverte em *cis*-**120** ⇌ *trans*-**120**, em que o isômero equatorial é mais estável por 1,14 kcal/mol; assim, o ligante *t*-butila troca o equilíbrio para a forma equatorial por 2,33 kcal/mol. Ainda assim, parece que parte da interação eletrostática atrativa operante em **123**-axial segue se manifestando na sulfona axial *cis*-**120**, já que o notável predomínio da forma equatorial em **118** ($\Delta G° = -1,90$ kcal/mol) diminui em **120** ($\Delta G° = -1,14$ kcal/mol) apesar do aumento no tamanho estérico.

A preferência axial do grupo metil-sulfonila em **123** se explica em termos de uma interação eletrostática atrativa entre o extremo positivo da ligação polar S^+—O^- e os átomos de oxigênio (negativos) no anel.[8] O acoplamento em W ($J = 1,14$ Hz) entre a metila da sulfonila e o hidrogênio em C(5) indica que *cis*-**123** existe com o grupo metila apontando para dentro do anel (estrutura **A** na Figura 15.10); este rotâmero se justifica postulando a repulsão eletrostática entre os oxigênios eletronegativos no anel e o extremo negativo do dipolo S-O.

Duas explicações parecem confiáveis para explicar o contraste entre **120** e **123**: (1) o grupo *t*-butil-sulfonila axial com o ligante alifático para dentro do anel (estrutura **B**, Figura 15.10) provocaria um congestionamento estérico muito grande, o que desestabilizaria o isômero axial. (2) A conformação na qual o grupo *t*-butila se orienta para fora (estrutura **C**, Figura 15.10) coloca os oxigênios (parcialmente negativos) do anel próximos ao oxigênio sulfônico negativo, conduzindo a uma interação eletrostática desfavorável.

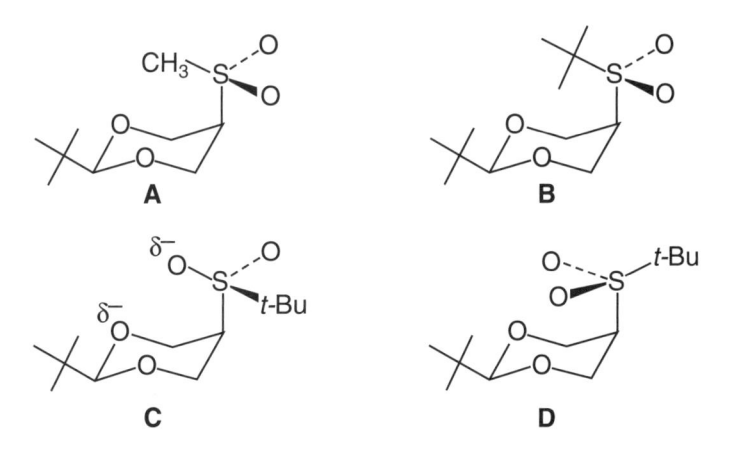

Figura 15.10

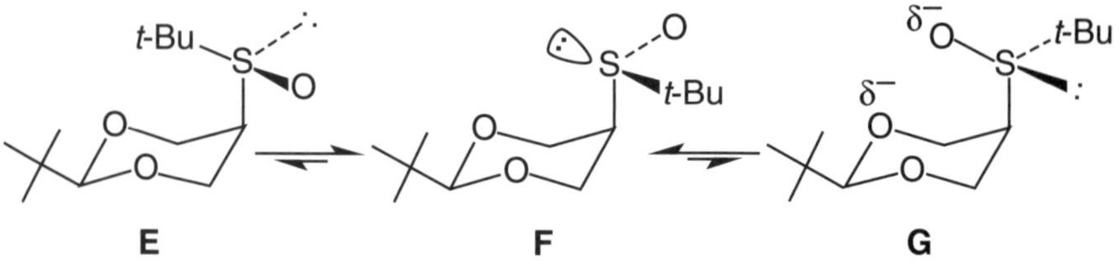

Figura 15.11

A situação do sulfóxido **119** é intermediária: o isômero axial é favorecido, porém só ligeiramente ($\Delta G° = + 0,10$ kcal/mol), ao passo que no análogo metilado (**122**) a preferência axial é de 0,82 kcal/mol. É provável que este último composto exista pelo menos parcialmente com a metila para dentro do anel (conformação análoga a **E** na Figura 15.11). Esta conformação estaria impedida no análogo com *t*-butila; o rotâmero com o oxigênio para dentro (**G**) deve ser desfavorável tanto em **119** como em **122**.

Uma estrutura cristalográfica de raios X de *cis*-**120** (Figura 15.12) mostrou sua conformação correta.[10] O grupo *t*-butila está para fora do anel (estrutura **D** na Figura 15.10), o que sugere que o congestionamento estérico que seria gerado com tal grupo para dentro do anel seria mais grave que a repulsão eletrostática entre os oxigênios. Esta repulsão se manifesta, sem dúvida, na inclinação da ligação C(5)-S para fora do anel [C(4)-C(5)-S = 112, C(6)-C(5)-S = 112,7°] e no ângulo torsional do segmento O-C-C-S = 78°, que é muito grande. Além disso, a longitude da ligação C(5)-S = 1,829 Å é mais larga do que o normal para uma ligação C-SO$_2$R (1,80 Å).[11]

O resultado mais interessante dos dados cristalográficos é o fato de ele corresponder à estrutura **D** e não à **C** (Figura 15.10). Este resultado é muito surpreendente, pois não se esperaria as ligações S-O/C-C e C-*t*-Bu/C-H alternadas, mas sim, *eclipsadas*. Este eclipsamento em **D** poderia ser necessário para mitigar a repulsão eletrostática entre oxigênios, e/ou para evitar a repulsão estérica *t*-Bu/CH$_2$ presente em **C**. Além disso, o confôrmero **D** poderia conduzir a uma atração estabilizante entre os oxigênios com carga negativa na sulfona e os metilenos carregados positivamente. Finalmente, é interessante notar que Wiberg et al.[12,13] explicam a menor energia das *n*-alquil-cetonas eclipsadas em função de uma interação dipolo/dipolo induzido, que poderia ser também importante para reduzir a energia da sulfona eclipsada, *cis*-**120**:

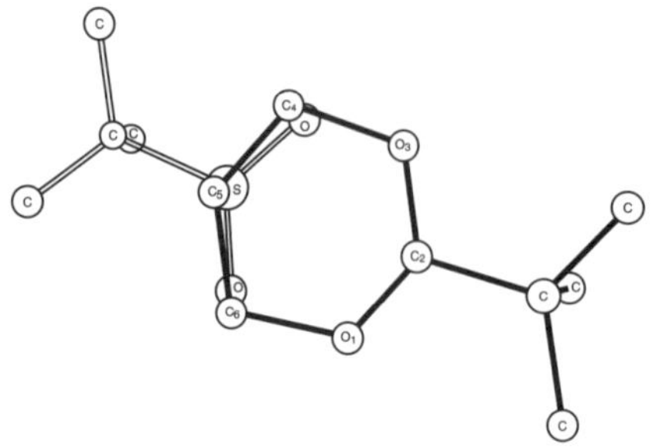

Figura 15.12

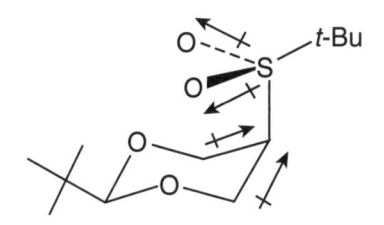

Figura 15.13

REFERÊNCIAS

1. Friebolin, H.; Kabuss, S.; Maier, W.; Lüttringhaus, A. *Tetrahedron Lett.* **1962**, 683.
2. a) Eliel, E. L. *Acc. Chem. Res.* **1970**, *3*, 1. b) Eliel, E.; Wilen, S. H. *Stereochemisty of Organic Compounds*; John Wiley & Sons: New York, 1994; 740-754. c) Juaristi, E. *"Introduction to Stereochemistry and Conformational Analysis"*, Wiley: New York, 1991 & 2000; 271-285. d) Kleinpeter, E. "Conformational Analysis of Saturated Six-Membered Oxygen-Containing Heterocyclic Rings", in *Advances in Heterocyclic Chemistry*, Katritzky, A. R., ed., 1998, Vol. 69; 217-269.
3. Eliel, E. L.; Knoeber, M. C. *J. Am. Chem. Soc.* **1968**, *90*, 3444.
4. de Kok, A. J. ; Romers, C. *Rec. Trav. Chim. Pays Bas* **1970**, *89*, 313.
5. Pihlaja, K. *Acta Chem. Scand.* **1968**, *22*, 716.
6. Anet, F. A. L.; Krane, J.; Kitching, W.; Dodderel, D.; Praeger, D. *Tetrahedron Lett.* **1974**, 3255.
7. Eliel, E. L.; Allinger, N. L.; Angyal, S. J.; Morrison, G. A. *Conformational Analysis*, Wiley: New York, 1965; 159.
8. Kaloustian, M. K.; Dennis, N.; Mager, S.; Evans, S. A.; Alcudia, F.; Eliel, E. L. *J. Am. Chem. Soc.* **1976**, *98*, 956.
9. Juaristi, E. *J. Chem. Educ.* **1979**, *56*, 438.
10. Juaristi, E.; Martínez, R.; Méndez, R.; Toscano, R. A.; Soriano-García, M.; Eliel, E. L.; Petsom, A.; Glass, R. S. *J. Org. Chem.* **1987**, *52*, 3806.
11. Sutton, L. E. *Tables of Interatomic Distances*, The Chemical Society: Londres, 1965.
12. Wiberg, K. B. *J. Am. Chem. Soc.* **1986**, *108*, 5817.
13. Veja também: Juaristi, E. "Stable Eclipsed Conformations", in *"Encyclopedia of Computational Chemistry"*, P. v. R. Schleyer, P. v. R.; y N.L. Allinger, N. L., eds., Wiley: New York (1998); Vol. 4, 2688-2692.

CAPÍTULO 16

ANÁLISE CONFORMACIONAL DE 1,3-DITIANAS MONOSSUBSTITUÍDAS

16.1 INTRODUÇÃO

A estrutura do anel do 1,3-ditiana foi determinada mediante uma análise de raios X do 2-fenil-1,3-ditiana,[1] como mostra a Figura 16.1.

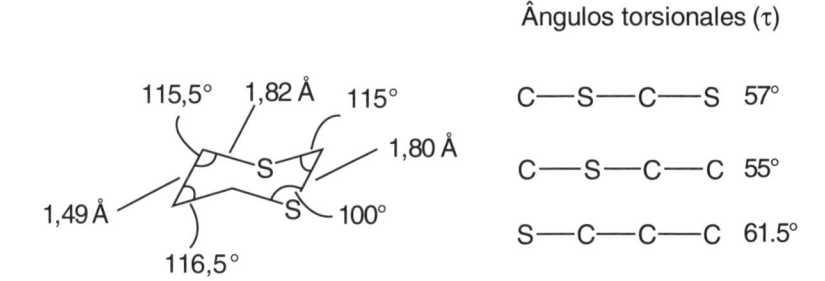

Ângulos torsionales (τ)

C—S—C—S	57°
C—S—C—C	55°
S—C—C—C	61.5°

Figura 16.1

Chama a atenção o ângulo de ligação pequeno em C – S – C e as ligações longas C – S.

16.2 PREFERÊNCIA CONFORMACIONAL DOS GRUPOS ALQUILA NAS POSIÇÕES 2,4 E 5 DE 1,3-DITIANAS[2]

As energias conformacionais para a posição 2 foram obtidas por equilibração química dos modelos anancoméricos (Figura 16.2).

É possível observar que os valores para a metila, etila e isopropila são aproximadamente similares aos encontrados no ciclohexano, porém muito menores aos correspondentes no 1,3-dioxanos 2-substituídos (Capítulo 15).

A análise de modelos moleculares Dreiding (que são feitos em escala, conforme as longitudes e os ângulos de ligação experimentais) indica que a distância entre R e H(4,6-ax) é aproxi-

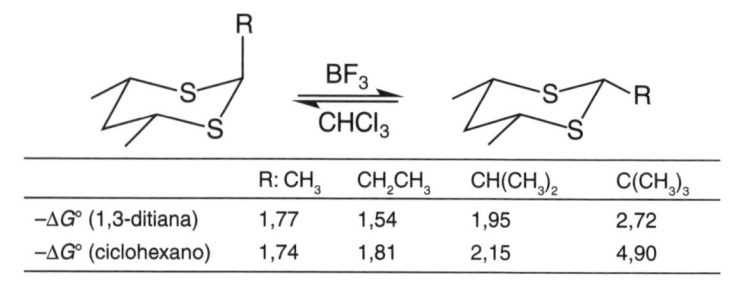

Figura 16.2

	R: CH_3	CH_2CH_3	$CH(CH_3)_2$	$C(CH_3)_3$
$-\Delta G°$ (1,3-ditiana)	1,77	1,54	1,95	2,72
$-\Delta G°$ (ciclohexano)	1,74	1,81	2,15	4,90

madamente a mesma no ciclohexano e nestas ditianas, ou seja, as maiores longitudes de ligação C – S se veem balanceadas pelo menor ângulo de ligação C – S – C. Esta compensação já não procede para o grupo *t*-butila, que sofre um congestionamento estérico menor no heterociclo, e assim sua -$\Delta G°$ (ditiana) é consideravelmente menor (2,72 kcal/mol) do que no ciclohexano (-$\Delta G°$ = 4,9 kcal/mol).

É de interesse comentar que o espectro de ^{1}H RMN para a *r*-2-*t*-butil-*t*-4,*t*-6-dimetil-1,3-ditiana mostra constantes de acoplamento ($J_{4a/5a}$ = 11,2 Hz, $J_{4a/5e}$ = 3,2 Hz) congruentes com uma conformação em cadeira, e não com a de bote torcido (J = 7 Hz); ou seja, o equilíbrio conformacional da Equação 16.1 deve estar muito deslocado para a esquerda.[3]

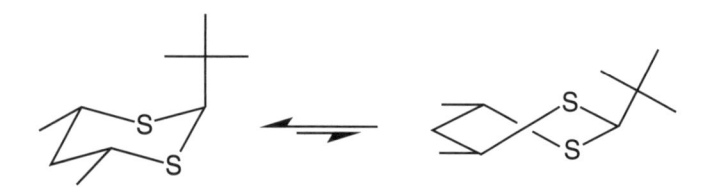

Equação 16.1

O equilíbrio conformacional para a 2-*t*-butil-4-metil-1,3-ditiana é mostrado na Figura 16.3.

Supondo que o grupo *t*-butila serve de "âncora", a energia conformacional da metila em C(4) resulta em 1,69 kcal/mol, ou seja, muito similar a de uma metila axial no ciclohexano (1,74 kcal/mol).

$\Delta G°$ = 1,69 kcal/mol

Figura 16.3

As energias conformacionais para 1,3-ditianas 5-substituídas são mostradas na Figura 16.4.

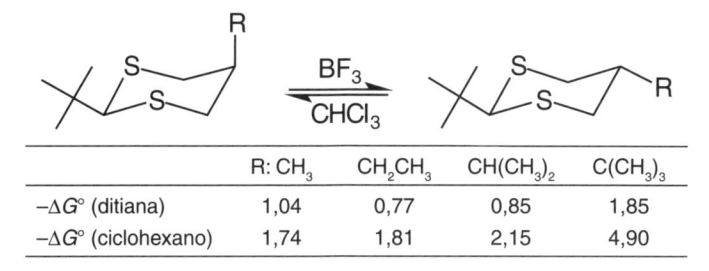

	R: CH_3	CH_2CH_3	$CH(CH_3)_2$	$C(CH_3)_3$
$-\Delta G°$ (ditiana)	1,04	0,77	0,85	1,85
$-\Delta G°$ (ciclohexano)	1,74	1,81	2,15	4,90

Figura 16.4

Os valores obtidos são ligeiramente maiores do que os determinados na série de 1,3-dioxanos (Figura 15.5, no Capítulo 15), possivelmente porque o raio de van der Waals é maior para o enxofre do que para o oxigênio; todavia, são, sem dúvida, muito menores que os $-G°$ observados no ciclohexano. O fato de os valores para a etila e isopropila serem menores do que para a metila sugere que os grupos metila terminais na etila e isopropila interferem nos átomos do anel (C, H ou S) em maior grau quando o substituinte é equatorial do que quando é axial.

Ainda que o valor de $\Delta G°$ para a 5-*t*-butila pareça normal, as constantes de acoplamento $J_{4,5}$ no espectro de ¹H RMN para *cis*-2,5-di-*t*-butil-1,3-ditiana são significativamente maiores (~7,3 Hz) do que as observadas na *cis*-2-*t*-butil-5-metil-1,3-ditiana ($J_{4,5}$ = 3,3-3,9 Hz), o que sugere que aquele composto existe na forma de bote torcido (Equação 16.2).

Equação 16.2

Este equilíbrio em direção à forma flexível pode ser causado por um efeito estérico: o maior raio de van der Waals do enxofre produz uma repulsão estérica maior com os grupos metila da *t*-butila.

16.3 1,3-DITIANAS COM SUBSTITUINTES POLARES EM C(5)[4]

A Figura 16.5 descreve a síntese da 5-metoxi- e do 5-tiometil-2-*t*-butil-1,3-ditianas.

A equilibração destas ditianas foi possível com ácido trifluoroacético, e os resultados são registrados na Figura 16.6.

Figura 16.5

Em todos os casos estudados, o isômero equatorial 5-metoxi o 5-tiometila é o mais estável, e esta estabilidade aumenta ao diminuir a concentração do ácido trifluoroacético. Este resultado se explica via a formação de uma ponte de hidrogênio intramolecular, que estabiliza o isômero axial:

A grande preferência no equilíbrio pelos isômeros equatoriais contrasta com o equilíbrio do 2-*t*-butil-5-metoxi-1,3-dioxana,[5] porém se assemelha ao encontrado no 2-*t*-butil-5-tiometil-1,3-dioxana[6] (Figura 16.7).

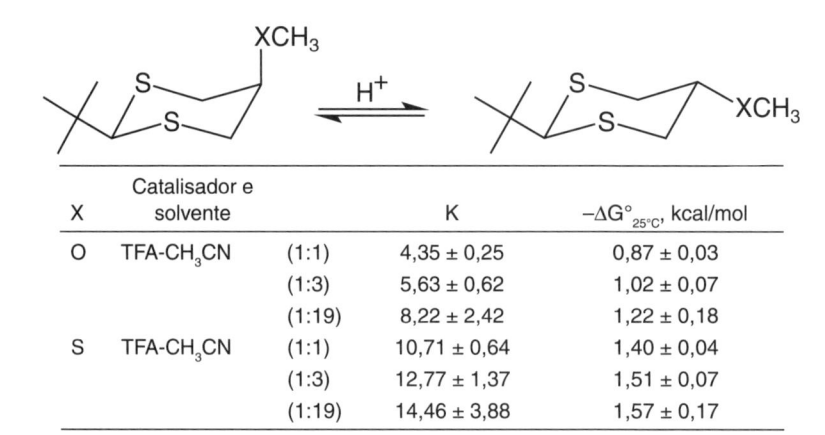

X	Catalisador e solvente		K	$-\Delta G°_{25°C}$, kcal/mol
O	TFA-CH$_3$CN	(1:1)	4,35 ± 0,25	0,87 ± 0,03
		(1:3)	5,63 ± 0,62	1,02 ± 0,07
		(1:19)	8,22 ± 2,42	1,22 ± 0,18
S	TFA-CH$_3$CN	(1:1)	10,71 ± 0,64	1,40 ± 0,04
		(1:3)	12,77 ± 1,37	1,51 ± 0,07
		(1:19)	14,46 ± 3,88	1,57 ± 0,17

Figura 16.6

X	Y	$-\Delta G°$
O	O	−0,01
O	S	1,13
S	O	1,22
S	S	1,57

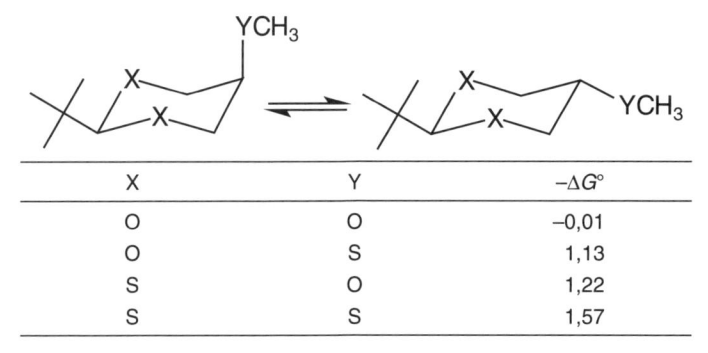

Figura 16.7

Visto que os valores A (diferenças em energia livre conformacional axial ⇌ equatorial, no ciclohexano) dos grupos metoxi e tiometila são 0,60 e 1,07 kcal/mol,[7,8] respectivamente, parece que a interação O/O é atrativa, enquanto as interações O/S e S/S são repulsivas. A interação atrativa O/O poderia ser um exemplo do *efeito gauche atrativo*[9] (Capítulo 15), e as interações repulsivas O/S e S/S são manifestações do *efeito gauche repulsivo*.[4,9,10]

Com efeito, tal repulsão não pode ser justificada com base na repulsão estérica (calculada por meio da equação de Hill[11]) ou eletrostática (calculada com a fórmula de Abraham[12]) (Figura 16.8). A diferença entre as $\Delta G°$ calculadas e experimentais destaca a magnitude do efeito *gauche* repulsivo que é, conforme o esperado, maior para interações S/S que para interações S/O. Esta repulsão provavelmente se deve à interação repulsiva entre os orbitais cheios 3p do enxofre e 3p do segundo enxofre ou 2p do oxigênio.

16.4 ESTUDO DO EFEITO ANOMÉRICO EM 1,3-DITIANAS COM SUBSTITUINTES POLARES EM C(2)

Foi descoberta há cerca de 50 anos a tendência de os substituintes eletronegativos ocuparem a posição axial, e não a equatorial, em C(1) de um anel de pirano (Equação 16.3).[13,14]

	X = O	X = S
$\Delta G°$ estérica, calculada	−0,37	−1,05
$\Delta G°$ eletrostática, calculada	+0,64	+0,36
$\Delta G°$ total, calculada	+0,27	−0,69
$\Delta G°$ experimental	+1,22	+1,57
$\Delta\Delta G°$ (efeito *gauche* repulsivo)	+0,95	+2,26

Figura 16.8

Equação 16.3

Este efeito conformacional tem sido observado em outros sistemas heterocíclicos,[15] e recentemente foi constatado que suas manifestações se estendem a uma grande variedade de reações químicas.[16,17] Sem dúvida, a natureza exata deste fenômeno ainda não é conhecida.

Nesse sentido, os estudos do efeito anomérico normalmente têm se limitado à análise conformacional de modelos que incorporam oxigênio e/ou nitrogênio no segmento anomérico X—C—Y (X = O,N). Juaristi et al. dedicam-se ao estudo conformacional de 1,3-ditianas 2-substituídas; ou seja, X e/ou Y são agora elementos do segundo período na Tabela Periódica.[18] A Figura 16.9 apresenta as constantes de equilíbrio, K, e as diferenças em energia livre conformacional, $\Delta G° = -RT\ln K$, obtidas dos espectros de RMN de C-13 para os confôrmeros em temperaturas abaixo da coalescência (T = –90°C, –100°C).

Efeitos anoméricos importantes (predomínio significativo do confôrmero axial) foram observados para Y = SCH_3, SC_6H_5, COC_6H_5, CO_2CH_3 e CO_2H. Em contrapartida, os dados de RMN de C-13 para Y = $N(CH_3)_2$ sugerem que este composto existe de forma predominante (≥ 95%) na conformação equatorial. Por exemplo, o deslocamento químico para C(4,6) aparece em um campo ligeiramente mais baixo do que na 1,3-ditiana não substituída: 30,11 vs. 29,86 ppm; ou seja, a

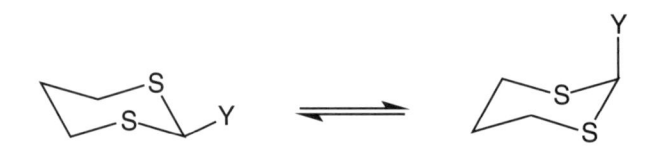

Y	Solvente	Temperatura	K	$-\Delta G°$
SCH_3	Tolueno-d_8	–100	9,3	0,77
	CD_2Cl_2	–100	6,5	0,64
	$CD_3OD/(CD_3)_2CO$ (1:1)	–90	5,7	0,63
SC_6H_5	CD_2Cl_2	–100	14,7	0,92
	$CD_3OD/(CD_3)_2CO$ (1:1)	–90	10,4	0,85
CO_2CH_3	CD_2Cl_2	–100	11,1	0,83
	$(CD_3)_2CO$	–90	12,6	0,92
	$CD_3OD/(CD_3)_2CO$ (1:1)	–90	19,9	1,09
	CD_3OD	–90	22,3	1,13
COC_6H_5	Tolueno-d_8	–90	24,0	1,16
CO_2H	CD_2Cl_2	–90	≤ 0,03	≥ 1,26

Figura 16.9

Figura 16.10

ausência de um efeito γ-*gauche* de proteção indica que o confôrmero com o grupo dimetilamino axial não contribui significativamente ao equilíbrio.

A magnitude de um efeito anomérico normalmente é definida como a diferença em energia livre entre o equilíbrio estudado e a energia conformacional do mesmo substituinte no ciclohexano (valor A).[19] A fim de estimar a magnitude relativa dos efeitos anoméricos observados, na Tabela 16.1 são reunidos os valores calculados nesta forma.

A magnitude relativa dos efeitos anoméricos observados são: $CO_2H > COC_6H_5 > CO_2CH_3 > SC_6H_5 > SCH_3 >>> N(CH_3)_2$ ($\leq$ O). Esta é uma sequência provisória, posto que na Tabela 16.1 se comparam os valores de $\Delta G°$ (ditiana) à baixa temperatura (–90°C ou –100°C) com os $\Delta G°$ (ciclohexano) obtidos de medições à temperatura ambiente; assim, se as contribuições de $\Delta S°$ são importantes em $\Delta G°$, estas estimativas poderiam mudar em certo grau.

Conforme a explicação do efeito anomérico dada por Edward,[13] a repulsão eletrostática dipolo/dipolo deve desfavorecer o confôrmero equatorial, enquanto a atração dipolo/dipolo estabiliza o confôrmero axial (Equação 16.4).

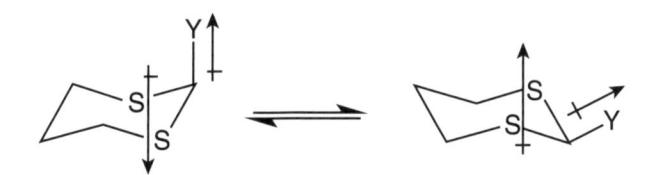

Equação 16.4

Tabela 16.1 Magnitude dos efeitos anoméricos em 1,3-ditianas 2-substituídas, em kcal/mol

Y	$\Delta G°$ (ditiana)	$-\Delta G°$ (ciclohexano)	Efeito anomérico
SCH_3	0,64	1,0	1,64
SC_6H_5	0,92	1,1	~2,02
CO_2CH_3	0,83	1,27	2,10
COC_6H_5	1,16	~1,3	~2,46
CO_2H	≥1,26	1,39	≥2,65
$N(CH_3)_2$	–2,0	2,1	~ 0

Se as interações dipolo/dipolo dominam nos equilíbrios conformacionais destas ditianas, se esperaria que a contribuição da forma equatorial aumentasse ao incrementar a constante dielétrica do meio. Os resultados da Figura 16.10 estão de acordo com esta predição para Y = SCH_3 e Y = SC_6H_5; por exemplo, a proporção axial/equatorial aumenta ao passar de CD_3OD/ $(CD_3)_2CO$ (1:1, $\varepsilon \geq 20{,}7$; K = 5,71) a CD_2Cl_2 ($\varepsilon = 2{,}4$; K = 8,22).

Assim, foi estudado[18] o efeito do solvente sobre a magnitude do efeito anomérico para o grupo tiometila, à temperatura ambiente, aplicando a equação de Eliel (Equação 16.5)

$$K = \frac{(\delta_{ec} - \delta_{móvel})}{(\delta_{móvel} - \delta_{ax})}$$

Equação 16.5

à ditiana móvel, *trans*-5-etil-2-tiometil-1,3-ditiana, e aos modelos anancoméricos axial e equatorial:

O grupo etila no composto móvel serve de contrapeso, de modo que o equilíbrio é mais próximo à unidade e permite uma estimativa mais precisa de $\Delta G°$. Os sinais mais convenientes para uso na equação de Eliel são os do grupo SCH_3, posto que dão lugar a sinais simples, e, além disso, se situam em um espectro amplo $\delta_{eq} - \delta_{ax}$, de modo que o erro no cálculo de K é menor. A Figura 16.11 reúne os resultados em quatro solventes de distinta polaridade. O padrão observado está de acordo com o efeito do solvente esperado; ou seja, o efeito anomérico é mais forte nos solventes menos polares.

Diversos estudos estruturais[21] e teóricos[22] dos segmentos X–C–Y têm sugerido a existência de interações entre os orbitais de pares eletrônicos não compartilhados e orbitais antiligan-

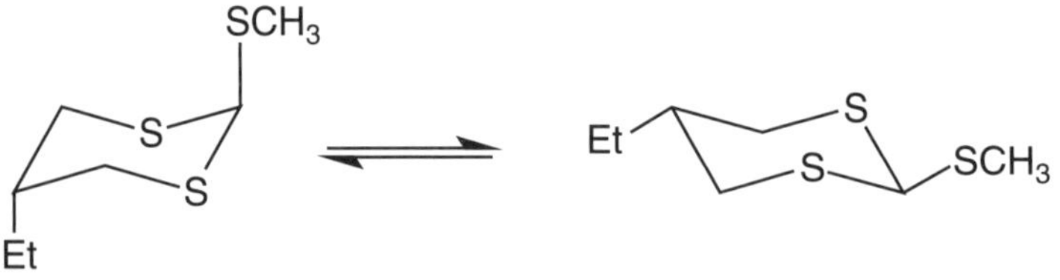

Solvente	ε	$\Delta G°$
CCl_4	2,2	0,95
$CDCl_3$	4,7	0,88
DMF-d_7	36,7	0,77
DMSO-d_6	48,9	0,65

Figura 16.11

tes; esta interação normalmente é do tipo n → σ* (Equação 16.6), de modo que estruturas de "dupla ligação/não ligante" podem ser escritas para os confôrmeros axiais, em que um par de elétrons não compartilhado em cada enxofre é antiperiplanar à ligação C – Y.

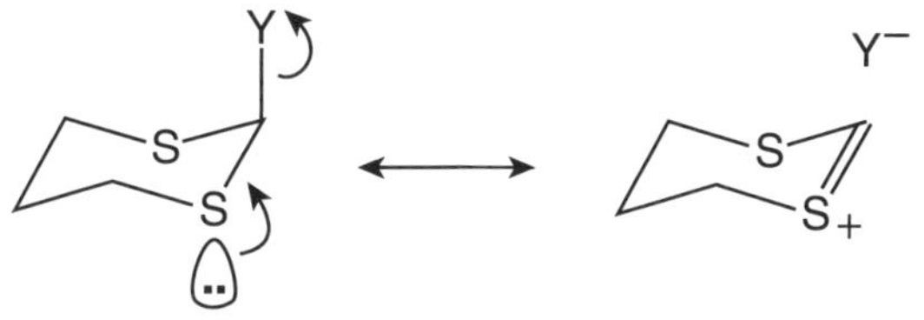

Equação 16.6

Em princípio, a magnitude relativa dos efeitos anoméricos pode ser prevista ao determinar as energias relativas dos orbitais σ^*_{C-Y}, visto que o nível energético de n_s deve ser essencialmente constante nas ditianas de interesse. Assim, a maior preferência axial para SC_6H_5 e CO-C_6H_5 em relação a SCH_3 e CO_2CH_3 pode ter sido antecipada ao considerar que os substituintes eletronegativos baixam o nível do orbital molecular σ*, o que conduz a uma melhor interação com os orbitais doadores (Figura 16.12).

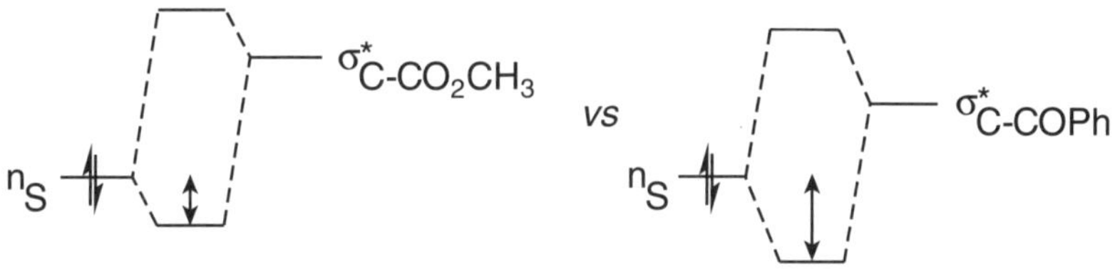

Figura 16.12

A preferência "anormal" do grupo dimetilamino pela posição equatorial poderia ser o resultado de uma interação $n_N \to \sigma^*_{C-S}$ (equatorial) mais importante que $n_S \to \sigma^*_{C-N}$ (axial); ou seja, existe uma preferência estereoeletrônica pela conformação na qual o melhor par eletrônico doador fica antiperiplanar à melhor ligação aceptora.

16.5 INTERAÇÕES ANOMÉRICAS S-C-P[23]

O espectro de RMN de hidrogênios para a 2-difenil-fosfi-noíl-1,3-ditiana, que foi preparada para uso como um novo reagente de Wittig-Horner,[24] mostra uma diferença em deslocamentos químicos muito grande (~1,2 ppm) entre os hidrogênios axiais e equatoriais em C(4,6). Esta observação espectroscópica foi considerada uma evidência do efeito desprotetor de um grupo fosforila predominantemente axial (Equação 16.7).

Equação 16.7

Uma prova definitiva deste efeito anomérico entre os elementos do segundo período, enxofre e fósforo, foi obtida por difração de raios X (Figura 16.13).

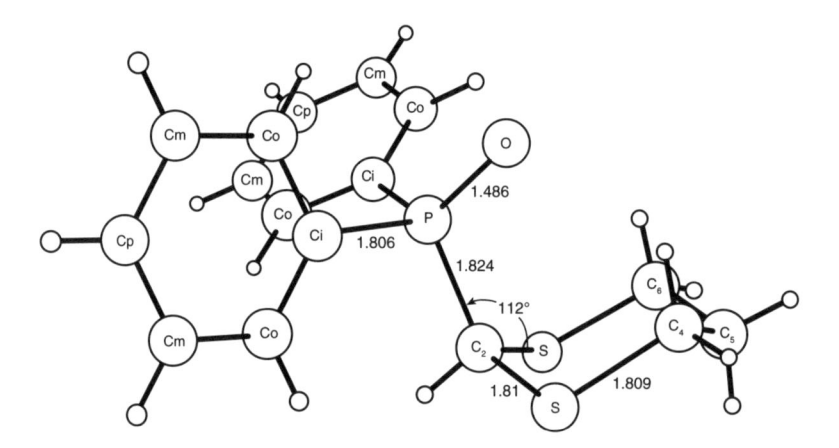

Figura 16.3

A fim de quantificar este efeito conformacional, foram preparados os derivados anancoméricos derivados da *cis*-4,6-dimetil-1,3-ditiana, que, embora não pudessem ser equilibrados em meio ácido, possivelmente devido à pouca estabilidade do intermediário de cadeia aberta, se equilibraram em meio básico (Figura 16.4).

A integração dos sinais para H(2) nos espectros de ^{1}H RMN proporcionou as quantidades relativas dos diastereômeros envolvidos; desta forma, obteve-se $\Delta G°=1,0$ kcal/mol, que corresponde a aproximadamente 85% do isômero axial e 15% do isômero equatorial.

Visto que a preferência conformacional do grupo difenilfosfinoíla no ciclohexano é de $-2,74$ kcal/mol,[25] o valor estimado para o efeito anomérico na ditiana é de 3,74 kcal/mol, que poderia ser um dos maiores observados até a data.

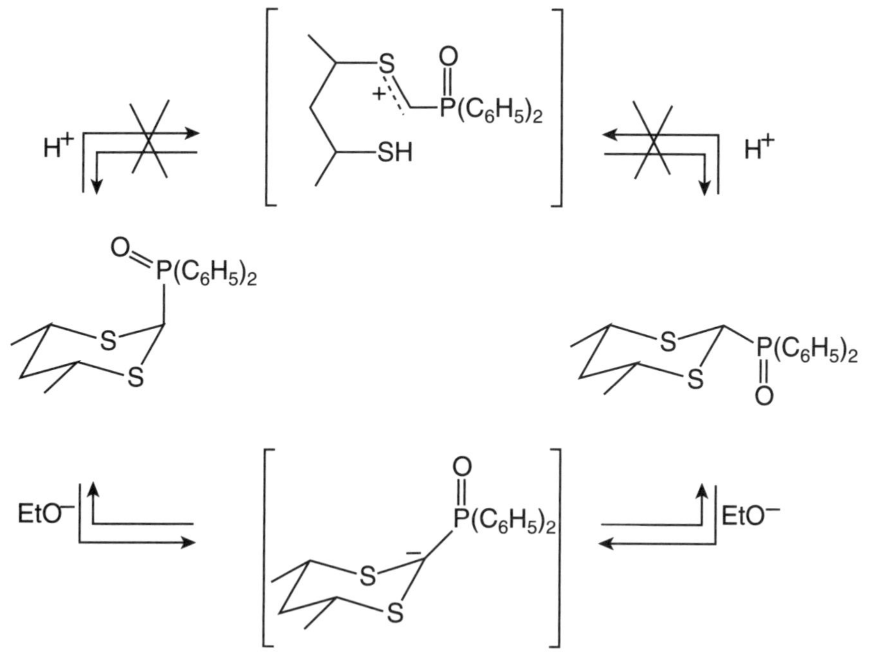

Figura 16.4

REFERÊNCIAS

1. Kalff, H. F; Romers, C. *Acta Crystallogr.* **1966**, *20*, 490.
2. a) Hutchins, R. O.; Eliel, E. L. *J. Am. Chem. Soc.* **1969**, *91*, 2703. b) Juaristi, E. *Acc. Chem. Res.* **1989**, *22*, 357. c) Kleinpeter, E. "Conformational Analysis of Six-Membered Sulfur-Containing Heterocycles", em *Conformational Behavior of Six-Membered Rings. Analysis, Dynamics, and Stereoelectronic Effects*, Juaristi, E., ed., Wiley-VCH: New York, 1995; chapter 6, 201-243.
3. Os dados espectroscópicos não descartam a conformação barco.

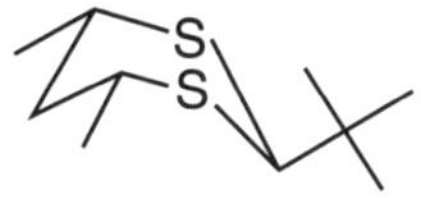

4. Eliel, E. L.; Juaristi, E. *J. Am. Chem. Soc.* **1978**, *100*, 6114.
5. Eliel, E. L.; Hofer, O. *J. Am. Chem. Soc.* **1973**, *95*, 8041.
6. Kaloustian, M. K.; Dennis, N.; Mager, S.; Evans, S. A.; Alcudia, F.; Eliel, E. L. *J. Am. Chem. Soc.* **1976**, *98*, 956.

7. Jensen, F. R.; Bushweller, C. H.; Beck, B. H. *J. Am. Chem. Soc.* **1969**, *91*, 344.
8. a) Eliel, E. L.; Kandasamy, D. *J. Org. Chem.* **1976**, *41*, 3899. b) Veja também: Bushweller, C. H. em *Conformational Behavior of Six-Membered rings*, Juaristi, E., ed., VCH Publishers: New York, 1995; capítulo 2.
9. a) Wolfe, S. *Acc. Chem. Res.* 1972, 5, 102. b) Juaristi, E. *J. Chem. Educ.* **1979**, *56*, 438.
10. Zefirov, N. S.; Gurvich, L. G.; Shashkov, A. S.; Krimer, M. Z.; Vorob'eva, E. A. *Tetrahedron* **1976**, *32*, 1211.
11. Hill, T. L. *J. Chem. Phys.* **1984**, *16*, 399.
12. Abraham, R. J.; Rossetti, Z. L. *J. Chem. Soc., Perkin Trans. 2* **1973**, 582.
13. Edward, J. T. *Chem. Ind. (Londres)* **1955**, 1102.
14. Lemieux, R. U.; Chu, N. J. Abstracts of Papers, 133rd National Meeting of the American Chemical Society, San Francisco, 1958; N-1.
15. Lemieux, R. U. *Pure Appl. Chem.* **1971**, *25*, 527.
16. (a) Kirby, A. J. *The Anomeric Effect and Related Stereoelectronic Effects at Oxygen*, Springer-Verlag: Berlin, 1983. (b) Juaristi, E.; Cuevas, G. *The Anomeric Effect*, CRC Press: Boca Ratón, 1995.
17. a) Deslongchamps, P. *Stereoelectronic Effects in Organic Chemistry*, Pergamon Press: Oxford, 1983. b) Juaristi, E.; Cuevas, G. *Acc. Chem. Res.* **2007**, *40*, 961.
18. Juaristi, E.; Tapia, J.; Méndez, R. *Tetrahedron* **1986**, *42*, 1253.
19. Deve-se notar sem dúvida uma complicação neste tipo de avaliação: os requisitos estéricos de um grupo na posição anomérica do heterociclo são distintos aos encontrados no ciclohexano. Assim, na ditiana, as ligações largas C-S fazem com que a repulsão estérica de Y axial seja menor que a do mesmo substituinte axial no ciclohexano: portanto, a magnitude do efeito anomérico é superestimada.[20]
20. Eliel, E. L.; Giza, C. A. *J. Org. Chem.* **1968**, *33*, 3754.
21. Romers, C.; Altona, C.; Buys, H. R.; Havinga, E. *Top. Stereochem.* **1969**, *4*, 39.
22. a) Jeffrey, G. A.; Pople, J. A.; Radom, L. *Carbohydr. Res.* **1972**, *25*, 117. b) Para uma discussão recente, veja: Trapp, M. L.; Watts, J. K.; Weinberg, N.; Pinto, B. M. *Can. J. Chem.* **2006**, *84*, 692.
23. a) Juaristi, E.; Valle, L.; Valenzuela, B. A.; Aguilar, M. A. *J. Am. Chem. Soc.* **1986**, *108*, 2000. b) Juaristi, E.; Cuevas, G. *Tetrahedron* **1992**, *48*, 5019.
24. Juaristi, E.; Gordillo, B.; Valle, L. *Tetrahedron* **1986**, *42,* 1963.
25. Juaristi, E.; López-Núñez, N. A.; Glass, R. S.; Petsom, A.; Hutchins, R. O. *J. Org. Chem.* **1986**, *51,* 1357.